全国高等职业教育公共课规划教材

计算机文化基础

（Windows 7+Office 2010）

夏德洲　张　明　主编

莫足琴　左　鑫　夏东雨　副主编

中国铁道出版社有限公司
CHINA RAILWAY PUBLISHING HOUSE CO., LTD.

内 容 简 介

本书遵循“全国计算机等级考试一级MS Office考试大纲（2013版）”的要求，采用“实践为主，理论够用”的编写原则，汇集湖北工业职业技术学院公共计算机教研室多名一线教师实践教学经验编写而成，同时本书配有实训教材《计算机文化基础实训教程（Windows 7+Office 2010）（夏德洲主编）》。

本书主要内容包括计算机基础知识、Windows 7操作系统、Word 2010的应用、Excel 2010的应用、PowerPoint 2010的应用、计算机网络基础。针对所学内容，每章后面还提供了可供读者练习的各种类型的习题。在编写过程中充分考虑了实际教学需要和学生的实际水平，内容叙述渐进，理论联系实际、便于自学。

本书适合作为高等职业院校的教材，也可作为计算机培训机构、计算机等级考试人员和自学者的参考书。

图书在版编目（CIP）数据

计算机文化基础：Windows 7+Office 2010/夏德洲，张明主编. —北京：中国铁道出版社，2015.8（2021.1重印）
全国高等职业教育公共课规划教材
ISBN 978-7-113-20590-4

Ⅰ. ①计… Ⅱ. ①夏… ②张… Ⅲ. ①Windows操作系统－高等职业教育－教材②办公自动化－应用软件－高等职业教育－教材 Ⅳ. ①TP316.7②TP317.1

中国版本图书馆CIP数据核字（2015）第189507号

书　　名： 计算机文化基础（Windows7+Office 2010）
作　　者： 夏德洲　张　明

策　　划： 徐海英　王春霞
责任编辑： 王春霞　冯彩茹
封面设计： 付　巍
封面制作： 白　雪
责任校对： 王　杰
责任印制： 樊启鹏

出版发行： 中国铁道出版社有限公司（100054，北京市西城区右安门西街8号）
网　　址： http://www.tdpress.com/51eds/
印　　刷： 三河市兴博印务有限公司
版　　次： 2015年8月第1版　　2021年1月第4次印刷
开　　本： 787 mm×1 092 mm　1/16　**印张：** 14.25　**字数：** 342千
印　　数： 10 601～11600册
书　　号： ISBN 978-7-113-20590-4
定　　价： 32.00元

前言

FOREWORD

在计算机科学技术高速发展的今天，随着计算机作为工具的广泛使用和进一步普及，掌握计算机基础知识和操作已成为人们必备的技能。结合计算机的最新发展技术以及高等学校计算机基础课程改革的要求，同时根据全国计算机等级考试一级考试操作环境的变化，编写了本书。

本书主要内容包括：计算机基础知识、Windows 7操作系统、Word 2010的应用、Excel 2010的应用、PowerPoint 2010的应用、计算机网络基础。各章内容相对独立，可根据实际情况有选择地学习。

本书的主要特点：

- 内容新颖并涵盖了计算机应用基础课程及“全国计算机等级考试一级MS Office考试大纲”所要求的基本知识点，注重反映计算机发展的新技术，具有高等教育教学改革的新思想，内容具有先进性。
- 体系完整、结构清晰、内容全面、讲解细致、图文并茂，便于教师备课和学生自主学习；各章后所设置的各类型习题，便于学生巩固知识，学以致用。
- 面向应用，突出技能，理论部分简明，应用部分翔实。书中所举实例，都是编者从多年积累的教学经验中精选出来的，具有很强的实用性和可操作性。

本教材可作为高等职业院校、高等专科院校及成人高校相关专业的教材，也可供相关培训班使用。本书还配有《计算机文化基础实训教程Windows 7+Office 2010》，按项目组织实训，对每个实训的步骤都有提示以供参考，学生通过自学就能看懂知识要点，在此基础上通过操作实训和习题训练，能取得良好的、实用的学习效果。

本书由夏德洲、张明任主编，莫足琴、左鑫、夏东雨任副主编。编写过程中得到中国铁道出版社的大力支持和帮助，在此表示衷心的感谢。

由于编者水平有限，加之时间仓促，不足或疏漏之处在所难免，欢迎广大读者批评指正。

编　者

2015年6月

目录

CONTENTS

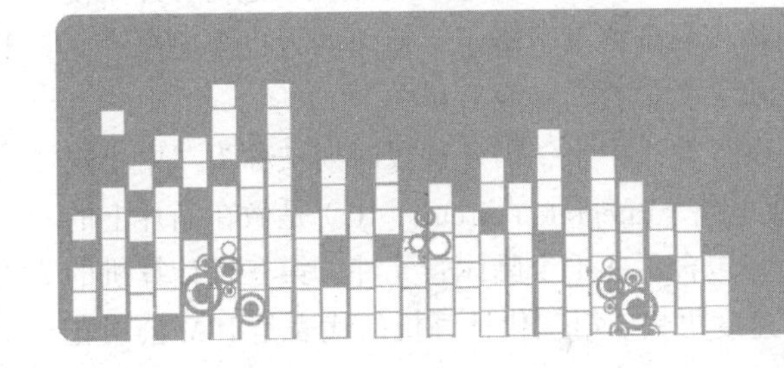

第1章 计算机基础知识

计算机（computer）俗称电脑，是一种用于高速计算的电子计算机器，可以进行数值计算，也可以进行逻辑计算，还具有存储记忆功能。计算机是能够按照程序运行，自动、高速处理海量数据的现代化智能电子设备。计算机是20世纪最先进的科学技术发明之一，对人类的生产活动和社会活动产生了极其重要的影响，并以强大的生命力飞速发展。如今，计算机的应用已渗透到社会的各个领域，它不仅改变了人类社会的面貌，而且也改变着人们的工作、学习和生活方式。在信息化社会中，掌握计算机的基础知识及操作技能，是人们应具备的基本素质。本章将从计算机的发展起源讲起，介绍计算机的特点、分类、组成、计算机中的信息表示、基础操作等。

通过对本章的学习应了解计算机的发展史、特点、分类及应用领域；理解计算机系统组成、计算机的性能和技术指标；掌握4种进位计数制及相互转换，熟悉ASCII码，了解汉字编码；熟悉计算机基础操作与汉字录入。

1.1 计算机的发展、分类和应用

1.1.1 计算机的发展简史及发展趋势

计算机是一个广为人知的代名词，它给人们带来了巨大的方便。什么是计算机呢？计算机就是一种按程序控制自动进行信息加工的工具。计算机的诞生酝酿了很长一段时间。1946年2月，第一台电子计算机ENIAC在美国加州问世。ENIAC用了18 000个电子管和86 000个其他电子元件，有两个教室那么大，运算速度却只有5 000次加法运算，耗资100万美元以上。尽管ENIAC有许多不足之处，但它毕竟是计算机的始祖，揭开了计算机时代的序幕。

计算机的发展到目前为止共经历了60余年，对其发展史的划分多种多样。其中，从它所采用器件的角度可将其划分为5个时代。

① 从1946年到1959年这段时期称为“电子管计算机时代”，是第一代计算机。第一代计算机的内部元件使用的是电子管。由于一部计算机需要几千个电子管，每个电子管都会散发大量的热量，因此如何散热是一个令人头痛的问题。电子管的寿命最长只有3 000小时，计算机运行时常常发生由于电子管被烧坏而使计算机死机的现象。第一代计算机主要用于科学研究和工程计算。

② 从1960年到1964年，由于在计算机中采用了比电子管更先进的晶体管，所以人们将这段时期称为“晶体管计算机时代”，是第二代计算机。晶体管比电子管小得多，不需要暖机时

间，消耗能量较少，处理更迅速、更可靠。第二代计算机的程序语言从机器语言发展到汇编语言。接着，高级语言 FORTRAN 语言和 COBOL 语言相继开发出来并被广泛使用。这时，开始使用磁盘和磁带作为辅助存储器。第二代计算机的体积和价格都下降了，使用的人也多起来了，计算机工业迅速发展。第二代计算机主要用于商业、大学教学和政府机关。

③ 从 1965 年到 1970 年，集成电路被应用到计算机中来，因此这段时期被称为“中小规模集成电路计算机时代”，是第三代计算机。集成电路（integrated circuit，IC）是做在晶片上的一个完整的电子电路，这个晶片比手指甲还小，却包含了几千个晶体管元件。第三代计算机的特点是体积更小、价格更低、可靠性更高、计算速度更快。第三代计算机的代表是 IBM 公司花了 50 亿美元开发的 IBM 360 系列。

④ 从 1971 年到现在，被称为“大规模集成电路计算机时代”，是第四代计算机。第四代计算机使用的元件依然是集成电路，不过，这种集成电路已经大大改善，它包含着几十万到上百万个晶体管，人们称之为大规模集成电路（large scale integrated circuit，LSI）或超大规模集成电路（very large scale integrated circuit， VLSI）。1975 年，美国 IBM 公司推出了个人计算机（personal computer，PC），从此，人们对计算机不再陌生，计算机开始深入到人类生活的各个方面。

⑤ 第五代计算机为新一代计算机，它将向着人工智能等众多领域发展。

对计算机发展史的划分除了从硬件角度划分外，还可以从计算机语言角度将它划分为以下几代：

第一代，机器语言。机器语言就是用二进制代码书写的指令。其特点为：执行速度快，能够被计算机直接识别，但不便于记忆。

第二代，汇编语言。汇编语言是用符号书写指令。其特点为：不能被计算机直接识别，也不便于记忆。

第三代，高级语言，如 C、BASIC、FORTRAN 等。其特点为：不能被计算机直接识别，但便于记忆。

第四代，模块化语言。模块化语言是在高级语言基础上发展而来的，有更强的编程功能。

第五代，面向对象的编程语言和网络语言等，如 VB、VC、C++、Java 等。

计算机发展到今天，已经具有了运算速度快、运算精度高、通用性强、具有自动控制能力、具有记忆和逻辑判断功能等特点。

1.1.2 计算机的分类

计算机按照不同的分类依据有多种分类方法，常见的分类方法有以下几种：

1. 按信息处理方式分类

按信息处理方式分类，可以把计算机分为模拟计算机、数字计算机以及数字模拟混合计算机。模拟计算机主要用于处理模拟信息，如工业控制中的温度、压力等，模拟计算机的运算部件是一些电子电路，其运算速度极快，但精度不高，使用也不够方便。数字计算机采用二进制运算，其特点是解题精度高，便于存储信息，是通用性很强的计算工具，既能胜任科学计算和数字处理，也能进行过程控制和 CAD/CAM 等工作。数字模拟混合计算机是取数字、模拟计算机之长，既能高速运算，又便于存储信息，但这类计算机造价昂贵。现在人们所使用的计算机多属于数字计算机。

2. 按功能分类

按计算机的功能分类，一般可分为专用计算机与通用计算机。

专用计算机功能单一，可靠性高，结构简单，适应性差。但在特定用途下最有效、最经济、最快速，是其他计算机无法替代的。如军事系统、银行系统属专用计算机。

通用计算机功能齐全，适应性强，目前人们所使用的大多是通用计算机。

3. 按规模分类

按照计算机规模，并参考其运算速度、输入输出能力、存储能力等因素划分，通常将计算机分为巨型机、大型机、小型机、微型机等几类。

（1）巨型机

巨型机运算速度快，存储量大，结构复杂，价格昂贵，主要用于尖端科学研究领域，如IBM390系列、银河机等。曙光5000巨型机如图1–1所示，其速度达到每秒230万亿次。

（2）大型机

大型机规模次于巨型机，有比较完善的指令系统和丰富的外围设备，主要用于计算机网络和大型计算中心，如IBM 4300。大型机如图1–2所示。

图1–1　曙光5000巨型机

图1–2　大型机

（3）小型机

小型机较之大型机成本较低，维护也较容易。小型机用途广泛，现可用于科学计算和数据处理，也可用于生产过程自动控制和数据采集及分析处理等。小型机如图1–3所示。

（4）微型机

微型机采用微处理器、半导体存储器和输入输出接口等芯片组成，使得它较之小型机体积更小、价格更低、灵活性更好，可靠性更高，使用更加方便。目前许多微型机的性能已超过以前的大中型机。微型机如图1–4所示。

图1–3　小型机

图1–4　微型机

4．按工作模式分类

按照计算机的工作模式分类，可将其分为服务器和工作站两类。

（1）服务器

服务器是一种可供网络用户共享的高性能计算机。服务器一般具有大容量的存储设备和丰富的外围设备，其上运行网络操作系统，要求较高的运行速度，对此，很多服务器都配置了双CPU。服务器上的资源可供网络用户共享。

（2）工作站

工作站是高档微机，它的独到之处是易于连网，配有大容量主存和大屏幕显示器，特别适合于CAD/CAM和办公自动化。

1.1.3　计算机的应用

计算机应用已深入到人类社会生活的各个领域，其应用可以归纳为以下几个方面：科学计算、数据处理与信息加工、过程控制、计算机辅助工程、人工智能、办公自动化。

1．科学计算

科学计算一直是计算机的重要应用领域之一，例如在天文学、核物理学领域中，都需要依靠计算机进行复杂的运算。在军事上，导弹的发射以及飞行轨道的计算控制、先进防空系统等现代化军事设施通常都是由计算机控制的大系统，其中包括雷达、地面设施、海上装备等。计算机除了在国防及尖端科学技术的计算以外，在其他学科和工程设计方面，诸如数学、力学、晶体结构分析、石油勘探、桥梁设计、建筑、土木工程设计等领域也得到广泛的应用，促进了各门科学技术的发展。

2．数据处理与信息加工

数据处理与信息加工是电子计算机应用最广泛的领域。利用计算机对数据进行分析加工的过程是数据处理的过程。在银行系统、财会系统、档案管理系统、经营管理系统等管理系统及文字处理、办公自动化等方面都大量使用微型计算机进行数据处理。例如现代企业的生产计划、统计报表、成本核算、销售分析、市场预测、利润预估、采购订货、库存管理、工资管理等，都是通过微型计算机来实现的。

3．过程控制

在现代化工厂中，微型计算机普遍用于生产过程的自动控制，特别是单片微型计算机在工业生产过程中的自动控制更为广泛。采用微型计算机进行过程控制，可以提高产品质量，提高劳动生产率，降低生产成本，提高经济效益。

4．计算机辅助工程

由于微型计算机有快速的数值计算、较强的数据处理及模拟能力，目前在飞机、船舶、光学仪器、超大规模集成电路等的设计制造过程中，CAD/CAM占据越来越重要的地位。使用已有的计算机辅助设计新的计算机，达到设计自动化和半自动化的程度，从而减轻人的劳动强度，提高设计质量，也是计算机辅助设计的一项重要内容。由于设计工作与图形分不开，一般供辅助设计用的微型计算机都要配备有图形显示、绘图仪等设备以及图形语言、图形软件等。

微型计算机除了进行计算机辅助设计（CAD）、计算机辅助制造（CAM）外，还进行计算机辅助测试（CAT）、计算机辅助工艺（CAPP）、计算机辅助教学（CAI）等。

5．人工智能

人工智能是将人脑在进行演绎推理的思维过程、规则和所采用的策略、技巧等编成计算机程序，在计算机中存储一些公理和推理规则，然后让机器自动探索解题的方法，所以这种程序是不同于一般计算机程序的。当前人工智能在自然语言理解、机器视觉和听觉等方面给予了极大的重视。智能机器人是人工智能各种研究课题的综合产物，有感知和理解周围环境、进行推理和操纵工具的能力，并能通过学习适应周围环境，完成某种动作。专家系统也是人工智能应用的一个方面。

6．办公自动化

办公自动化系统的核心是计算机。计算机支持一切办公业务，如通过网络实现发送电子邮件、办公文档管理、人事信息统计等。

计算机除了具有以上用途以外，它还被用于网络、电子商务、娱乐等其他领域。

1.2　计算机的硬件系统

1.2.1　计算机系统概述

计算机系统通常是由硬件系统和软件系统两大部分组成的。

计算机硬件（hardware）是指构成计算机的实际的物理设备，主要包括主机和外围设备两部分。

计算机软件（software）是指为运行、维护、管理、应用计算机所编制的所有程序和文档的总和，主要包括计算机本身运行所需的系统软件和用户完成特定任务所需要的应用软件。

计算机硬件系统和软件系统对计算机系统而言缺一不可，两者是相辅相成的。

计算机系统的组成如图 1–5 所示。

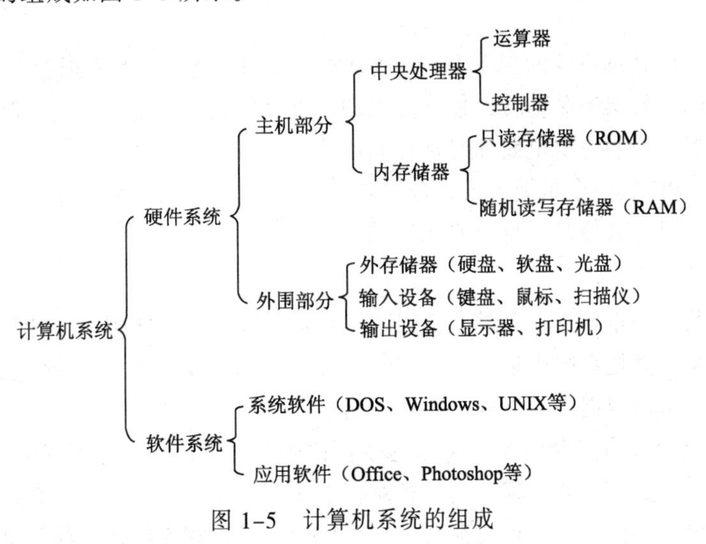

图 1–5　计算机系统的组成

1.2.2　计算机硬件的基本组成

计算机硬件系统主要由 5 个部分组成：运算器、控制器、存储器、输入设备和输出设备。其中，运算器和控制器合称为中央处理器（CPU），这是计算机硬件的核心部件；存储器又分为主存（内存）和辅存（外存），其中主存和 CPU 又合称为主机；输入设备和输出设备合称为外围设备，简称外设。计算机采用“存储程序”工作原理存储程序的思想，即程序和数据一样，存放在存储器中。这一原理是 1946 年由美籍匈牙利数学家冯·诺依曼提出来的，其工作原理如图 1-6 所示。

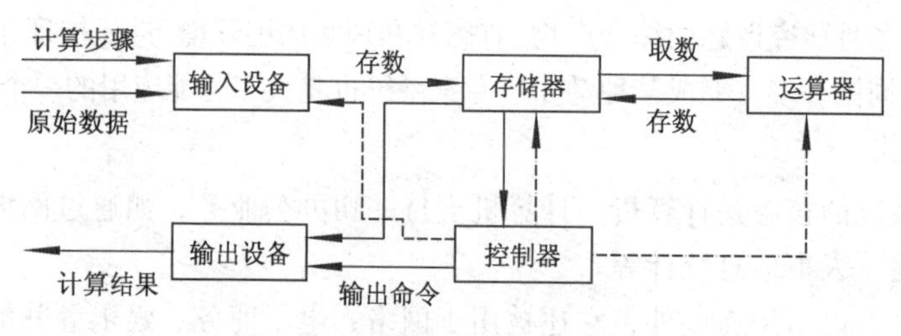

图 1-6 计算机系统的工作原理

图中实线为程序和数据，虚线为控制命令。计算步骤的程序和计算中需要的原始数据，在控制命令的作用下通过输入设备送入计算机的存储器。当计算开始时，在取指令的作用下把程序指令逐条送入控制器。控制器向存储器和运算器发出取数命令和运算命令，运算器进行计算，然后控制器发出存数命令，计算结果存放回存储器，最后在输出命令的作用下通过输出设备输出结果。

1. 运算器

运算器是对数据进行加工处理的部件，它在控制器的作用下与内存交换数据，负责进行各类基本的算术运算、逻辑运算和其他操作。在运算器中含有暂时存放数据或结果的寄存器。运算器由算术逻辑单元（arithmetic logic unit，ALU）、累加器、状态寄存器和通用寄存器等组成。其中，ALU 是运算器的核心，是用于完成加、减、乘、除等算术运算，与、或、非等逻辑运算以及移位、求补等操作的部件。

2. 控制器

控制器是整个计算机系统的指挥中心，负责对指令进行分析，并根据指令的要求，有序地、有目的地向各个部件发出控制信号，使计算机的各部件协调一致地工作。控制器由指令指针寄存器、指令寄存器、控制逻辑电路和时钟控制电路等组成。

寄存器也是 CPU 的一个重要组成部分，是 CPU 内部的临时存储单元。寄存器既可以存放数据和地址，又可以存放控制信息或 CPU 工作的状态信息。

3. 存储器

计算机系统的一个重要特征是具有极强的“记忆”能力，能够把大量计算机程序和数据存储起来。存储器是计算机系统内最主要的记忆装置，既能接收计算机内的信息（数据和程序），又能保存信息，还可以根据命令读取已保存的信息。

存储器按功能可分为主存储器（简称主存）和辅助存储器（简称辅存）。主存是相对存取速度快而容量小的一类存储器，辅存则是相对存取速度慢而容量很大的一类存储器。

主存储器又称内存储器（简称内存），内存直接与 CPU 相连接，是计算机中主要的工作存储器，当前运行的程序与数据存放在内存中。

辅助存储器又称外存储器（简称外存），计算机执行程序和加工处理数据时，外存中的信息按信息块或信息组先送入内存后才能使用，即计算机通过外存与内存不断交换数据的方式使用外存中的信息。

从理论上说计算机由五大部分组成时，所说的存储器仅仅指内存储器。

4. 输入设备

输入设备的作用是把信息送入计算机。文本、图形、声音、图像等表达的信息（程序和数据）都要通过输入设备才能被计算机接收。微型计算机上常用的输入设备有键盘、鼠标、扫描仪、条形码读入器、光笔等。

5. 输出设备

输出设备是将计算机系统中的信息传送到外部世界的设备，如显示器、打印机、绘图仪等。

1.2.3 计算机的总线结构

微型计算机是由具有不同功能的一组功能部件组成的，系统中各功能部件的类型和它们之间的相互连接关系称为微型计算机的结构。

微型计算机大多采用总线结构，因为在微型计算机系统中，无论是各部件之间的信息传送，还是处理器内部信息的传送，都是通过总线进行的。

1. 总线的概念

所谓总线，是连接多个功能部件或多个装置的一组公共信号线。按在系统中的不同位置，总线可以分为内部总线和外部总线。内部总线是 CPU 内部各功能部件和寄存器之间的连线；外部总线是连接系统的总线，即连接 CPU、存储器和 I/O 接口的总线，又称系统总线。

微型计算机采用了总线结构后，系统中各功能部件之间的相互关系变为各个部件面向总线的单一关系。一个部件只要符合总线标准，就可以连接到采用这种总线标准的系统中，使系统的功能可以很方便地得以发展。

2. 总线的分类

按所传送信息的不同类型，总线可以分为数据总线（data bus，DB）、地址总线（address bus，AB）和控制总线（control bus，CB）3 种类型，通常称微型计算机采用三总线结构。

（1）地址总线

地址总线是微型计算机用来传送地址信息的信号线。地址总线的位数决定了 CPU 可以直接寻址的内存空间的大小。因为地址总是从 CPU 发出的，所以地址总线是单向三态总线。单向指信息只能沿一个方向传送；三态指除了输出高、低电平状态外，还可以处于高阻抗状态（浮空状态）。

（2）数据总线

数据总线是 CPU 用来传送数据信息的信号线（双向、三态）。数据总线是双向三态总线，即数据既可以从 CPU 送到其他部件，也可以从其他部件传送给 CPU，数据总线的位数和处理器的位数相对应。

（3）控制总线

控制总线是用来传送控制信号的一组总线。这组信号线比较复杂，由它来实现 CPU 对外部功能部件（包括存储器和 I/O 接口）的控制及接收外部传送给 CPU 的状态信号，不同的微处理器采用不同的控制信号。

控制总线的信号线，有的为单向，有的为双向或三态，有的为非三态，取决于具体的信号线。

1.3 计算机的软件系统

1.3.1 软件在计算机系统中的层次及分类

计算机软件系统是计算机系统的重要组成部分，计算机软件系统主要由系统软件和应用软件两大类组成。应用软件必须在系统软件的支持下才能运行。没有系统软件，计算机无法运行；有系统软件而没有应用软件，计算机还是无法解决实际问题。计算机软件系统的构成如图 1-7 所示。

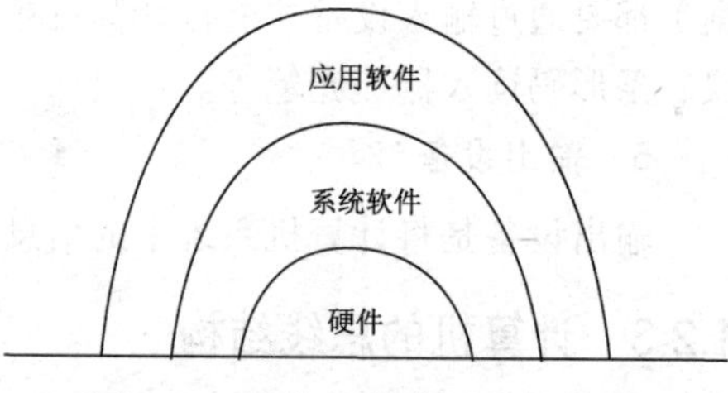

图 1-7 计算机软件系统的构成

在了解软件之前，先了解以下几个概念：

① 源程序：用高级语言编写的程序。

② 目标程序：计算机能够直接识别的程序，是相对于源程序而言。

其中，源程序不能被计算机直接运行，而目标程序能被计算机直接运行。源程序需要用编译程序或解释程序转换成目标程序。

1.3.2 系统软件

如图 1-7 所示，根据软件在计算机系统中的层次，可以把软件系统分为系统软件和应用软件。

系统软件是管理、监控和维护计算机资源的软件，是用来扩大计算机的功能、提高计算机的工作效率、方便用户使用计算机的软件，人们借助于软件来使用计算机。系统软件是计算机正常运转不可缺少的，一般由计算机生产厂家或专门的软件开发公司研制，出厂时写入 ROM 芯片或存入磁盘（供用户选购）。任何用户都要用到系统软件，其他程序都要在系统的软件支持下运行。

系统软件主要分为操作系统软件（软件的核心）、各种语言处理程序和各种数据库管理系统 3 类。

1. 操作系统

系统软件的核心是操作系统。操作系统是由指挥与管理计算机系统运行的程序模板和数据结构组成的一种大型软件系统，其功能是管理计算机的软硬件资源和数据资源，为用户提供高效、全面的服务。正是由于操作系统的飞速发展，才使计算机的使用变得简单而普及。

操作系统是管理计算机软硬件资源的一个平台，没有它，任何计算机都无法正常运行。在个人计算机发展史上曾出现过许多不同的操作系统，其中最为常用的有 5 种：DOS、Windows、Linux、UNIX 和 OS/2。

2. 语言处理系统

语言处理系统包括机器语言、汇编语言和高级语言。这些语言处理程序除个别常驻在 ROM 中可以独立运行外，都必须在操作系统的支持下运行。

① 机器语言。机器语言是指机器能直接识别的语言，它是由“1”和“0”组成的一组代码指令。例如：01001001，作为机器语言指令，可能表示将某两个数相加。由于机器语言比较

难记，所以基本上不能用来编写程序。

② 汇编语言。汇编语言是由一组与机器语言指令一一对应的符号指令和简单语法组成的。例如："ADD A,B"可能表示将A与B相加后存入B中，它可能与上例机器语言指令01001001直接对应。汇编语言程序要由一种"翻译"程序来将它翻译为机器语言程序，这种翻译程序称为汇编程序。任何一种计算机都配有只适用于自己的汇编程序。汇编语言适用于编写直接控制机器操作的低层程序，它与机器密切相关，一般人也很难使用。

③ 高级语言。高级语言比较接近日常用语，对机器依赖性低，是适用于各种机器的计算机语言。目前，高级语言已发明出数十种，下面介绍几种常用的高级语言，如表1-1所示。

表1-1 常用的几种高级语言

名　称	功　能
BASIC语言	一种最简单易学的计算机高级语言，许多人学习基本的程序设计就是从它开始的。新开发的Visual Basic具有很强的可视化设计功能，是重要的多媒体编程工具语言
FORTRAN语言	一种非常适合于工程设计计算的语言，它已经具有相当完善的工程设计计算程序库和工程应用软件
C语言	一种具有很高灵活性的高级语言，它适合于各种应用场合，所以应用非常广泛
Java语言	这是近几年才发展起来的一种新的高级语言。它适应了当前高速发展的网络环境，非常适合用作交互式多媒体应用的编程。它简单、性能高、安全性好、可移植性强

有两种翻译程序可以将高级语言所编写的程序翻译为机器语言程序，一种叫"编译程序"，一种叫"解释程序"。

① 编译程序把高级语言所写的程序作为一个整体进行处理，编译后与子程序库连接，形成一个完整的可执行程序。这种方法的缺点是编译、连接较费时，但可执行程序运行速度很快。FORTRAN、C语言等都采用这种编译方法。

② 解释程序则对高级语言程序逐句解释执行。这种方法的特点是程序设计的灵活性大，但程序的运行效率较低。BASIC语言本来属于解释型语言，但现在已发展为也可以编译成高效的可执行程序，兼有两种方法的优点。Java语言则先编译为Java字节码，在网络上传送到任何一种机器上之后，再用该机所配置的Java解释器对Java字节码进行解释执行。

3. 数据库管理系统

数据库是以一定的组织方式存储起来的、具有相关性的数据的集合。数据库管理系统就是在具体计算机上实现数据库技术的系统软件，由它来实现用户对数据库的建立、管理、维护和使用等功能。目前在计算机上流行的数据库管理系统软件有Oracle、SQL Server、DB2、Access等。

1.3.3 应用软件

为解决计算机各类问题而编写的程序称为应用软件。它又可分为用户程序与应用软件包。应用软件随着计算机应用领域的不断扩展而与日俱增。

1. 用户程序

用户程序是用户为了解决特定的具体问题而开发的软件。编制用户程序应充分利用计算机系统的种种现成软件，在系统软件和应用软件包的支持下可以更加方便、有效地研制用户专用程序。例如：火车站或汽车站的票务管理系统、人事管理部门的人事管理系统和财务部门的财务管理系统等。

2. 应用软件包

应用软件包是为实现某种特殊功能而经过精心设计的、结构严密的独立系统，是一套满足同类应用的许多用户所需要的软件。

应用软件根据用途的不同又分为很多类型，例如：Microsoft 公司发布的 Office 2010 应用软件包，包含 Word 2010（字处理）、Excel 2010（电子表格）、PowerPoint 2010（幻灯片）、Access 2010（数据库管理）等应用软件，是实现办公自动化的很好的应用软件包。还有日常使用的杀毒软件（KV3000、瑞星、金山毒霸等），以及各种游戏软件等。

1.4 计算机系统的主要性能指标

评价计算机的性能是一个很复杂的问题，从不同的角度可能对计算机的性能有不同的评价。在实际使用中常用的指标包括以下几个：

1. 主频

主频又称时钟频率，单位是 MHz，用来表示 CPU 的运算速度。CPU 的主频 = 外频×倍频系数。很多人认为主频决定着 CPU 的运行速度，这是片面的看法。主频表示在 CPU 内数字脉冲信号振荡的速度。在 Intel 的处理器产品中，也可以看到这样的例子：1 GHz Itanium 芯片能够表现得差不多跟 2.66 GHz Xeon/Opteron 一样快，或是 1.5 GHz Itanium 2 大约跟 4 GHz Xeon/Opteron 一样快。CPU 的运算速度还要看 CPU 的流水线的各方面的性能指标。

当然，主频和实际的运算速度是有关的，只能说主频仅仅是 CPU 性能表现的一个方面，而不代表 CPU 的整体性能。

2. CPU 内部缓存（Cache）

内部缓存采用速度极快的 SRAM 制作，用于暂时存储 CPU 运算时的最近的部分指令和数据，存取速度与 CPU 主频相同。内部缓存的容量一般以 KB 为单位。当它全速工作时，其容量越大，使用频率最高的数据和结果就越容易尽快进入 CPU 进行运算，CPU 工作时与存取速度较慢的外部缓存和内存间交换数据的次数越少，相对计算机的运算速度可以提高。

3. CPU 字长

字长是计算机内部一次可以处理的二进制数码的位数。一般一台计算机的字长决定于它的通用寄存器、内存储器、ALU 的位数和数据总线的宽度。字长越长，所能表示的数据精度就越高；在完成同样精度的运算时，则数据处理速度越高。但是，字长越长，计算机的硬件代价相应也增大。为了兼顾精度/速度与硬件成本两方面，有些计算机允许采用变字长运算。

一般情况下，CPU 的内、外数据总线宽度是一致的。但有的 CPU 为了改进运算性能，加宽了 CPU 的内部总线宽度，致使内部字长和对外数据的总线宽度不一致。如 Intel 8088/80188 的内部数据总线宽度为 16 位，外部为 8 位。这类芯片称为“准××位”CPU。因此，Intel 8088/80188 被称为“准 16 位”CPU。

4. 运算速度

计算机的运算速度一般用每秒所能执行的指令条数表示。由于不同类型的指令所需时间长度不同，因此衡量计算机运算速度有一个专门的单位：MIPS，它表示计算机每秒能执行多少百万条指令。

5．内存容量

存储器容量是衡量计算机存储二进制信息量大小的一个重要指标。微型计算机中一般以字节 B（Byte 的缩写）为单位表示存储容量，并将 1024 B 简称为 1 KB，1024 KB 简称为 1 MB（兆字节），1024 MB 简称为 1 GB（吉字节），1024 GB 简称为 1 TB（太字节）。286 以上的微机一般都具有 1 MB 以上的内存容量，40 MB 以上的外存容量。目前市场上流行的内存容量已经达到 2 GB、4 GB 及以上，硬盘容量达到 500 GB 及以上，也出现了以 TB 为单位的硬盘。

6．外设扩展能力

外设扩展能力主要指计算机系统配接各种外围设备的可能性、灵活性和适应性。一台计算机允许配接多少外围设备，对于系统接口和软件研制都有重大影响。在微型计算机系统中，打印机型号、显示器屏幕分辨率、外存储器容量等，都是外设配置中需要考虑的问题。

7．软件配置情况

软件是计算机系统必不可少的重要组成部分，它配置是否齐全，直接关系到计算机性能的好坏和效率的高低。例如是否有功能很强、能满足应用要求的操作系统和高级语言、汇编语言，是否有丰富的、可供选用的应用软件等，都是在购置计算机系统时需要考虑的。

1.5　计算机中的信息表示

计算机的主要功能是处理信息，如处理数据、文字、图像、声音等信息。在计算机内部所有的信息都是用二进制编码表示的，各种信息必须经过数字化编码才能被传送、存储和处理。所以，理解计算机中信息表示是极为重要的。

1.5.1　数制与转换

1．常见的进位计数制

数制又称进位计数制，是用一组固定的符号和统一的规则来表示数值的方法。计算机中，常用的有十进制、二进制、八进制和十六进制。十进制是人们习惯的进制，但是由于技术上的原因，计算机内部一律采用二进制数据和信息，八进制和十六进制是为了弥补二进制数字过于冗长而出现在计算机中的，常用它们来描述存储单元的地址，表示指令码等。因此，弄清不同进制及其相互转换是很重要的。

在各种进位计数制中，有两个重要的概念：基数和位权。

① 基数：指各种进位计数制中所使用的数码的个数，用 R 表示。例如，十进制中使用了 10 个不同的数码：0、1、2、3、4、5、6、7、8、9，因此，十进制的基数 $R=10$。

② 位权：一位数码的大小与它在数中所处的位置有关，每一位数的大小是该位上的数码乘以一个它所处数位的一个固定数，这个不同数位上的固定数称为位权。位权的大小为 R 的某次幂，即 R^i。其中，i 为数码所在位置的序号（设小数点向左第 1 位为第 0 位，即序号为 0，依次向左序号为 1、2、3、…）。例如，十进制个位数位置上的位权是 10^0，十位数位置上的位权为 10^1，百位数位置上的位权为 10^2 等；小数点后 1 位位置上的位权为 10^{-1}，依次向右第 2 位的

位权为 10^{-2}，第 3 位的位权为 10^{-3} 等。

（1）十进制

十进制（decimal notation）具有 10 个不同的数码，其基数为 10，各位的位权为 10^i。十进制数的进位规则是“逢十进一”。例如，十进制数$(3427.59)_{10}$可以表示为

$$(3427.59)_{10} = 3 \times 10^3 + 4 \times 10^2 + 2 \times 10^1 + 7 \times 10^0 + 5 \times 10^{-1} + 9 \times 10^{-2}$$

这个式子称为十进制数的按位权展开式。

（2）二进制

二进制（binary notation）具有 2 个不同的数码符号 0、1，其基数为 2，各位的位权是 2^i。二进制数的进位规则是“逢二进一”。例如，二进制数$(1101.101)_2$可以表示为

$$(1101.101)_2 = 1 \times 2^3 + 1 \times 2^2 + 0 \times 2^1 + 1 \times 2^0 + 1 \times 2^{-1} + 0 \times 2^{-2} + 1 \times 2^{-3}$$

（3）八进制

八进制（octal notation）具有 8 个不同的数码 0、1、2、3、4、5、6、7，其基数为 8。各位的位权是 8^i。八进制数的进位规则是“逢八进一”。例如，八进制数$(126.35)_8$可以表示为

$$(126.35)_8 = 1 \times 8^2 + 2 \times 8^1 + 6 \times 8^0 + 3 \times 8^{-1} + 5 \times 8^{-2}$$

（4）十六进制

十六进制（hexadecimal notation）具有 16 个不同的数码 0、1、2、3、4、5、6、7、8、9、A、B、C、D、E、F（其中 A、B、C、D、E、F 分别表示 10、11、12、13、14、15），其基数为 16。各位的位权是 16^i。十六进制数的进位规则是“逢十六进一”。例如，十六进制数$(9E.B7)_{16}$可以表示为

$$(9E.B7)_{16} = 9 \times 16^1 + 14 \times 16^0 + 11 \times 16^{-1} + 7 \times 16^{-2}$$

说明：这里为了区分不同进制的数，采用括号加下标的方法表示。但在有些地方，也习惯在数的后面加上字母 D（十进制）、B（二进制）、O 或 Q（八进制）、H（十六进制）来表示。什么都不加默认为十进制数。

2. 不同进制数之间的转换

（1）二进制数、八进制数、十六进制数转换为十进制数

二进制、八进制、十六进制数转换为十进制数的方法：先写出相应进制数的按位权展开式，然后再求和累加。

【例 1-1】将二进制数$(1101.101)_2$转换成等值的十进制数。

$$\begin{aligned}(1101.101)_2 &= 1 \times 2^3 + 1 \times 2^2 + 0 \times 2^1 + 1 \times 2^0 + 1 \times 2^{-1} + 0 \times 2^{-2} + 1 \times 2^{-3} \\ &= 8 + 4 + 1 + 0.5 + 0.125 \\ &= (13.625)_{10}\end{aligned}$$

【例 1-2】将$(2B.8)_{16}$和$(157.2)_8$分别转换成十进制数。

$(2B.8)_{16} = 2 \times 16^1 + 11 \times 16^0 + 8 \times 16^{-1} = (43.5)_{10}$

$(157.2)_8 = 1 \times 8^2 + 5 \times 8^1 + 7 \times 8^0 + 2 \times 8^{-1} = (111.25)_{10}$

（2）十进制数转换为二进制数、八进制数、十六进制数

十进制数转换成其他进制数时，要将整数部分和小数部分分别进行转换。转换时需做不同

的计算，然后再用小数点组合起来。

① 十进制整数转换成二进制整数的方法是将十进制整数除以 2，将所得到的商反复地除以 2，直到商为 0，每次相除所得的余数即为二进制整数的各位数字，第一次得到的余数为最低位，最后一次得到的余数为最高位。可以理解为除 2 取余，自下而上。

【例 1-3】将十进制整数$(29)_{10}$转换成二进制整数。

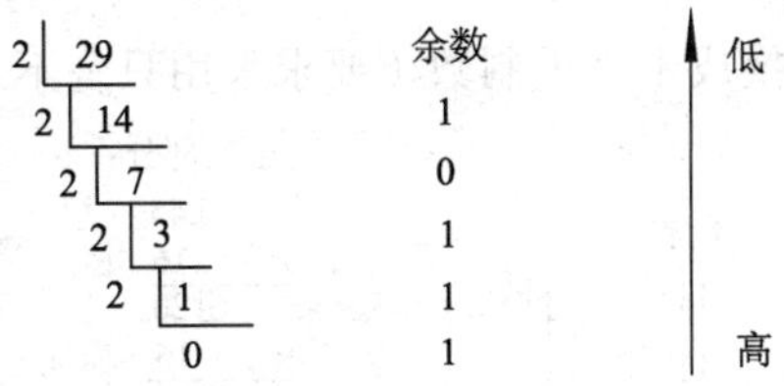

```
2 | 29        余数    ↑ 低
  2 | 14        1     |
    2 | 7       0     |
      2 | 3     1     |
        2 | 1   1     |
            0   1     | 高
```

于是$(29)_{10} = (11101)_2$。

② 十进制小数转换成二进制小数的方法是将十进制小数乘以 2，将所得的乘积小数部分连续乘以 2，直到所得小数部分为 0 或满足精度要求为止。每次相乘后所得乘积的整数部分即为二进制小数的各位数字，第一次得到的整数为最高位，最后一次得到的整数为最低位。可以理解为乘 2 取整，自上而下。

【例 1-4】将十进制小数$(0.8125)_{10}$转换成二进制小数。

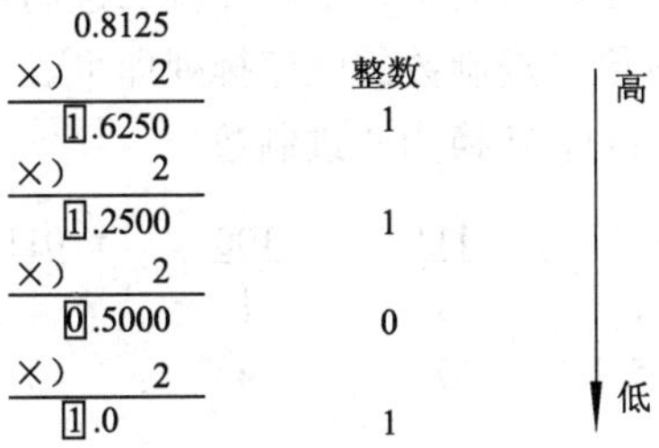

```
      0.8125
×）        2      整数    | 高
    [1].6250       1      |
×）        2              |
    [1].2500       1      |
×）        2              |
    [0].5000       0      |
×）        2              ↓
    [1].0          1        低
```

于是$(0.8125)_{10} = (0.1101)_2$。

> **说明**：一个十进制小数不一定能完全准确地转换成二进制小数，这时可以根据精度要求只转换到小数点后某一位为止。如要求采用四舍五入法且要求精度为小数点后 2 位，则连续乘 2 取整数 3 位，然后对第 3 位采用四舍五入法进行取舍。如要求采用只舍不入法且要求精度为小数点后 2 位，则连续乘 2 取整数 2 位即可。

③ 十进制整数转换成八进制整数的方法是“除 8 取余法”，十进制整数转换成十六进制整数的方法是“除 16 取余法”。同理，十进制小数转换成八进制小数的方法是“乘 8 取整法”，十进制小数转换成十六进制小数的方法是“乘 16 取整法”。2、8、16 分别均为二进制、八进制和十六进制数（非十进制数）的基数。因此，十进制数转换为非十进制数（二、八、十六进制数）的方法可概括为整数部分除基取余，小数部分乘基取整。

【例 1-5】将十进制数$(517.32)_{10}$转换成八进制数（要求采用只舍不入法取 3 位小数）。

整数部分：

除数	被除数/商	余数	
8	517		
8	64	5	↑低
8	8	0	
8	1	0	
	0	1	高

小数部分：

运算	整数	
0.32 × 8 = 2.56	2	高
0.56 × 8 = 4.48	4	
0.48 × 8 = 3.84	3	↓低

于是$(517.32)_{10} = (1005.243)_{8}$。

【例 1-6】将$(3259.45)_{10}$转换成十六进制数（要求采用只舍不入法取 3 位小数）。

整数部分：

除数	被除数/商	余数	
16	3259		
16	203	11	↑低
16	12	11	
	0	12	高

小数部分：

运算	整数	
0.45 × 16 = 7.20	7	高
0.20 × 16 = 3.20	3	
0.20 × 16 = 3.20	3	↓低

于是$(3259.45)_{10} = (\text{CBB.733})_{16}$。

（3）二进制数与八进制数或十六进制数间的转换

① 二进制数转换成八进制数。二进制数的基数是 2，八进制的基数是 8。由于 $2^3 = 8$，$8^1 = 8$，即 $8^1 = 2^3$，故它们之间的对应关系是八进制数的每一位对应二进制数的 3 位，所以，二进制数转换成八进制数可概括为“三位并一位”。即以小数点为界，分别向左或向右方向按每 3 个一组划分，不足 3 位时用 0 补足，然后将每组的 3 位二进制数按权展开后相加，得到一位八进制数，然后将这些八进制数按原二进制数的顺序排列即可。

【例 1-7】将$(10101111100.0111)_2$转换为八进制数。

010	101	111	100	.	011	100
↓	↓	↓	↓		↓	↓
2	5	7	4	.	3	4

于是$(10101111100.0111)_2 = (2574.34)_8$。

② 八进制数转换成二进制数。八进制数转换成二进制数可概括为“一位拆三位”，即以小数点为界，向左或向右将每一位八进制数用相应的 3 位二进制数取代。

【例 1-8】将$(6203.016)_8$转换为二进制数。

6	2	0	3	.	0	1	6
↓	↓	↓	↓		↓	↓	↓
110	010	000	011	.	000	001	110

于是$(6203.016)_8 = (110010000011.00000111)_2$。

③ 二进制数转换成十六进制数。由于 $2^4 = 16$，$16^1 = 16$，即 $16^1 = 2^4$，故它们之间的对应关系是十六进制数的每一位对应二进制数的 4 位。二进制数转换为十六进制数可概括为“四位并一位”。即以小数点为界，整数部分从右至左，小数部分从左至右，每 4 位一组，不足 4 位添 0 补足，并将每组的 4 位二进制数按权展开后相加，得到一位十六进制数，然后将这些十六进制数按原二进制数的顺序排列即可。

【例 1-9】将二进制数$(110101011110.101110101)_2$转换成为十六进制数。

1101	0101	1110	.	1011	1010	1000
↓	↓	↓		↓	↓	↓
D	5	E	.	B	A	8

于是$(110101011110.101110101)_2$=$(D5E.BA8)_{16}$。

④ 十六进制数转换成二进制数。

十六进制数转换成二进制数可概括为“一位拆四位”，即以小数点为界，向左或向右把每一位十六制数用相应的 4 位二进制数取代即可。

【例 1-10】将$(5CB.09)_{16}$转换成二进制数。

5	C	B	.	0	9
↓	↓	↓		↓	↓
0101	1100	1011	.	0000	1001

于是$(5CB.09)_{16}$ = $(10111001011.00001001)_2$。

> **说明**：由此可以看出，二进制数和八进制数、十六进制数之间的转换非常直观。所以，如果要将一个十进制数转换成二进制数，可以先将其转换成八进制数或十六进制数，然后再快速地转换成二进制数。同样，在转换中若要将十进制数转换为八进制数和十六进制数，也可以先将十进制数转换成二进制数，然后再转换为八进制数或十六进制数。

1.5.2 二进制数及其运算

1. 采用二进制数的优越性

尽管计算机可以处理各种进制的数据信息，但计算机内部只使用二进制数。也就是说，在计算机内部只使用“0”和“1”两个数字符号。计算机内部为什么不使用十进制数而要使用二进制数呢？这是因为二进制数具有以下优越性：

（1）技术可行性

组成计算机的电子元器件本身就具有可靠稳定的两种对立状态，例如：电位的高电平状态与低电平状态、晶体管的导通与截止、开关的接通与断开等。采用二进制数，只需用“0”和“1”表示这两种对立状态，因此易于实现。

（2）运算简单性

采用二进制数，运算规则简单，便于简化计算机运算器结构，运算速度快。例如，二进制加法和减法的运算法则都只有 3 条，如果采用十进制计数，加法和减法的运算法则都各有几十条，要处理这几十条法则，线路设计相当困难。

（3）吻合逻辑性

逻辑代数中的“真/假”“对/错”“是/否”表示事物的正反两个方面，并不具有数值大小的特性，用二进制数的“0/1”表示，刚好与之吻合，这正好为计算机实现逻辑运算提供了有利条件。

2. 二进制数的算术运算

二进制数的算术运算非常简单，它的基本运算是加法和减法，利用加法和减法可进行乘法和除法运算。本书只介绍加法运算和减法运算。

（1）加法运算

两个二进制数相加时，要注意“逢二进一”的规则，并且每一位相加时，最多只有 3 个加数：本位的被加数、加数和来自低位的进位数。

加法运算法则：

$0+0=0$

$0+1=1+0=1$

$1+1=10$（逢二进一）

$(11000011)_2+(100101)_2=(11101000)_2$

```
被加数 11000011
加  数   100101
+进 位      111
---------------
       11101000
```

（2）减法运算

两个二进制数相减时，要注意“借一当二”的规则，并且每一位最多有 3 个数：本位的被减数、减数和向高位的借位数。

减法运算法则：

$0-0=1-1=0$

$1-0=1$

$0-1=1$（借一当二）

$(11000011)_2-(101101)_2=(10010110)_2$

```
被减数 11000011
减  数   101101
-借 位     1111
---------------
       10010110
```

3. 二进制数的逻辑运算

逻辑运算是对逻辑值的运算，对二进制数“0”和“1”赋予逻辑含义，就可以表示逻辑值的“真”与“假”。逻辑运算包括 3 种基本运算：逻辑与、逻辑或及逻辑非。逻辑运算与算术运算一样按位进行，但是，位与位之间不存在进位和借位的关系，也就是位与位之间毫无联系，彼此独立。

（1）与运算（亦称逻辑乘运算）

与运算符用“∧”或“·”表示。与运算的运算规则是：仅当两个参加运算的逻辑值都为“1”时，与的结果才为“1”，否则为“0”。

（2）或运算（亦称逻辑加运算）

或运算符用“∨”或“+”表示。或运算的运算规则是：仅当两个参加运算的逻辑值都为“0”时，或的结果才为“0”，否则为“1”。

（3）非运算（亦称求反运算）

非运算符用“~”表示，或者在逻辑值的上方加横线表示，如 $\overline{A}$。非运算的运算规则是：对逻辑值取反，即逻辑变量 A 的非运算结果，为 A 的逻辑值的相反值。

设 A、B 为逻辑变量，其逻辑运算关系如表 1-2 所示。

表 1-2 逻辑运算关系表

A	B	A∨B	A∧B	$\overline{A}$	$\overline{B}$
0	0	0	0	1	1
0	1	1	0	1	0
1	0	1	0	0	1
1	1	1	1	0	0

【例 1-11】 若 $A = (1011)_2$， $B = (1101)_2$，求 A∧B、A∨B、$\overline{A}$。

解 $A \wedge B = (1001)_2$，$A \vee B = (1111)_2$，$\overline{A} = (0100)_2$

$$\begin{array}{r} 1011 \\ \vee\, 1101 \\ \hline 1111 \end{array} \qquad \begin{array}{r} 1011 \\ \wedge\, 1101 \\ \hline 1001 \end{array}$$

1.5.3 计算机中常用的信息编码

信息编码是指采用少量的基本符号，选用一定的组合原则，以表示大量复杂多样的信息。计算机中信息是由“0”和“1”两个基本符号组成的，它不能直接处理英文字母、汉字、图形、声音，需要对这些对象进行编码后才能传送、存储和处理。编码过程就是实现将信息在计算机中转化为 0 和 1 二进制代码串的过程。编码时需要考虑数据的特性，以及便于计算机的存储和处理，这是一个非常重要的工作。

1. BCD 码

BCD 码（binary coded decimal，二进制编码的十进制数）是指每位十进制数用 4 位二进制数编码表示。选用 0000～1001 来表示 0～9 这 10 个数字。这种编码方法比较直观、简单，对于多位数，只需将它的每一位数字按表 1-3 中所列的对应关系用 BCD 码直接列出即可。

表 1-3 十进制数与 BCD 码的对照表

十进制数	BCD 码	十进制数	BCD 码
0	0000	5	0101
1	0001	6	0110
2	0010	7	0111
3	0011	8	1000
4	0100	9	1001

例如，十进制数$(8269.56)_{10} = (1000\ 0010\ 0110\ 1001.0101\ 0110)_{BCD}$。

说明： BCD 码与二进制数之间的转换不是直接的，要先把 BCD 码表示的数转换成十进制数，再把十进制数转换成二进制数。

2. ASCII 码

ASCII（American Standard Code Information Interchange）码是美国标准信息交换代码，被国

际标准化组织指定为国际标准。ASCII 码有 7 位版本和 8 位版本两种，国际通用的 7 位 ASCII 码称为标准 ASCII 码（规定添加的最高位为 0），8 位 ASCII 码称为扩充 ASCII 码。

标准的 ASCII 码是 7 位二进制编码，即每个字符用一个 7 位二进制数来表示，7 位二进制数不够一个字节，在 7 位二进制代码最左端再添加 1 位 0，补足一个字节，共有 128 种编码，可用来表示 128 个不同的字符，包括 10 个阿拉伯数字 0～9、52 个大小写英文字母、32 个标点符号和运算符以及 34 个控制符。标准 ASCII 码字符集如表 1-4 所示。

表 1-4　标准 ASCII 码字符集

高 3 位 低 4 位	001	000	010	011	100	101	110	111
0000	NUL	DLE	SP	0	@	P	`	p
0001	SOH	DC1	!	1	A	Q	a	q
0010	STX	DC2	"	2	B	R	b	r
0011	ETX	DC3	#	3	C	S	c	s
0100	EOT	DC4	$	4	D	T	d	t
0101	ENQ	NAK	%	5	E	U	e	u
0110	ACK	SYN	&	6	F	V	f	v
0111	BEL	ETB	'	7	G	W	g	w
1000	BS	CAN	(	8	H	X	h	x
1001	HT	EM	)	9	I	Y	i	y
1010	LF	SUB	*	:	J	Z	j	z
1011	VT	ESC	+	;	K	[	k	{
1100	FF	FS	,	<	L	\	l	|
1101	CR	GS	_	=	M	]	m	}
1110	SO	RS	.	>	N	^	n	~
1111	SI	US	/	?	O	_	o	DEL

例如，数字 0 的 ASCII 码值为 48（30H），大写字母 A 的 ASCII 码值为 65（41H），小写字母 a 的 ASCII 码值为 97（61H），常用的数字字符、大写字母、小写字母的 ASCII 码值按从小到大的顺序排列，小写字母的 ASCII 码值比大写字母的 ASCII 码值大 20H，数字 0～9 的 ASCII 码值为 30H～39H。可见，其编码具有一定的规律，只要掌握其规律是不难记忆的。

扩展的 ASCII 码是 8 位码，也用一个字节表示，其前 128 个码与标准的 ASCII 码是一样的，后 128 个码（最高位为 1）则有不同的标准，并且与汉字的编码有冲突。

3．汉字编码

从信息处理角度来看，汉字的处理与其他字符的处理没有本质的区别，都是非数值处理。与英文字符一样，中文在计算机系统中也要使用特定的二进制符号系统来表示。就是说汉字要能够被计算机处理也必须编码，只是其编码更为复杂。通过键盘输入汉字时，实际是输入汉字的编码信息，这种编码称为汉字的外部码。计算机为了存储、处理汉字，必须将汉字的外部码转换成汉字的内部码。为了将汉字以点阵的形式输出，还要将汉字的内部码转换为汉字的字形码。此外，在计算机与其他系统或设备进行信息、数据交流时还要用到交换码。

（1）外部码

外部码是在输入汉字时对汉字进行的编码，是一组字母或数字符号。外部码又称外码或汉字输入码。为了方便用户使用，外码的编码规则既要简单清晰、直观易学、容易记忆，又要方便操作、输入速度快。汉字外码在不同的汉字输入法中有不同的定义。人们根据汉字的属性（汉字字量、字形、字音、使用频度）提出了数百种汉字外码的编码方案，并将这种编码方案称为输入法。常见的输入法有智能ABC、五笔字型等。

（2）内部码

汉字内部码亦称为内码或汉字机内码。计算机处理汉字，实际上是处理汉字的内码。输入外码后，都要转换成内码，才能进行存储、处理和传送。在目前广泛使用的各种计算机汉字处理系统中，每个汉字的内码占用两个字节，并且每个字节的最高位为 1，这是为了避免汉字的内码与英文字符编码（ASCII 码）发生冲突，容易区分汉字编码与英文字符编码，同时为了用尽可能少的存储空间来表示尽可能多的汉字而做出的约定。

汉字信息在计算机中都以内码形式进行存储和处理。无论使用哪种中文操作系统和汉字输入方法，输入的外码都会转换为内码。例如，输入汉字“中”，可用全拼方式的“zhong”来输入，也可用双拼方式的“ay”或用五笔字型的“k”来输入。这 3 种不同形式的外码“zhong”“ay”“k”在相应输入法下输入计算机后，都要被转换为“中”的内码“D6D0”。每个汉字的内码是唯一的，这种唯一性是不同中文系统之间信息交换的基础。

（3）交换码

当计算机之间或与终端之间进行信息交换时，要求它们之间传送的汉字代码信息完全一致。为此，国家规定了信息交换用的标准汉字交换码《信息交换用汉字编码字符集　基本集》（GB 2312—1980），即国标码。国标码共收集了 7 445 个字符，其中汉字 6 763 个，其他则为一般符号、数字、拉丁字母、希腊字母、汉语拼音等。

由于 GB 2312—1980 编码的汉字有限，所以汉字交换码标准在不断改进，如现在还在使用的 GBK、GB 18030 等标准。国际标准化组织 1993 年推出了能够对世界上所有的文字统一编码的编码字符集标准 ISO/IEC 10646，我国相应的国家标准是 GB 13000.1—1993《信息技术通用多八位编码字符集（UCS）第 1 部分：体系结构与基本多文种平面》，基于这两个标准就可以实现对世界上所有文字在计算机上的统一处理。由于它们采用的是 4 字节编码方案，所以其编码空间非常巨大，可以容纳多种文字同时编码，也就保证了多文种的同时处理。

（4）汉字输出码

汉字输出码又称汉字字形码、字模码，是为输出汉字，将描述汉字字形的点阵数字化处理后的一串二进制符号。

尽管汉字字形有多种变化，但由于汉字都是方块字，每个汉字都同样大小，因此无论汉字的笔画多少，都可以写在特定大小的方块中。而一个方块可以被看作是一个 M 行、N 列的矩阵，简称点阵。一个 M 行、N 列的点阵共有 $M \times N$ 个点。每个点可以是黑色或白色，分别表示有、无汉字的笔画经过，这种用点阵描绘出汉字的字形轮廓，称为汉字点阵字形。这种描述类似于用霓虹灯来显示文字、图案。

在计算机中，用一组二进制数字表示点阵字形，即若用一个二进制符号 1 表示点阵中的一个黑点，用一个二进制符号 0 表示点阵中的一个白点，则对一个用 16×16 点阵描述的汉字可以用 16×16=256 位的二进制数来表示出汉字的字形轮廓。这种用二进制表示汉字点阵字形的方法称为点阵的数字化。汉字字形经过点阵的数字化后转换成的一串数字称为汉字的数字化信息。图 1-8 就是一个汉字点阵的例子。

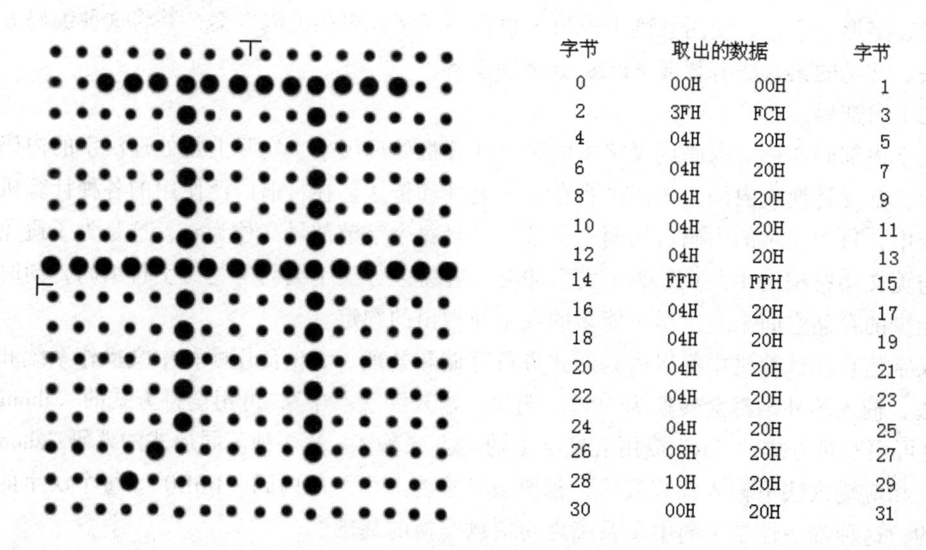

字节	取出的数据		字节
0	00H	00H	1
2	3FH	FCH	3
4	04H	20H	5
6	04H	20H	7
8	04H	20H	9
10	04H	20H	11
12	04H	20H	13
14	FFH	FFH	15
16	04H	20H	17
18	04H	20H	19
20	04H	20H	21
22	04H	20H	23
24	04H	20H	25
26	08H	20H	27
28	10H	20H	29
30	00H	20H	31

图 1-8 “开”字的 16×16 点阵

由于 8 个二进制位构成一个字节，所以需要用 32 个字节来存放一个 16×16 点阵描述的汉字字形；若用 24×24 点阵来描述汉字的字形，则需要 72 个字节来存放一个汉字的数字化信息。针对同样大小的汉字，点阵的行数、列数越多，占用的存储空间就越大，但描述的汉字就越细致。16×16 点阵是最简单的汉字字形点阵，基本上能表示 GB 2312—1980 中所有简体汉字的字形。24×24 点阵则可以表示宋体、仿宋体、楷体、黑体等多字体的汉字。这两种点阵是比较常用的点阵。汉字的各种编码之间的关系如图 1-9 所示。它们之间的变换也比较简单。

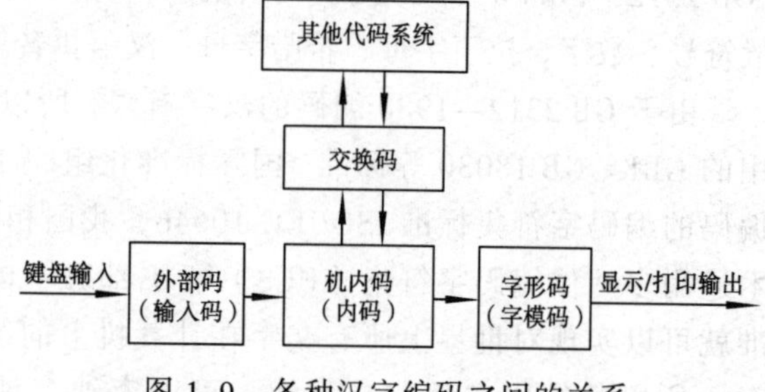

图 1-9 各种汉字编码之间的关系

（5）汉字字库

汉字字形数字化后，以二进制文件的形式存储在存储器中，所有汉字的输出码就构成了汉字字形库，简称汉字库。汉字库可分为软字库和硬字库两种。在微型计算机中大都使用软字库，它以汉字字库文件的形式存储在磁盘中。

除上面所描述的点阵字库外，现在大量使用的主要还是矢量字库。矢量字库是把每个字符的笔画分解成各种直线和曲线，然后记下这些直线和曲线的参数，在显示时，再根据具体的尺寸大小，由存储的参数画出这些线条而还原出原来的字符。它的好处就是可以随意放大、缩小，不像使用点阵那样出现马赛克效应而失真。矢量字库有很多种，区别在于它们采用不同的数学模型来描述组成字符的线条。常见的矢量字库有 Typel 字库和 Truetype 字库。

4. 中文信息的处理过程

中文信息通过键盘以外码形式输入计算机，由中文操作系统中的输入处理程序把外码翻译成相应的内码，并在计算机内部进行存储和处理，最后由输出处理程序查找字库，按需要显示的中文内码调用相应的字模，并送到输出设备进行显示或打印输出。该过程如图 1-10 所示。

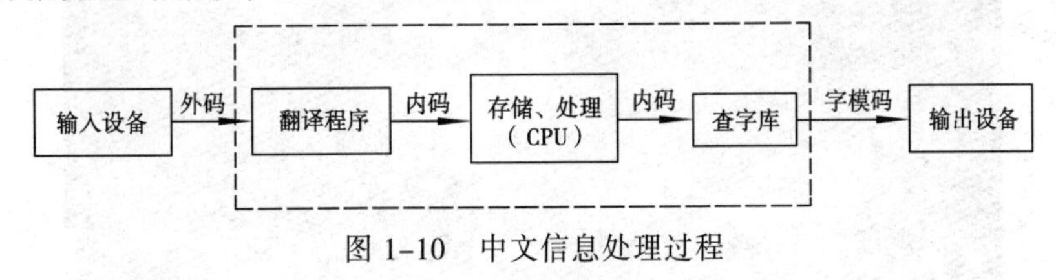

图 1-10　中文信息处理过程

1.6　计算机的基础操作与汉字录入

本节从启动计算机开始，介绍打开与关闭计算机的正确方法，同时介绍键盘与鼠标的使用及汉字的录入方法。大家知道，熟练的键盘与鼠标操作技能是学习计算机的钥匙，是实现汉字快速录入的基础。认识键盘结构，掌握正确的键盘操作指法，是提高录入速度和录入质量的可靠保证。

1.6.1　计算机的启动与关闭

在使用计算机时，必须掌握正确的计算机启动与关闭方法。例如，在 Windows 7 操作系统中，当需要关机时，为了防止数据丢失，系统会自动关闭所有应用程序进程。但为了加快关机速度，减少系统负荷，建议用户关机前先结束所有应用程序。

1. 启动计算机

对于笔记本式计算机，开机时只需打开它，然后按下电源键即可。对于台式计算机，因它分主机和显示器两部分，所以在开机时应遵循一定的顺序。

在启动台式计算机之前，首先应确保主机和显示器与通电的电源插座接通，然后先按显示器电源开关，再按主机电源开关，从而启动计算机系统。下面以安装有 Windows 7 操作系统的计算机系统为例来简单地介绍计算机的启动过程：

① 按显示器的电源开关。当显示器的电源指示灯亮时，表示显示器已经开启。

② 按主机箱上的标有 Power 字样的电源按钮。当主机箱上的电源指示灯亮时，说明计算机主机已经开始启动。

③ 主机启动后，计算机开始自检并进入操作系统。

④ 如果系统设置有密码，将进入输入密码界面，输入密码后，按【Enter】键，即可进入 Windows 7 系统桌面；如果没有设置密码，则会显示欢迎界面，如图 1-11 所示，然后直接进入 Windows 7 系统桌面，如图 1-12 所示。

图 1-11　进入 Windows 7 的欢迎界面

图 1-12　进入 Windows 7 系统桌面

2. 关闭计算机

关闭计算机电源之前一定要先正确退出 Windows 7，否则系统就认为是非正常关机，等下次开机时系统将会自动执行磁盘扫描程序使系统稳定。但这样做有可能会破坏一些未保存的文件和正在运行的程序，甚至可能会造成硬盘损坏或启动文件缺损等致命错误，导致系统无法再次启动。

在 Windows 7 中，关闭计算机的正确操作步骤如下：

① 关闭所有打开的应用程序和文档窗口。

② 单击“开始”按钮，在弹出的图 1-13 所示的菜单中选择“关机”命令，Windows 7 开始注销操作系统。

③ 如果系统检测到了更新，则会自动安装更新文件。

④ 安装完更新后将自动关闭操作系统，图 1-14 所示为正在关机界面。

⑤ 在主机电源被自动关闭之后，再关闭显示器和其他外围设备的电源。

图 1-13　“开始”菜单的部分列表

图 1-14　“正在关机”界面

说明：单击"关机"按钮右侧的按钮▶，会打开一个子菜单，如图1-15所示。这个子菜单包含"切换用户""注销""锁定""重新启动""睡眠"和"休眠"6个命令。选择"切换用户"命令，可切换用户；选择"注销"命令，可注销当前登录的用户；选择"锁定"命令，可将计算机锁定到当前状态，并切换至用户登录界面；选择"重新启动"命令，可重新启动操作系统；选择"睡眠"或"休眠"命令，可使计算机处于睡眠或休眠状态。

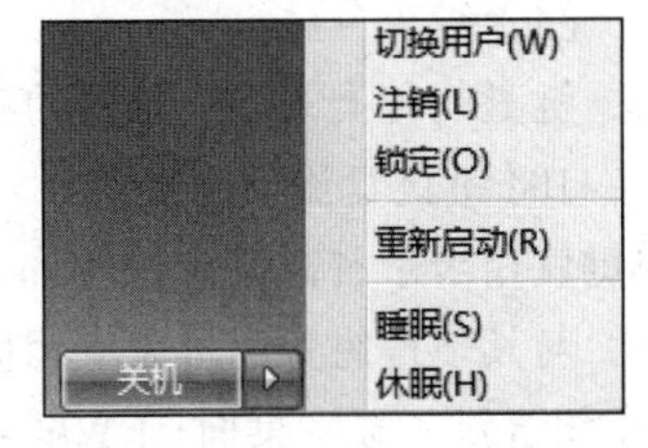

图1-15 "关机"子菜单

3. 计算机的重启

计算机的重启是指在计算机突然进入"死机"状态时，重新启动计算机的一种方法。"死机"是指对计算机进行操作时，计算机既没有任何反应，也不执行任何命令的一种状态，经常表现为鼠标无法移动、键盘失灵。

出现"死机"的情况时，需按以下操作步骤实现计算机的重启：

① 热启动：按【Ctrl + Alt + Delete】组合键，系统会自动转入一个包括"锁定该计算机""切换用户""注销""更改密码""启动任务管理器"和"关机""关机选项"的界面，如图1-16所示。单击右下角的"关机"下拉按钮，从弹出的子菜单中选择"重新启动"命令即可完成重新启动。

图1-16 热启动

② 用Reset按钮实现复位启动。当采用热启动不起作用时，可使用Reset按钮进行启动，操作方法：按Reset按钮后立即释放，就完成了复位启动。

③ 强行关机后再重新启动计算机。如果使用前两种方法都不行，就直接长按Power按钮直到观察到显示器黑屏了就表示关机成功，即可松开Power按钮。再稍等片刻后，再次按Power按钮启动计算机。这种启动属于冷启动。

1.6.2 键盘与鼠标的操作

键盘与鼠标都是计算机中最基本最重要的输入设备，它们是人和计算机之间沟通的桥梁，通过对它们的操作，用户可以很容易地控制计算机进行工作。在操作时，将键盘与鼠标结合起来使用，会大大提高工作效率。

1. 键盘的基本操作

键盘是人们用来向计算机输入信息的一种输入设备，其中数字、文字、符号及各种控制命令都是通过键盘输入到计算机中的。

（1）键盘分区

键盘的种类繁多，常用的有 101 键、104 键和 108 键键盘。

104 键键盘比 101 键键盘多了 Windows 专用键，包含两个【Win】功能键和一个菜单键。菜单键就相当于右击鼠标。【Win】功能键上面有 Windows 旗帜标志，按该键可以打开“开始”菜单，与其他键组合也可完成相应的操作。例如，【Win + E】组合键：打开资源管理器；【Win + D】组合键：显示桌面；【Win + U】组合键：辅助工具。

108 键键盘比 104 键键盘又多了 3 个与电源管理有关的键，如开关机、休眠和唤醒等。在 Windows 的电源管理中可以设置它们。

按照键盘上各键所处位置的基本特征，键盘一般被划分为 4 个区，如图 1-17 所示。

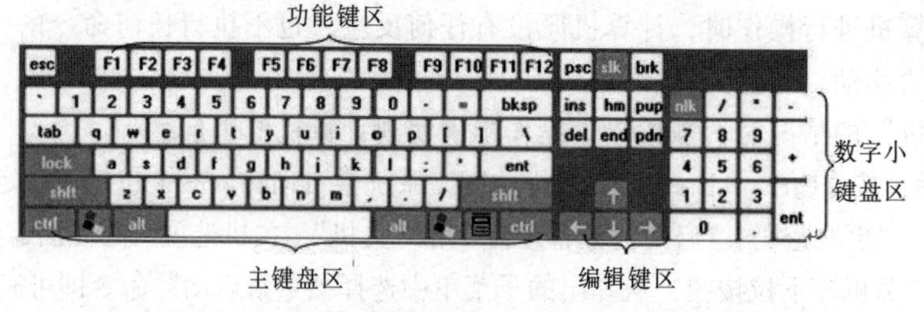

图 1-17　键盘分区图

① 主键盘区：主键盘又称标准打字键盘，与标准的英文打字机键盘的键位相同，包括 26 个英文字母、10 个数字、标点符号、数学符号、特殊符号和一些控制键。控制键及作用如表 1-5 所示。

② 数字小键盘区：又称辅助键区，该区按键分布紧凑，适于单手操作，主要用于数字的快速输入。【NumLock】数字锁定键：用于控制数字键区的数字与光标控制键的状态，它是一个切换开关，按下该键，键盘上的 NumLock 指示灯亮，此时作为数字键使用；再按一次该键，指示灯灭，此时作为光标移动键使用。

③ 功能键区：位于键盘最上端，包括【F1】～【F12】功能键和【Esc】键等，如表 1-6 所示。

表 1-5　控制键及其作用

控 制 键	功　　能
Enter	回车键。常用于表示确认，如输入一段或一行文字已结束，或一项设置工作已完成
Space	空格键。键盘下方最长的一个键。按下此键光标右移一格，即输入一个空白字符
Caps Lock	大写字母锁定键，控制字母的大小写输入。此键为开关型，按下此键，位于指示灯区域中的 CapsLock 指示灯亮，此时输入字母为大写；若再次按下此键，指示灯灭，输入字母为小写
Backspace	或标记为“←”，退格键。按下此键，删除光标左侧的字符，并使光标左移一格
Shift	上挡键。用于输入双字符键的上挡字符。方法是按住此键的同时，再按下双字符键，若按住【Shift】键的同时，再按下字母键，则输入大写字母
Tab	跳格键。用于快速移动光标，使光标跳到下一个制表位
Ctrl	控制键。不能单独使用，必须与其他键配合构成组合键使用
Alt	转换键。与控制键一样，不能单独使用，必须与其他键配合构成组合键使用

表 1-6　功能键及其作用

功 能 键	功　　能
Esc	释放键，又称强行退出键。用于退出运行中的系统或返回上一级菜单
F1 ~ F12	功能键。不同的软件赋予它们不同的功能，用于快捷下达某项操作命令
Print Screen	屏幕打印键。抓取整个屏幕图像到剪贴板，简写为 PrtScr
ScrollLock	滚动锁定键。功能是使屏幕滚动暂停（锁定）/继续显示信息。当锁定有效时，ScrollLock 指示灯亮，否则，此指示灯灭
Pause/Break	暂停/中断键。按下此键可暂停系统正在运行的操作，再按下任意键可以继续

④ 编辑键区：又称光标控制键区，主要用于控制或移动光标，如表 1-7 所示。

表 1-7　编辑键及其作用

编 辑 键	功　　能
Insert	插入键。插入字符，编辑状态下用于插入/改写状态切换，简写为 Ins
Delete	删除键。删除光标右侧的字符，同时光标后续字符依次左移，简写为 Del
PgUp/PgDn	上/下翻页键。文字处理软件中用于上/下翻页
↑、↓、←、→	方向键或光标移动键。编辑状态下用于上、下、左、右移动光标

（2）组合键

在 Windows 环境中，所有的操作都可以使用键盘来实现，除了上面介绍的各单键的功能外，还经常使用一些组合键来完成一定的操作。Windows 7 的常用组合键如表 1-8 所示。

表 1-8　常用组合键及其功能

组 合 键	功　　能	组 合 键	功　　能
Ctrl+Alt+Delete	打开 Windows 任务管理器	Alt+F4	关闭当前窗口
Ctrl+Esc	打开“开始”菜单	Alt+Tab	在打开的程序之间选择切换
Alt+PrintScreen	抓取当前活动窗口或对话框图像到剪贴板	Alt+Esc	以程序打开的顺序切换

说明：【Ctrl】【Alt】【Shift】这 3 个键与其他键组合使用时，应先按住该键后，再按其他键。例如，【Ctrl + Alt + Delete】组合键，应先按住【Ctrl】和【Alt】键不放，然后再按【Delete】键。

（3）键盘操作指法

① 键盘基准键位与手指分工。键盘基准键位是指主键盘上的【A】【S】【D】【F】【J】【K】【L】和【;】这 8 个键，用以确定两手在键盘上的位置和击键时相应手指的出发位置。各个手指的正确放置位置如图 1-18 所示。

图 1-18　键盘基准键位和手指定位图

在键盘的基准键位中,【F】键和【J】键表面下方分别有一个凸起的小横杠，它们是左右手指的两个定位键，用于使操作者在手指脱离键盘后，能够迅速找到该基准键位。为了实现“盲打”，提高录入速度，10个手指的击键并不是随机的，而是有明确的分工，如图1–19所示。

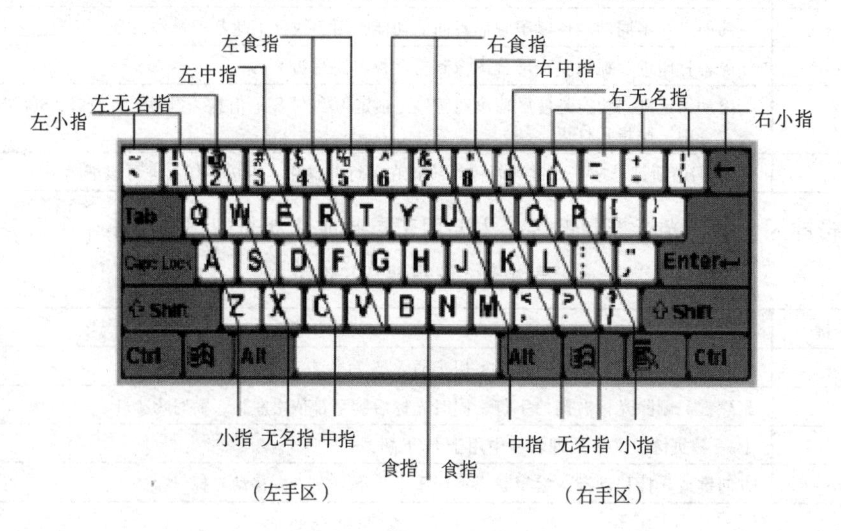

图1–19　键盘上的手指分工图

其中，小指负责的键位比较多，常用的控制键分别由左右手的小指负责，这些键需要按住不放，同时另一只手再击其他键。两个拇指专门负责空格键。

② 正确姿势与击键方法。

键盘操作的正确姿势：

- 坐姿要端正，腰要挺直，肩部放松，两脚自然平放于地面。
- 手腕平直，手指弯曲自然适度，轻放在基准键上。
- 输入文稿前，先将键盘右移5 cm，文稿放在键盘左侧以便阅读。
- 坐椅的高低应调至适应的位置，以便于手指击键；眼睛同显示器呈水平直线且目光微微向下，这样眼睛不容易疲劳。

键盘击键的正确方法：

- 击键前，两个拇指应放在空格键上，其余各手指轻松放于基准键位。
- 击键时，各手指各负其责，速度均匀，力度适中，不可用力过猛，不可按键或压键。
- 击键后，各手指应立刻回到基准键位，恢复击键前的手形。
- 初学者，首先要求击键准确，再求击键速度。

2. 鼠标的基本操作

在Windows环境中，用户的绝大部分操作都是通过鼠标完成的。鼠标具有体积小、操作方便、控制灵活等诸多优点。常见的鼠标有两键式、三键式及四键式。目前，最常用的鼠标为三键式，包括左键、右键和滚轮，如图1–20所示。通过滚轮可以快速上下浏览内容及快速翻页。

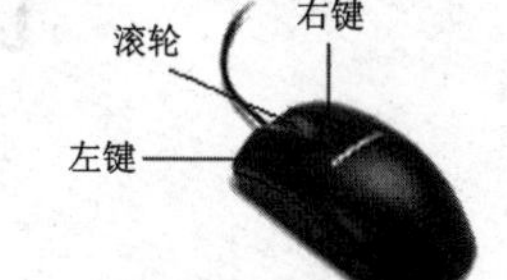

图1–20　鼠标结构图

鼠标的基本操作包括以下5种方式：

① 指向：把鼠标指针移动到某对象上，一般用于激活对象或

显示工具提示信息。如鼠标指针指向工具栏中的“新建”按钮时，“新建空白文档”提示信息显示于该按钮的右下方。

② 单击：鼠标指针指向某对象，再将左键按下、放开，常用于选定对象。

③ 右击（右键单击）：将鼠标右键按下、放开，会弹出一个快捷菜单或帮助提示，常用于完成一些快捷操作。在不同位置针对不同对象右击，会打开不同的快捷菜单。

④ 双击：鼠标指向某对象，连续快速地按动两次鼠标左键，常用于打开对象、执行某个操作。

⑤ 拖动：鼠标指向某对象，按住鼠标左键或右键不放，同时移动鼠标，当到达指定位置后再释放。常用于移动、复制、删除对象，右键拖动还可以创建对象的快捷方式。

随着用户操作的不同，鼠标指针会呈现不同的形状，常见的鼠标指针形状及含义如表 1-9 所示。

表 1-9 鼠标指针常见形状及含义

指针形状	含义	指针形状	含义	指针形状	含义
↖	正常状态	I	文本插入点	↖↘ ↙↗	沿对角线方向调整
↖?	帮助选择	+	精确定位	↔ ↕	沿水平或垂直方向调整
↖⌛	后台操作	⊘	操作无效	✥	可以移动
⌛	忙，请等待	☝	超链接	↑	其他选择

1.6.3 汉字录入

汉字是一种拼音、象形和会意文字，本身具有十分丰富的音、形、义等内涵。经过许多中国人多年的精心研究，形成了种类繁多的汉字输入码，迄今为止，已有几百种汉字输入码的编码方案问世，其中广泛使用的有 30 多种。按照汉字输入的编码规则，汉字输入码大致可分为以下几种类型：

① 拼音码：简称音码。它是直接由汉字拼音作为汉字编码，每个汉字的拼音本身就是输入码。这种编码方案的优点是不需要其他的记忆，只要会拼音，就可以掌握汉字输入法。但是，汉语普通话发音有 400 多个音节，由 22 个声母、37 个韵母拼合而成，因此用音码输入汉字，编码长且重码多，即音同字不同的字具有相同的编码，为了识别同音字，许多编码方案都通过屏幕提示，前后翻页查找所需汉字。

② 字形码：简称形码。这种编码是根据汉字的字形、结构和特征组成的编码。这类编码方案的主要特点是将汉字拆分成若干基本成分（字根），再用这些基本成分拼装组合成各种汉字的编码。这种输入方法速度快，但要会拆字并记忆字根。常用的字形码输入方法有五笔字型输入法、首尾码输入法等。

③ 音形码：既考虑汉字的读音，又考虑汉字结构特征的一类汉字输入编码。它以汉字发音为基础，再补充各个汉字字形结构属性的有关特征，将声、韵、部、形结合在一起编码。这类输入法的特点是字根少，记忆量小，输入速度快。常用的音形码输入法有自然码输入法、大众码输入法和钱码输入法等。

④ 流水码：使用等长的数字编码方案，具有无重码、输入快的特征，尤其以输入各种制表符、特殊符号见长。但流水码编码无规律，难记忆。常用的流水码输入法有区位码输入法等。

经常使用的汉字输入法有拼音和五笔字型两种。Windows 7 操作系统在安装时，就装入了一些默认的汉字输入法，例如，微软拼音输入法、智能 ABC 输入法、全拼输入法等。用户可以选择添加或删除输入法，也可以装入新的输入法。目前，比较流行的汉字输入法还有拼音加加、搜狗拼音、王码五笔、极点五笔、陈桥智能五笔、五笔加加输入法等。

1．拼音输入法

拼音输入法分为全拼、智能 ABC、双拼等，其优点是知道汉字的拼音就能输入汉字。拼音输入法除了用“V”代替韵母“ü”外，没有特殊的规定。

例如，“世界和平” = “shi jie he ping”。

（1）输入法的使用

下面以“智能 ABC 输入法”为例，说明输入法的调出、切换与输入。

① 从任务栏调出输入法。单击任务栏右侧的图标，打开输入法菜单，如图 1-21 所示。单击“智能 ABC 输入法 5.0 版”命令，即可调出此输入法，或用【Ctrl + Shift】组合键切换各种输入法，在屏幕左下角将显示某输入法的状态条，如图 1-22 所示。

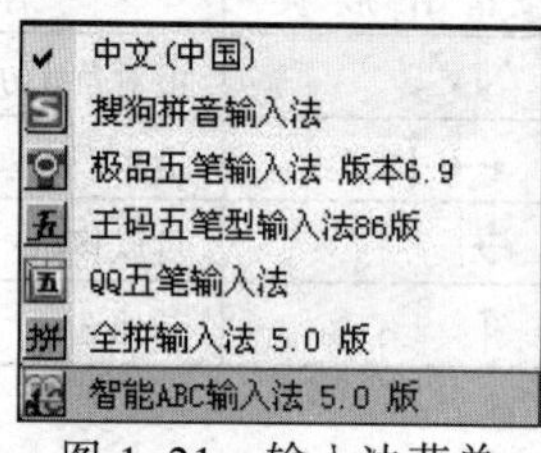

图 1-21　输入法菜单

图 1-22　状态条

“智能 ABC 输入法”是一种在全拼输入法的基础上加以改进的拼音输入法，它可以用多种方式输入汉字。例如，“中国人民”可以输入全部拼音 zhongguorenmin，也可以输入简拼即声母 zgrm，还可以全拼与简拼混合输入 zhonggrm。

> **说明**：在全拼与简拼混合输入中，当无法区分是一个字还是两个字时，可使用单引号作隔音符号，如 xi'a（“西安”或“喜爱”，而不是“下”）；min'g（“民歌”或“民工”）。

“智能 ABC 输入法”具有智能词组的输入特点。例如，中国人民解放军 zgrmjfj。

② 中英文状态切换。在输入汉字时，切换到英文状态通常有以下 3 种方法：

- 字母大写状态输入英文。
- 用【Ctrl + Space】组合键快速切换中英文状态。
- 在语言栏中单击语言图标，在弹出的子菜单中选择“中文（简体）- 美式键盘”，如图 1-23 所示。

③ 全角/半角状态切换。在输入汉字时，切换全角与半角状态通常用以下两种方法：

- 用【Shift + Space】组合键快速切换“全角/半角”状态。
- 单击输入法状态条中的“半角”图标，可转换到“全角”状态，反之亦然。

在全角状态下，输入的字符和数字占一个汉字的位置；而在半角状态下，输入的字符和数字仅占半个汉字的位置。

例如，在“写字板”中，使用“智能 ABC 输入法”，在半角和全角状态下分别输入 1～5，如图 1-24 所示。

④ 中英文标点切换。在输入汉字时，切换中英文标点通常用以下两种方法：

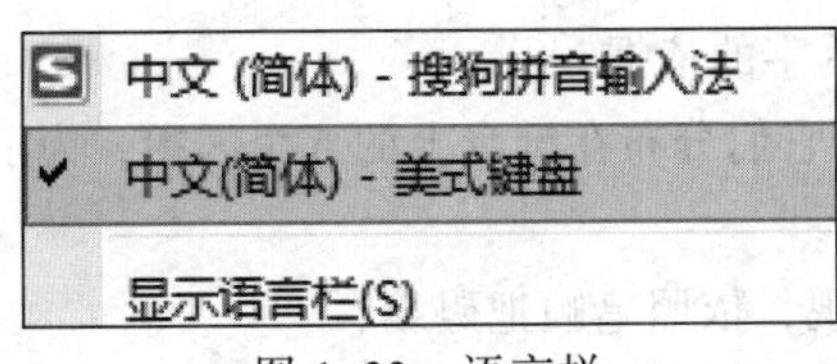

图 1–23　语言栏

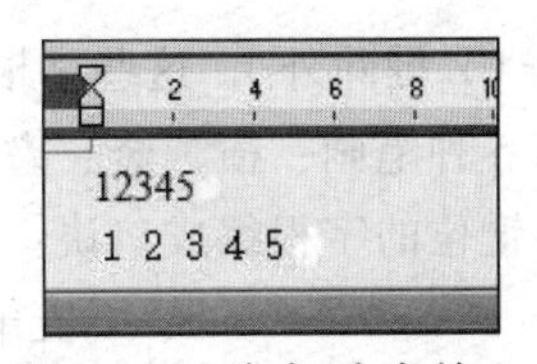

图 1–24　半角/全角输入

• 用【Ctrl + .】组合键快速切换中英文标点。

• 单击输入法状态条中的“中文标点”图标，可装换至“英文标点”图标，反之亦然。

（2）软键盘

软键盘（soft keyboard）是通过软件模拟的键盘，可以通过单击输入字符。一般在一些银行的网站上，要求输入账号和密码时很容易看到。使用软键盘是为了防止木马记录键盘的输入。Windows 7 系统提供了 13 种软键盘布局，如图 1–25 所示。

① 激活与关闭软键盘。单击输入法状态条右侧的“软键盘”图标，即可激活软键盘；右击软键盘图标，可打开 13 种键盘布局，可选择其中任何一种。再次单击该图标，即可关闭软键盘。

② 使用软键盘：

• 通过 PC 键盘输入汉字，如图 1–26 所示。例如，用拼音输入汉字“你”。

单击 PC 键盘上的【n】【i】键，再次单击【Space】键，在弹出的文字列表中选择“你”，即可输入“你”字。

图 1–25　软键盘布局

图 1–26　PC 键盘

• 通过数学符号键盘输入“+、–、×、÷”等运算符号，如图 1–27 所示。

• 通过特殊符号键盘输入“☆、■、△、◆”等图形符号，如图 1–28 所示。

图 1–27　数学符号键盘

图 1–28　特殊符号键盘

2. 五笔字型输入法

五笔字型输入法是我国的王永民教授发明的，所以又称为“王码”，现在已被微软公司收购，微软公司经过升级后提供 86 和 98 两种版本，常用的是 86 版。

五笔字型输入法的优点是无须知道汉字的发音，编码规则是一个汉字由哪几个字根组成。每个汉字或词组最多击 4 键便可输入，重码率极低，可实现盲打，是目前输入汉字速度较快的一种输入法。

五笔字根是指组成汉字的最常用笔画或部首，共归纳了 130 个基本字根，分布在 25 个英文字母键位上（Z键除外），这些字根是组字和拆字的依据。

汉字有5种笔画：横、竖、撇、捺、折，它们分布在键盘上的5个区中，为了便于记忆，把每个区各键位的字根编成口诀：

五笔字型均直观，依照笔顺把码编；
键名汉字打四下，基本字根请照搬；
一二三末取四码，顺序拆分大优先；
不足四码要注意，交叉识别补后边。

末笔字形交叉识别码是：

末笔画的区号（十位数，1～5）+字形代码（个位数，1～3）=对应的字母键

其中，字形代码为左右型1、上下型2、杂合性3。

（1）键名汉字

连击四次。例如，月（eeee）、言（yyyy）、口（kkkk）。

（2）成字字根

键名+第一、二、末笔画，不足4码时按空格。例如，雨（fghy）、马（cnng）、四（lh空格）。

（3）单字

操（rkks）、鸿（iaqg）、否（gik空格）、会（wfcu）、位（wug空格）。

（4）词组

① 两字词：每字各取前两码。例如，奋战（dlhk）、显著（joaf）、信息（wyth）。

② 三字词：取前两字第一码、最后一字前两码。例如，计算机（ytsm）、红绿灯（xxos）、实验室（pcpg）。

③ 四字词：每字各取其第一码。例如，众志成城（wfdf）、四面楚歌（ldss）。

④ 多字词：其第一、二、三及最末一个字的第一码。例如，中国共产党（klai）、中华人民共和国（kwwl）、百闻不如一见（dugm）。

习　题

一、单项选择题

1. CAI表示为（　　）。

A. 计算机辅助设计　B. 计算机辅助制造　C. 计算机辅助教学　D. 计算机辅助军事

2. 计算机的应用领域可大致分为6个方面，下列选项中属于这几项的是（　　）。

A. 计算机辅助教学、专家系统、人工智能

B. 工程计算、数据结构、文字处理

C. 实时控制、科学计算、数据处理

D. 数值处理、人工智能、操作系统

3. 世界上公认的第一台计算机ENIAC诞生于（　　）年。

A. 1956　B. 1964　C. 1946　D. 1954

4. 以电子管为电子元件的计算机属于第（　　）代。

A. 1　B. 2　C. 3　D. 4

5. 以下不是计算机的特点的是（　　）。

A. 运算速度快　　B. 存储容量大　　C. 具有记忆能力　　D. 永远不出错

6. 一个完整的计算机系统应该包括（　　）。

A. 主机、键盘和显示器　　B. 硬件系统和软件系统

C. 主机和它的外围设备　　D. 系统软件和应用软件

7. 计算机的软件系统包括（　　）。

A. 系统软件和应用软件　　B. 编译系统和应用软件

C. 数据库管理系统和数据库　　D. 程序、相应的数据和文档

8. 微型计算机中，控制器的基本功能是（　　）。

A. 进行算术和逻辑运算　　B. 存储各种控制信息

C. 保持各种控制状态　　D. 控制计算机各部件协调一致地工作

9. 计算机操作系统的作用是（　　）。

A. 管理计算机系统的全部软硬件资源，合理组织计算机的工作流程，以达到充分发挥计算机资源的效率，为用户提供使用计算机的友好界面

B. 对用户存储的文件进行管理，方便用户

C. 执行用户输入的各类命令

D. 为汉字操作系统提供运行的基础

10. 计算机的硬件主要包括：中央处理器（CPU）、存储器、输出设备和（　　）。

A. 键盘　　B. 鼠标　　C. 输入设备　　D. 显示器

11. 下列各组设备中，完全属于外围设备的一组是（　　）。

A. 内存储器、磁盘和打印机　　B. CPU、软盘驱动器和 RAM

C. CPU、显示器和键盘　　D. 硬盘、软盘驱动器、键盘

12. RAM 的特点是（　　）。

A. 断点后，存储在其内的数据将会丢失

B. 存储其内的数据将永远保存

C. 用户只能读出数据，但不能随机写入数据

D. 容量大但存取速度慢

13. 计算机存储器中，组成一个字节的二进制位数是（　　）。

A. 4　　B. 8　　C. 16　　D. 32

14. 微型计算机硬件系统中最核心的部件是（　　）。

A. 硬件　　B. I/O 设备　　C. 内存储器　　D. CPU

15. KB（千字节）是度量存储器容量大小的常用单位之一，1 KB 实际等于（　　）。

A. 1 000 KB　　B. 1 024 个字节　　C. 1 000 个二进制　　D. 1 024 个字

16. 下列叙述中，正确的是（　　）。

A. CPU 能直接读取硬盘上的数据　　B. CPU 能直接存取内存储器中的数据

C. CPU 由存储器和控制器组成　　D. CPU 主要用来存储程序和数据

17. 在计算机技术指标中，MIPS 用来描述计算机的（　　）。

A. 运算速度　　B. 时钟频率　　C. 存储容量　　D. 字长

18. 计算机之所以能按人们的意志自动进行工作，最直接的原因是因为采用了（　　）。
    A. 二进制数制　B. 高速电子元件　C. 存储程序控制　D. 程序设计语言
19. 计算机按照处理数据的形态可以分为（　　）。
    A. 巨型机、大型机、小型机、微型机和工作站
    B. 286机、386机、486机、Pentium机
    C. 专用计算机、通用计算机
    D. 数字计算机、模拟计算机、混合计算机
20. 在下列选项中，既是输入设备又是输出设备的是（　　）。
    A. 触摸屏　B. 键盘　C. 显示器　D. 扫描仪

二、填空题

1. 软件通常分为________软件和________软件。

2. 根据所传送信息的内容和作用不同，可以将总线分为________、________、和________。

3. 信号可以分为数字信号和模拟信号，计算机所处理的信号为________信号。

4. 计算机系统通常分为________系统和________系统。

5. 计算机硬件的基本组成包括存储器、________、________、输入设备和输出设备。其中，运算器和控制器合称为________，________和________合称为主机；输入设备和输出设备简称为________。

6. 将用高级语言编写的程序称为________程序，它经过________程序或________程序的翻译，成为计算机能直接运行的目标程序。

7. 运算器一次能够处理的二进制数的位数称为________。

8. 一台计算机的主频为100 MHz，则时钟周期T为________纳秒（ns）。

9. 计算机能够直接运行的语言是________。

三、判断题

1. 系统软件的功能主要是指对整个计算机系统进行管理、监视、维护和服务。（　　）
2. 计算机和其他计算工具的本质区别是它能够存储和控制程序。（　　）
3. 为解决某一个问题而设计的有序指令序列就是程序。（　　）
4. 汇编语言是机器语言的一种。（　　）
5. 在计算机内部，数据是以二进制形式进行加工、处理和传送的。（　　）
6. 计算机运算速度快慢的表示为时钟频率。（　　）
7. 计算机系统主要包括运算器、控制器、存储器、输入设备和输出设备。（　　）

四、简答题

1. 计算机的应用领域主要有哪些？
2. 高级语言和机器语言的主要区别是什么？
3. 计算机的内存储器与外存储器主要有哪些区别？
4. 简要说明内存储器中RAM和ROM的主要区别。
5. 简要说明计算机中内存储器和外存储器的主要作用。

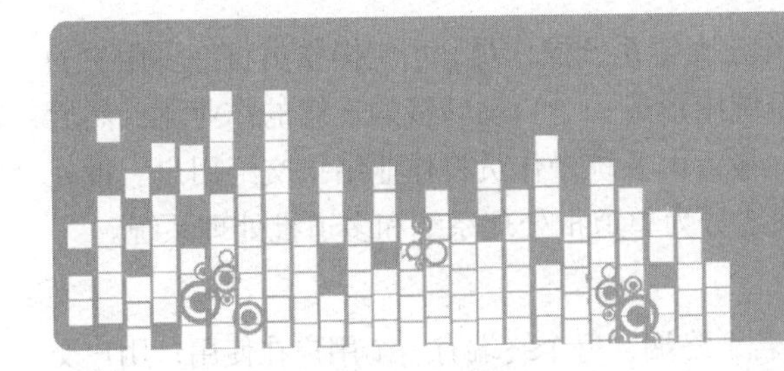

第 2 章 Windows 7 操作系统

操作系统（operating system，OS）是计算机最重要的系统软件，它控制和管理计算机软件系统和硬件系统，提供用户和计算机操作接口界面，并提供软件的开发和应用环境。计算机硬件必须在操作系统的管理下才能运行，人们借助操作系统才能方便灵活地使用、管理计算机。Windows 是微软公司开发的基于图形用户界面的操作系统，也是目前使用最为广泛的操作系统。本章首先介绍操作系统的基本知识和概念，之后重点介绍 Windows 7 的使用和操作。

通过对本章的学习应理解操作系统的基本概念，了解操作系统的功能和种类；掌握 Windows 7 的基本操作和程序管理；掌握文件和文件夹的常用操作和磁盘管理的基本方法。

2.1 操作系统基础知识

操作系统是最重要、最基本的系统软件，没有操作系统的计算机称为“裸机”，人与计算机无法直接交互，无法合理组织软件和硬件有效地工作。

2.1.1 操作系统的概念

操作系统是一组控制和管理计算机软硬件资源，为用户提供便捷使用、管理计算机的程序集合。它是配置在计算机上的第一层软件，为硬件的运行提供支撑环境。它不仅是硬件与其他软件系统的接口，也是用户和计算机之间进行交流的界面。操作系统是计算机软件系统的核心。操作系统主要起着以下两个方面的作用：一是方便用户使用计算机，用户输入一条简单的指令就能自动完成复杂的功能，操作系统启动相应程序，调度恰当的资源执行结果；二是统一管理计算机系统的软硬件资源，合理组织计算机工作流程，以便更有效地发挥计算机的效能。

操作系统是用户和计算机之间的接口，为用户和应用程序提供进入硬件的界面。图 2-1 所示为计算机硬件、操作系统、其他系统软件、应用软件以及用户之间的层次关系。

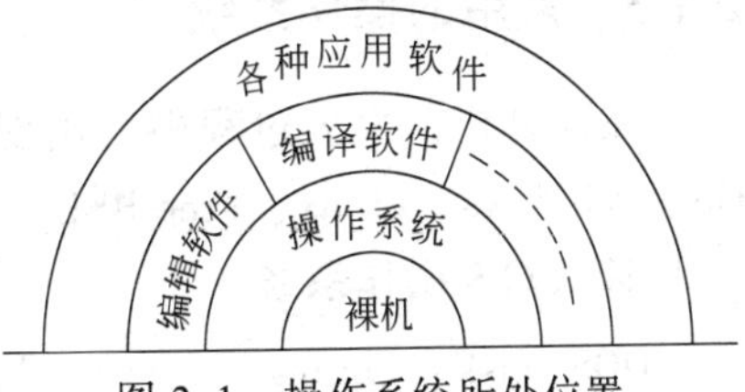

图 2-1　操作系统所处位置

2.1.2 操作系统的分类

一般可以把操作系统分为 3 种基本类型，即批处理操作系统、分时操作系统和实时操作系统。随着计算机体系结构的发展，又出现了许多类型的操作系统，如个人操作系统、网络操作系统、分布式操作系统、嵌入式操作系统等。

1. 批处理操作系统

批处理（batch processing）操作系统是用户将作业交给系统操作员，系统操作员将许多用户的作业组成一批作业，之后输入到计算机中，在系统中形成一个自动转接的连续的作业流；然后启动操作系统，系统自动、依次执行每个作业；最后由系统操作员将作业结果交给用户。批处理操作系统的特点是多道和成批处理。批处理系统分为单道批处理系统和多道批处理系统。

2. 分时操作系统

分时（time sharing）操作系统是一台主机连接若干终端，每个终端有一个用户在使用；用户交互式地向系统提出命令请求，系统接收每个用户的命令，采用时间片轮转方式处理服务请求，并通过交互方式在终端上向用户显示结果；用户根据上步结果发出下道命令。分时操作系统将CPU的时间划分成若干片段，称为时间片。操作系统以时间片为单位，轮流为每个终端用户服务。

3. 实时操作系统

实时操作系统（real time operating system，RTOS）是指使计算机能及时响应外部事件的请求在规定的严格时间内完成对该事件的处理，并控制所有实时设备和实时任务协调一致地工作的操作系统。实时操作系统追求的目标是：对外部请求在严格时间范围内做出反应，有高可靠性和完整性。其主要特点是资源的分配和调度首先要考虑实时性，然后才是效率。此外，实时操作系统应有较强的容错能力。

4. 网络操作系统

网络操作系统是基于计算机网络的，是在各种计算机操作系统上按网络体系结构协议标准开发的软件，包括网络管理、通信、安全、资源共享和各种网络应用。其目标是相互通信及资源共享。在其支持下，网络中的各台计算机能互相通信和共享资源。其主要特点是与网络的硬件相结合来完成网络的通信任务。

5. 分布式操作系统

分布式操作系统是为分布计算系统配置的操作系统。大量的计算机通过网络被连接在一起，可以获得极高的运算能力及广泛的数据共享。

6. 嵌入式操作系统

嵌入式操作系统是在嵌入式设备上运行的操作系统，只实现所要求的控制功能。

2.1.3 常用的操作系统

在计算机的发展过程中，出现过许多不同的操作系统，其中最为常用的有 DOS、Mac OS、Windows、Linux、Free BSD、UNIX/XENIX、OS/2 等。

1. DOS 操作系统

DOS（disk operating system）是微软公司研制的安装在 PC 上的单用户命令行界面操作系统，曾经得到广泛应用和普及。其特点：简单易学，硬件要求低，但存储能力有限。

2. Windows 操作系统

Windows 是微软公司开发的“视窗”操作系统，是目前世界上用户最多的操作系统。其特点：图形用户界面，操作简便，生动形象。目前使用最多的版本有 Windows XP、Windows

Server 2003、Windows 7、Windows 8。

3. UNIX 操作系统

UNIX 操作系统发展早。优点：具有较好的可移植性，可运行于不同的计算机上；具有较好的可靠性和安全性；支持多任务、多处理、多用户、网络管理和网络应用。缺点：缺乏统一的标准，应用程序不够丰富，不易学习，这些都限制了它的应用。

4. Linux 操作系统

Linux 操作系统源代码开放，用户可通过 Internet 免费获取 Linux 及生成工具的源代码，然后进行修改，建立一个自己的 Linux 开发平台，开发 Linux 软件。特点：从 UNIX 发展而来，与 UNIX 兼容，继承了 UNIX 以网络为核心的设计思想，是一个性能稳定的多用户网络操作系统，支持多用户、多任务、多进程和多 CPU。

5. Mac OS 操作系统

Mac OS 是运行在 Apple 公司的 Macintosh 系列计算机上的操作系统。它是首个在商用领域获得成功的图形用户界面。优点：具有较强的图形处理能力。缺点：与 Windows 缺乏较好的兼容性，影响了它的普及。

2.2 Windows 7 概述

Windows 7 是微软继 Windows XP、Windows Vista 之后的操作系统，它比 Windows Vista 性能更高、启动更快、兼容性更强，具有很多新特性和优点，比如提高了屏幕触控支持和手写识别，支持虚拟硬盘，改善了多内核处理器，改善了开机速度和内核等。2009 年 10 月 22 日，微软于美国正式发布 Windows 7。其主要版本有：Windows 7 Starter（初级版）、Windows 7 Home Basic（家庭普通版）、Windows 7 Home Premium（家庭高级版）、Windows 7 Professional（专业版）、Windows 7 Enterprise（企业版）、Windows 7 Ultimate（旗舰版）。

2.2.1 Windows 7 的基本特征

Windows 7 操作系统主要有以下基本特征：

1. 快捷的响应速度

用户希望操作系统能够随时待命，并能够快速响应请求，因此，Windows 7 在设计时更加注重可用性和响应性。Windows 7 减少了后台活动并支持触发启动系统服务，系统服务仅在需要时才会启动，所以 Windows 7 默认启动的服务比 Windows XP 和 Windows Vista 更少，同时提供了更加强大的功能。运行 Windows 7 的计算机启动速度更快，而且启动时间也更加稳定。Windows 7 在关闭时的速度也比 Windows Vista 更快，但个人的体验会因具体的硬件和软件配置而异。

2. 应用程序兼容性好

Windows 7 提供高度的应用程序兼容性，确保在 Windows Vista 和 Windows Server 2008 上运行的应用程序也能在 Windows 7 上良好地运行。与应用程序方面相同，Microsoft 极大地扩展了能与 Windows 7 兼容的设备和外围设备列表。数以千计的设备通过从用户体验改善计划收集到的数据，以及设备和计算机制造商的不懈努力得以被 Windows 7 识别，并且这些设备正在积极接受 Windows 7 的兼容性测试。如果需要经过更新的设备驱动程序，微软公司将努力确保用户可以直接从 Windows Update 获取。

3. 安全可靠的性能

Windows 7 被设计为目前最可靠的 Windows 版本，用户将遇到更少的中断，并且能在问题发生时迅速恢复，因为 Windows 7 将帮助用户修复它们。Windows 7 还有强大的 Process Reflection 功能，使用 Process Reflection，Windows 7 可以捕获系统中失败进程的内存内容，同时通过“克隆”功能恢复该失败进程，从而减少由诊断造成的中断。Windows 7 在诊断和分析失败时，应用程序可以恢复并继续运行。

4. 延长的电池使用时间

Windows 7 延长了移动 PC 的电池寿命，能让用户在获得性能的同时延长工作时间。省电增强包括增加处理器的空闲时间、自动关闭显示器，以及能效更高的 DVD 播放——计算机在播放 DVD 时消耗的电量更少。Windows 7 对电量的要求比之前版本 Windows 更低，并且在读取磁盘时更高效。而且 Windows 7 提供了更明显、更及时、更准确的电池寿命通知，以帮助用户了解耗电情况和剩余电池寿命。

5. 媒体带来的乐趣

Windows 7 中的 Windows Media Player 可以更加轻松地播放媒体文件，为用户提供丰富的媒体享受。如果用户正在工作或全屏观看 DVD，却想播放喜欢的音乐，即可快速方便地进行播放。与以前的版本相比，Windows 7 还可播放更多媒体文件，这样用户就可以播放更多媒体内容，而不需要更换播放器或下载其他软件。

Windows 7 中的 Windows Media Player 可支持多种媒体格式，用户可以使用一个工具来管理和播放媒体文件，并与大量设备进行媒体同步。Windows 7 可以支持播放大量的常见媒体格式，包括 WMV、WMA、MPEG-4、AAC 和 AVC/H.264 格式的文件。

6. 日常工作更轻松

在 Windows 7 中，用户的工作将更加简单和易于操作。用户界面更加精巧、响应更快，导航也比以往的版本更加便捷。Windows 7 将新技术以全新的方式呈现给用户，无论文件放在哪里，或者何时需要，查找和访问都变得更加简单。

2.2.2 Windows 7 的基本操作

在日常使用 Windows 7 的过程中，通常都会面临这样一个问题：能否通过对 Windows 7 系统的设置使工作环境变得更方便、更友好，使系统更加符合要求。为此，需要对系统进行设置操作。

1. 桌面的组成

成功启动并进入 Windows 7 系统后，呈现在用户面前的屏幕上的区域称为桌面，在屏幕最下方有一长方条称为任务栏，如图 2-2 所示。所有的图标、桌面组件、应用程序窗口以及对话框都在桌面上显示。根据系统设置的不同，看到的桌面可能会有差异。

桌面上的小型图称为图标，是代表程序、文件、打印信息和计算机信息等的图形，它为用户提供在日常操作下执行程序或打开文档的简便方法，这些图标包括“计算机”“回收站”“网络”“用户的文件”“Internet Explorer”等。

图 2-2　Windows 7 桌面

2. 桌面的操作

Windows 7 提供了丰富多彩的桌面，用户可以根据自己的需要，发挥自己的特长，打造极富个性的桌面。有关桌面的基本操作如下：

（1）桌面图标的操作

① 排列图标。用户可以对桌面上的图标进行排列，可按名称、大小、类型、时间等自动排列；也可取消自动排列后手动拖动桌面图标。

② 添加、删除图标。用户可以根据需要删除图标，也可以通过程序安装、创建快捷方式、复制等方法添加图标。

（2）“开始”菜单

“开始”菜单是程序、文件夹和设置的主门户，使用“开始”菜单可以方便地启动应用程序、打开文件夹、访问 Internet 和收发邮件等，也可对系统进行各种设置和管理。“开始”菜单的组成如图 2-3 所示。

图 2-3　“开始”菜单

① 左窗格：用于显示计算机上已经安装的程序。

② 右窗格：提供了对常用文件夹、文件、设置和其他功能访问的链接，如图片、文档、音乐、控制面板等。

③ 用户图标：代表当前登录系统的用户。单击该图标，将打开用户账户窗口，以便进行用户设置。

④ 搜索框：输入搜索关键词，即可在系统中查找相应的程序或文件。

系统关闭工具：其中包括一组工具，可以注销 Windows、关闭或重新启动计算机，也可以锁定系统或切换用户，还可以使系统休眠或睡眠。

（3）设置任务栏

任务栏是位于屏幕底部的一个水平的长条，由“开始”按钮、快速启动工具栏、任务按钮区、通知区域 4 个部分组成，如图 2-4 所示。

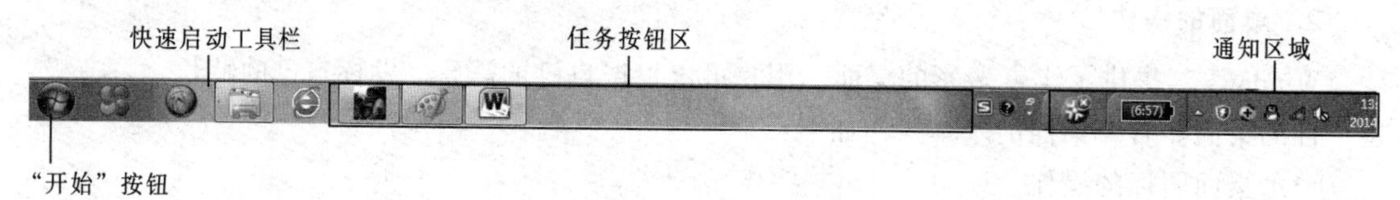

图 2-4　任务栏

①“开始”按钮：用于打开“开始”菜单。

② 快速启动工具栏：单击其中的按钮即可启动程序。

③ 任务按钮区：显示已打开的程序和文档窗口的缩略图，并且可以在它们之间进行快速切换，也可在任务按钮上右击，通过弹出的快捷菜单对程序进行控制。将鼠标指针移向任务栏按钮时，将会出现一个小图片，显示相应窗口的缩略图，如图 2-5 所示。如果其中一个窗口正在播放视频或动画，也会在预览中看到它正在播放。

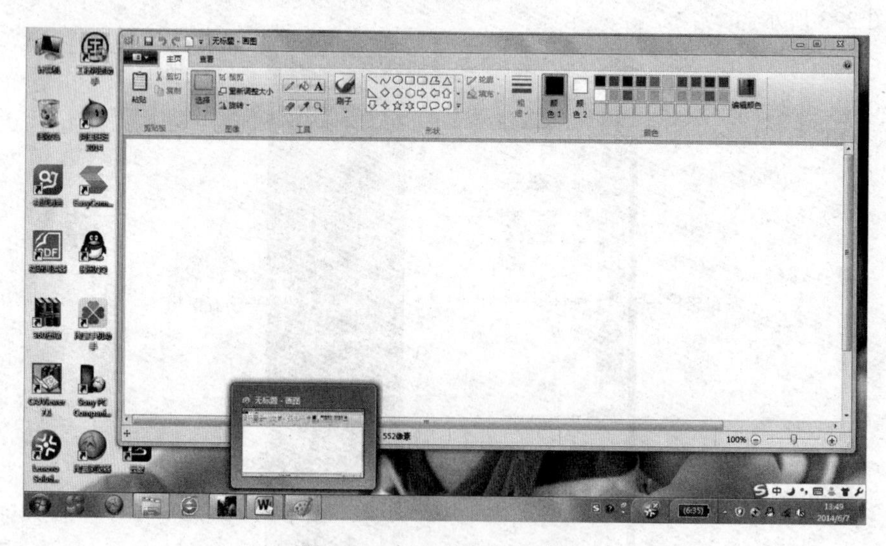

图 2-5　任务栏窗口缩略图

④ 通知区域：位于任务栏的最右侧，包括时钟、输入法、功能菜单及帮助等一组图标。任务栏中显示的图标表示计算机上程序的状态，或者提供访问特定设置的途径。用户看到的图

标集取决于已经安装的程序或服务。单击通知区域中的图标，将会打开与其相关的程序或设置。例如，单击操作中心图标会显示当前系统的重要通知，单击网络图标会显示当前的网络状态。

对任务栏的操作包括：锁定任务栏、改变任务栏大小、自动隐藏任务栏等。

① 将程序锁定到任务栏：在 Windows 7 中，可以将程序直接锁定到任务栏，以便快速方便地打开该程序，而无须在“开始”菜单中查找程序。如果程序正在运行，则右击任务栏中的程序图标，执行“将此程序锁定到任务栏”命令即可。若要重新在任务栏中解锁该程序，则可执行“将此程序从任务栏解锁”命令。

② 改变任务栏大小：当打开很多程序时，任务栏将显得特别拥挤，此时可以通过调整任务栏的大小解决。右击任务栏内任意空白区域，清除“锁定任务栏”复选标记，将鼠标指针指向任务栏的边缘，直到指针变为双箭头时，拖动边框将任务栏调整为所需大小。

③ 隐藏任务栏：右击任务栏，在弹出的快捷菜单中选择“属性”命令，弹出“任务栏和「开始」菜单属性”对话框，在“任务栏”选项卡的“任务栏外观”选项组中选中“自动隐藏任务栏”复选框，单击“确定”按钮。

（4）Windows 7 边栏

Windows 7 边栏可以显示一些小工具，如便笺、股票、联系人、日历、时钟、天气、图片拼图板等，通过一些简单的操作便可以查询常用的信息。

（5）设置 Windows 7 的桌面主题

桌面主题是背景加一组声音、图标以及只需要单击即可帮助用户个性化设置计算机的元素。通俗来说，桌面主题就是不同风格的桌面背景、操作窗口、系统按钮、活动窗口和自定义颜色、字体等的组合体。桌面主题可以是系统自带的，也可以是第三方软件提供的。当用户对某个桌面主题厌倦时，可以下载新的主题文件到系统中并应用。在 Windows 7 中设置桌面主题的方法是：右击桌面，在弹出的快捷菜单中选择“个性化”命令，弹出“个性化”窗口，从“我的主题”或 Aero 主题中选择一个主题即可，如图 2-6 所示。

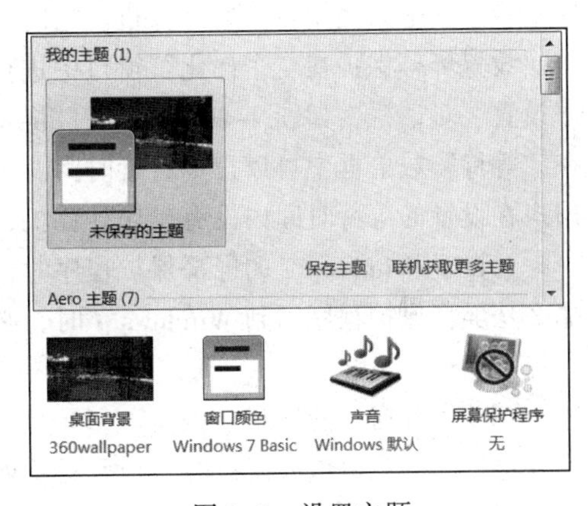

图 2-6　设置主题

（6）设置桌面背景

Windows 7 允许用户选择桌面背景图片来美化桌面。利用“个性化”窗口可以对桌面背景进行设置。

在“个性化”窗口中，系统提供了可供用户选择的图片。单击“桌面背景”图标，打开“选择桌面背景”窗口。可以选择喜欢的图片，也可以单击“浏览”按钮，弹出“浏览文件夹”对话框，选择一个图片文件夹并单击“确定”按钮，然后选择任意一个.bmp、.gif 或其他格式类型的文件作为背景，如图 2-7 所示。当最终选定了某个图片并确定了显示方式后，单击“保存修改”按钮使所做的桌面设置生效，此时桌面上出现用户选定的图片，还可以设置自动更换图片的时间。

（7）设置屏幕保护程序

所谓屏幕保护，是指当一定时间内用户没有操作计算机时，Windows 7 会自动启动屏幕保护程序。此时，工作屏幕内容被隐藏起来，而显示一些有趣的画面，当用户按键盘上的任意键或移动一下鼠标时，如果没有设置密码，屏幕就会恢复到以前的状态，回到原来的环境。

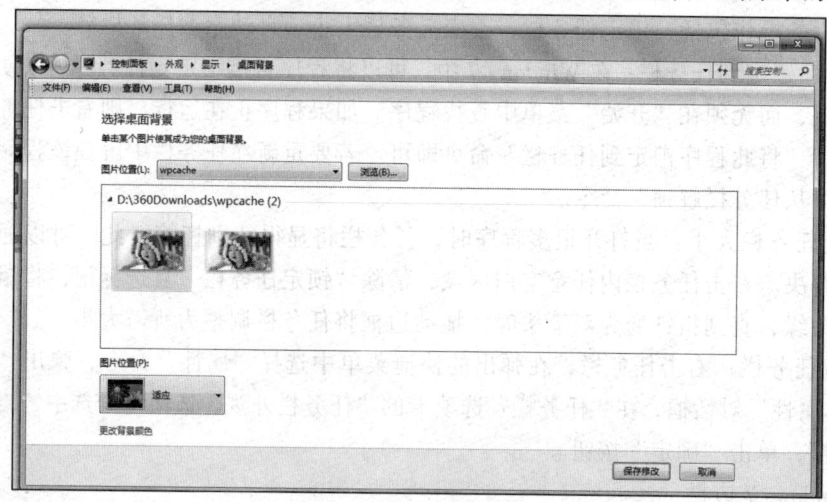

图 2-7 设置桌面背景

设置屏幕保护的原因是保护显示器屏幕，延长其使用寿命，或者是用户需要休息一会儿，或因为某些原因离开计算机一段时间。在离开期间，可能不希望屏幕上的工作内容被别人看见或不希望其他人使用自己的计算机。这时，除关机外，还可以选择使用屏幕保护程序。

设置屏幕保护在"个性化"窗口中进行。单击"屏幕保护程序"图标，弹出"屏幕保护程序设置"对话框，如图 2-8 所示，在"屏幕保护程序"下拉列表框中选择一个屏幕保护程序。在"等待"数值框中可以设置等待时间。单击"确定"按钮，屏幕保护程序即设置完成。如果用户在设置的等待时间内没有操作计算机，Windows 7 将会自动启动屏幕保护程序。

在设置 Windows 7 的屏幕保护程序时，如果同时选中"在恢复时显示登录屏幕"复选框，那么从屏幕保护程序回到 Windows 7 时，必须输入系统的登录密码，这样可以保证未经许可的用户不能进入系统。

（8）设置窗口的外观

窗口的外观由组成窗口的多个元素（项目）组成，Windows 7 向用户提供了一个窗口外观的方案库。默认情况下，Windows 7 是采用 Aero 主题的外观方案。可以单独改变窗口标题栏、文字等的颜色，也可以创建一个窗口的外观方案。

窗口外观的设置仍然在"个性化"窗口中完成。单击"窗口颜色"图标，弹出"窗口颜色和外观"对话框，如图 2-9 所示。"项目"下拉列表框中列出了可以选择的界面元素，可以选择一种来单独定制。

"颜色"下拉列表框中列出了可以选择的颜色，可以选择一种色彩方案。

"字体"下拉列表框中列出了多种字体，可以选择一种用于当前选定项中显示的字体格式，还可以设置字体大小。

当选择了某一个方案或进行某项设置时，在对话框上半部的预览框中即可显示该外观的效果，用户可以随时了解自己对窗口外观设置的效果。在设置好屏幕外观选项后，单击"确定"按钮，即可应用并保存当前的设置。

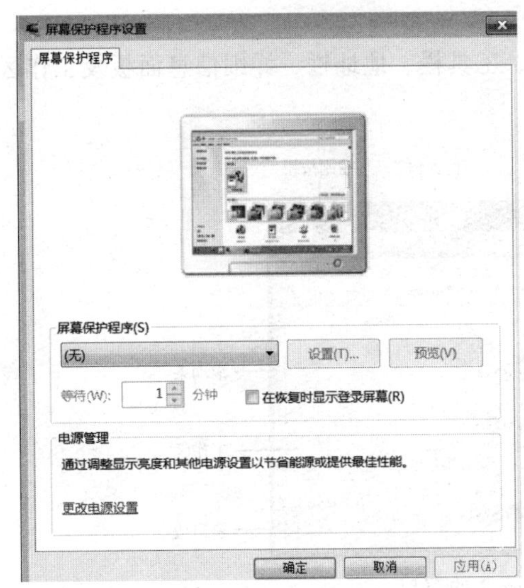

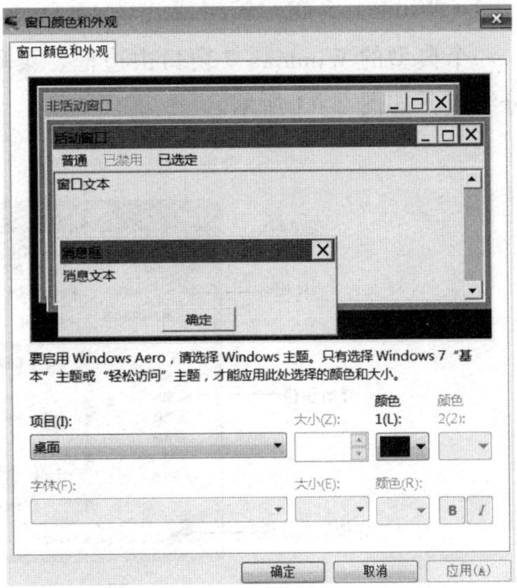

图 2-8 “屏幕保护程序设置”对话框

图 2-9 “窗口颜色和外观”对话框

（9）设置屏幕分辨率

设置屏幕分辨率可右击桌面空白处，在弹出的快捷菜单中选择“屏幕分辨率”命令，打开“更改显示的外观”窗口，如图 2-10 所示。其中常见的分辨率包括 640×480 像素、800×600 像素、1 024×768 像素、1 366×768 像素、1 152×864 像素及 1 600×1 200 像素。可用的分辨率范围取决于计算机的显示硬件。分辨率越高，屏幕中的像素点就越多，可显示的内容就越多，所显示的对象就越小。

图 2-10 “屏幕分辨率”窗口

3. Windows 7 的窗口

运行一个程序或弹出一个文档，Windows 7 就会在桌面上打开一块矩形区域，用来查看相应的程序或文档，这个矩形区域称为窗口。窗口可以打开、关闭、移动和缩小。

（1）Windows 7 窗口的组成

一个典型的 Windows 7 窗口由边框、菜单栏、工具栏、地址栏、详细信息面板及工作区等部分组成，如图 2-11 所示。

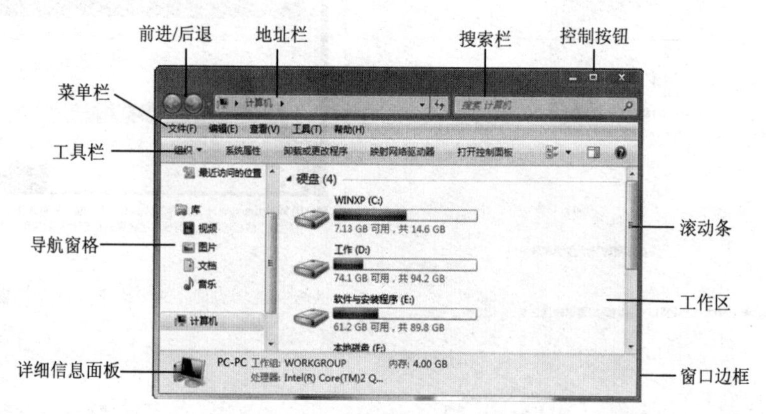

图 2-11　Windows 7 的窗口

① 地址栏：在地址栏中可以看到当前打开窗口在计算机或网络上的位置。在地址栏中输入文件路径后，单击▸按钮，即可打开相应的文件。

② 搜索栏：在“搜索”文本框中输入关键词筛选出基于文件名和文件自身的文本、标记以及其他文件属性，可以在当前文件夹及其所有子文件夹中进行文件或文件夹的查找。搜索的结果将显示在文件列表中。

③ 前进和后退按钮：使用“前进”和“后退”按钮导航到曾经打开的其他文件夹，而无须关闭当前窗口。这些按钮可与地址栏配合使用，例如，使用地址栏更改文件夹后，可以使用“后退”按钮返回到原来的文件夹。

④ 菜单栏：显示应用程序的菜单选项。单击每个菜单选项可以打开相应的子菜单，从中可以选择需要的操作命令。

⑤ 工具栏：提供一些工具按钮，可以直接单击这些按钮来完成相应的操作，以加快操作速度。

⑥ 控制按钮：单击“最小化”按钮，可以使应用程序窗口缩小成屏幕下方任务栏上的一个按钮，单击此按钮可以恢复窗口的显示；单击“最大化”按钮，可以使窗口充满整个屏幕。当窗口为最大化窗口时，此按钮便变成“还原”按钮，单击此按钮可以使窗口恢复到原来的状态；单击“关闭”按钮可以关闭应用程序窗口。

⑦ 窗口边框：用于标识窗口的边界。用户可以用鼠标拖动窗口边框以调节窗口的大小。

⑧ 导航窗格：用于显示所选对象中包含的可展开的文件夹列表，以及收藏夹链接和保存的搜索。通过导航窗格，可以直接导航到所需文件的文件夹。

⑨ 滚动条：拖动滚动条可以显示隐藏在窗口中的内容。

⑩ 详细信息面板：用于显示与所选对象关联的最常见的属性。

（2）窗口的分类

根据窗口的性质，可以将窗口分为应用程序窗口与文档窗口。

① 应用程序窗口：运行程序或打开文件夹的窗口，还原状态下可以在桌面上自由移动，并可最大化充满整个屏幕或最小化成为任务栏按钮。

② 文档窗口：文档窗口存在于应用程序窗口内，它是应用程序运行时所调入文档的窗口。由于是应用程序运行时调入的文档，所以文档窗口在应用程序窗口之内完成最大化、最小化、移动、缩放等操作。

根据窗口的状态，还可以将窗口分为活动窗口和非活动窗口。当多个应用程序窗口同时弹出时，处于最顶层的那个窗口为当前窗口，即该窗口可以和用户进行信息交流，这个窗口称为活动窗口或前台程序。其他所有窗口都是非活动窗口或后台程序。在任务栏中，活动窗口所对应的按钮是高亮状态。

（3）窗口的操作

对窗口可进行以下操作：

① 窗口的最大化/还原、最小化、关闭操作：单击“最大化”按钮，使窗口充满桌面，对文档窗口是充满所对应的应用程序窗口，此时“最大化”按钮变成“还原”按钮，单击可使窗口还原；单击“最小化”按钮，将使窗口缩小为任务栏上的按钮；单击“关闭”按钮，将使窗口关闭，即关闭了窗口对应的应用程序。

② 改变窗口的大小：当窗口处于还原状态时，用鼠标拖动窗口的边框，即可改变窗口的大小。

③ 移动窗口：同样，当窗口处于还原状态时，用鼠标直接拖动窗口的标题栏，即可将窗口移动到指定的位置。

④ 窗口之间的切换：当多个窗口同时打开时，单击要切换的窗口中的某一点，或单击要切换到的窗口中的标题栏，可以切换到该窗口；在任务栏上单击某窗口对应的按钮，也可切换到该按钮对应的窗口；利用【Alt+Tab】和【Alt+Esc】组合键也可以在不同窗口之间进行切换。

（4）在桌面上排列窗口

Windows 7 提供了排列窗口的命令，可使窗口在桌面上有序排列。

① 层叠窗口：右击任务栏的空白处，在弹出的快捷菜单中选择“层叠窗口”命令，可以使窗口纵向排列且每个窗口的标题栏均可见。

② 平铺窗口：右击任务栏的空白处，在弹出的快捷菜单中选择“堆叠显示窗口”或“并排显示窗口”命令，可以使每个弹出的窗口均可见且均匀地分布在桌面上。

4. Windows 7 中的对话框

在 Windows 7 菜单中，选择带有省略号的命令后会在屏幕上弹出一个特殊的窗口，在该窗口中列出了该命令所需的各种参数、项目名称、提示信息及参数的可选项，这种窗口称为对话框，如图 2-12 所示。

对话框是一种特殊的窗口，它没有控制菜单图标、最大/最小化按钮，对话框的大小不能改变，但可以用鼠标将其拖动、移动或关闭。

Windows 对话框中通常有以下几种控件：

① 文本框（输入框）：接收用户输入信息的区域。

② 列表框：列表框中列出可供用户选择的各种条目，这些条目称为选项，用户单击某个选项，即可将其选中。

③ 下拉列表框：与文本框相似，右端带有一个指向下的三角按钮，单击该下三角按钮会展开一个列表，在下拉列表框中选中某一选项，会使文本框中的信息发生变化。

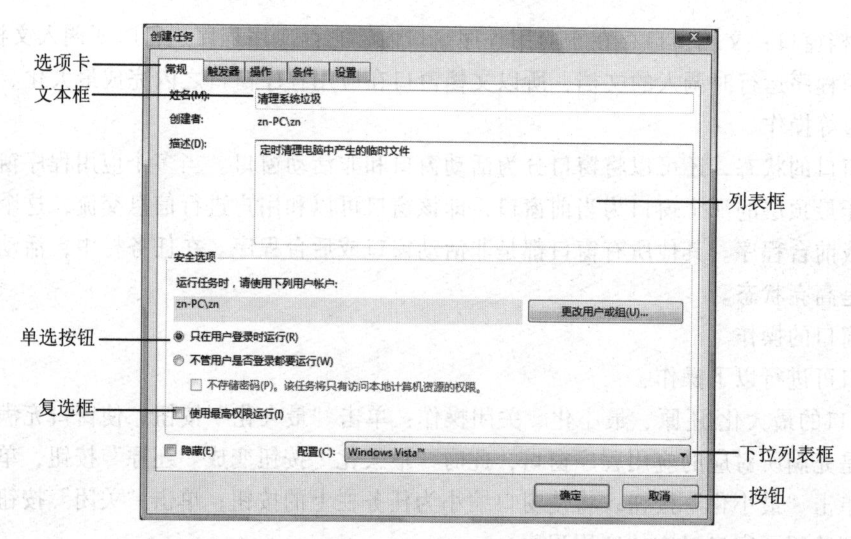

图 2-12　对话框

④ 单选按钮：是一组相关的选项，在这组选项中，必须选中且只能选中一个选项。

⑤ 复选框：在复选框中给出了一些具有开关状态的设置项，可选中其中一个或多个，也可一个都不选中。

⑥ 微调框（数值框）：一般用来接收数字，可以直接输入数字，也可以单击“微调”按钮来增大数值或减小数值。

⑦ 按钮：在对话框中选择了各种参数，进行了各种设置之后单击按钮，即可执行相应命令或取消退出命令状态。

2.3　Windows 7 的文件管理

计算机中所有的程序、数据等都是以文件的形式存放在计算机中的。在 Windows 7 操作系统中，“计算机”具有强大的文件管理功能，可以实现对系统资源的管理。

2.3.1　文件管理概述

1. 文件

文件是计算机中一个非常重要的概念，它是操作系统用来存储和管理信息的基本单位。文件是具有名字的一组相关信息的集合，在文件中可以保存各种信息。编制的程序、编辑的文档以及用计算机处理的图像、声音信息等，都要以文件的形式存放在磁盘中。

每个文件都必须有一个确定的名字，这样才能做到对文件按名存取的操作。通常文件名称由文件名和扩展名两部分组成，而文件名称（包括扩展名）可由最多达 255 个字符组成。

2. 文件的类型

计算机中所有的信息都是以文件的形式进行存储的，如程序、文档、图像、声音信息等。由于不同类型的信息有不同的存储格式与要求，相应的就会有多种不同的文件类型，这些不同的文件类型一般通过扩展名来标明。表 2-1 列出了常见的文件扩展名及其含义。

表 2-1 常见的文件扩展名及其含义

扩展名	含义	扩展名	含义
.com	系统命令文件	.exe	可执行文件
.sys	系统文件	.rtf	带格式的文本文件
.doc/.docx	Word 文档	.obj	目标文件
.txt	文本文件	.swf	Flash 动画发布文件
.bas	BASIC 源程序	.zip	ZIP 格式的压缩文件
.c	C 语言源程序	.rar	RAR 格式的压缩文件
.html	网页文件	.cpp	C++语言源程序
.bak	备份文件	.java	Java 语言源程序

3. 文件属性

文件属性是用于反映该文件的一些特征的信息。常见的文件属性一般分为以下 3 类：

（1）时间属性

① 文件的创建时间：记录了文件被创建的时间。

② 文件的修改时间：文件可能经常被修改，文件修改时间属性会记录下文件最近一次被修改的时间。

③ 文件的访问时间：文件会经常被访问，文件访问时间属性则记录了文件最近一次被访问的时间。

（2）空间属性

① 文件的位置：文件所在位置，一般包含盘符、文件夹。

② 文件的大小：文件实际大小。

③ 文件所占磁盘空间：文件实际所占有磁盘空间。由于文件存储是以磁盘簇为单位，因此文件的实际大小与文件所占磁盘空间，在很多情况下是不同的。

（3）操作属性

① 文件的只读属性：为防止文件被意外修改，可以将文件设为只读属性，只读属性的文件可以被弹出，但除非将文件另存为新的文件，否则不能将修改的内容保存下来。

② 文件的隐藏属性：对重要文件可以将其设为隐藏属性，一般情况下隐藏属性的文件是不显示的，这样可以防止文件误删除、被破坏等。

③ 文件的系统属性：操作系统文件或操作系统所需要的文件具有系统属性。具有系统属性的文件一般存放在磁盘的固定位置。

④ 文件的存档属性：当建立一个新文件或修改旧的文件时，系统会把存档属性赋予这个文件，当备份程序备份文件时，会取消存档属性，这时，如果又修改了这个文件，则它又获得了存档属性。所以备份文件程序可以通过文件的存档属性，识别出来该文件是否备份过或做过了修改。

4. 文件目录/文件夹

为了便于对文件的管理，Windows 操作系统采用类似图书馆管理图书的方法，即按照一定的层次目录结构，对文件进行管理，称为树形目录结构。

所谓树形目录结构，就像一棵倒挂的树，树根在顶层，称为根目录，根目录下可有若干（第一级）子目录或文件，在子目录下还可以有若干子目录或文件，一直可以嵌套若干级。

在 Windows 7 中，这些子目录称为文件夹，文件夹用于存放文件和子文件夹。可以根据需要，把文件分成不同的组并存放在不同的文件夹中。实际上，在 Windows 7 的文件夹中，不仅能存放文件和子文件夹，还可以存放其他内容，如某一程序的快捷方式等。

在对文件夹中的文件进行操作时，作为系统应该知道这个文件的位置，即它在哪个磁盘的哪个文件夹中。对文件位置的描述称为路径，如“F:\root\美国\美国文化.docx”就指示了“美国文化.docx”文件的位置在 F 盘的 root 文件夹下的“美国”子文件夹中。

5. 文件通配符

在文件操作中，有时需要一次处理多个文件，当需要成批处理文件时，有两个特殊的符号非常有用，它们就是文件通配符“*”和“?”。“*”在文件操作中使用它代表任意多个字符；“?”在文件操作中使用它代表任意一个字符。在文件搜索等操作中，通过灵活使用通配符，可以很快匹配出含有某些特征的多个文件。

2.3.2 文件和文件夹的管理

在 Windows 7 中，既可以在文件夹窗口中操作文件和文件夹，也可以在“Windows 7 资源管理器”窗口中管理文件和文件夹。

1. 打开文件夹操作

文件夹窗口可以让用户在一个独立的窗口中，对文件夹中的内容进行操作。打开文件夹的方法通常是双击“计算机”图标，打开“计算机”窗口，如图 2-13 所示，然后双击窗口中要操作的磁盘分区的图标。

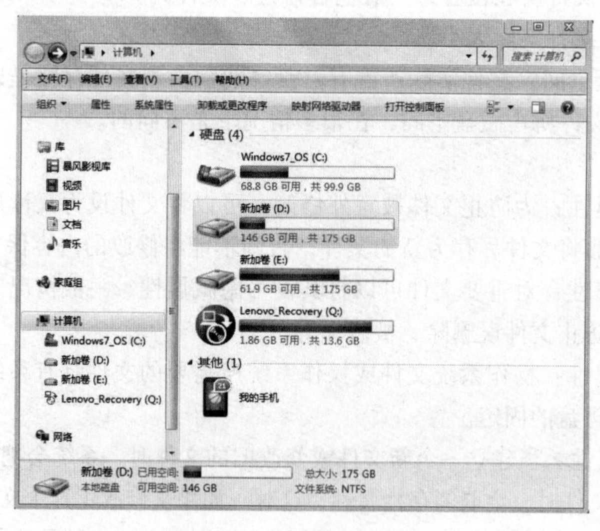

图 2-13 “计算机”窗口

打开对应盘（如 D 盘）的文件夹窗口，如图 2-14 所示，在该窗口中列出了 D 盘下的所有文件或者文件夹图标。如果需要对某一文件夹下的内容进行操作，则需要再双击该文件夹并打开相应的文件夹窗口。根据需要，还可以依次弹出其下的各级子文件夹。

除管理文件外，还可以用它查看控制面板和打印机的内容，并浏览 Internet 的主页。

图 2-14　D 盘文件夹窗口

2．文件和文件夹的显示

在文件夹窗口中，Windows 7 提供了多种方式来显示文件或文件夹的内容。此外，还可以通过设置，排序显示文件或文件夹的内容。

（1）文件夹内容的显示方式

① 平铺：这种方式以较大的图标平铺在窗口中，比较醒目。

② 图标：这种方式以小图标、中等图标、大图标、超大图标显示，可以在不扩大窗口的情况下看到更多的文件和文件夹，图标以水平方式顺序排列。

③ 列表：这种方式是 Windows 7 的默认显示方式，与图标方式类似，只是文件图标是垂直排列的。

④ 详细信息：除显示文件和文件夹名称外，还显示文件的大小、类型、建立或编辑的日期和时间等信息。

⑤ 内容：这种方式除显示名称外，还会显示部分内容。方便用户在名称相似的文件中找到想要的。

上述几种显示方式可以在“计算机”窗口中单击“更改您的视图”下三角按钮，从中选择相应命令来设置，如图 2-15 所示。

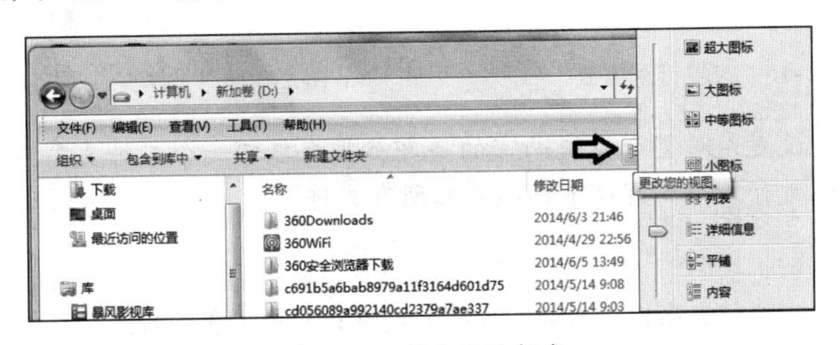

图 2-15　更改显示方式

说明：这些命令是任选其一的，即当选择某一种显示方式，以前的显示方式自动取消。

（2）文件夹内容的排列方式

可以按照文件的名称、修改日期、类型和大小，对文件进行排列显示，以方便对文件的管理。

① 按名称排列：文件夹的内容将按照文件和文件夹名称的英文字母排列。

② 按修改日期排列：根据建立或修改文件或文件夹的时间进行排列。

③ 按类型排列：文件夹的内容将按照文件的扩展名将同类型的文件放在一起显示。

④ 按大小排列：根据各文件的字节大小进行排列。

排列方式的选择是通过右击，在弹出的快捷菜单中选择“排序方式”子菜单中的相应命令来设置的，如图 2-16 所示。当选择某一排列方式后，以前的排列方式自动取消。如果当前文件夹窗口处在详细信息的显示方式中，也可以直接单击表头对文件夹的内容排列。

3. 设置文件夹窗口中的显示内容

（1）显示所有文件

在文件夹窗口下看到的可能并不是全部的内容，有些内容当前可能没有显示出来，这是因为 Windows 7 在默认情况下，会将某些文件（如隐藏文件）隐藏起来不显示。为了能够显示所有文件，可进行设置。具体操作步骤如下：

① 选择“组织”→“文件夹和搜索选项”命令，弹出“文件夹选项”对话框。

② 选择“查看”选项卡。

③ 在“高级设置”列表框中的“隐藏文件和文件夹”中选中“显示隐藏的文件、文件夹和驱动器”单选按钮，如图 2-17 所示。

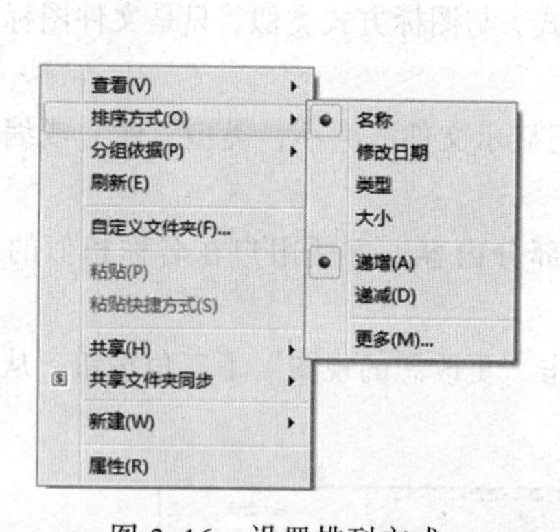

图 2-16　设置排列方式

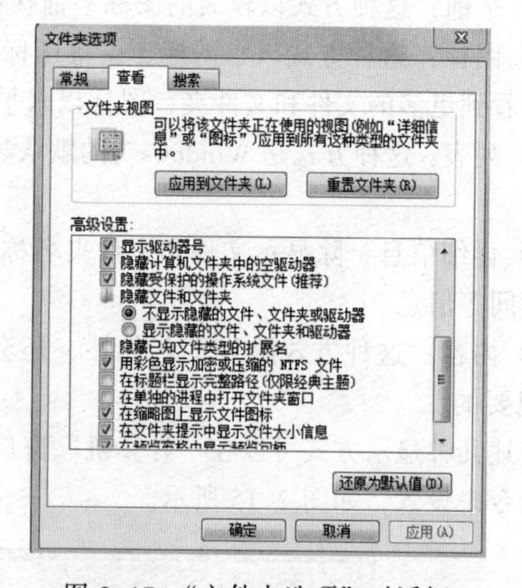

图 2-17　“文件夹选项”对话框

说明： 上述设置是对整个系统而言的，即如果在任何一个文件夹窗口中进行了上述设置后，在其他所有文件夹窗口下都能看到所有文件。

（2）显示文件的扩展名

通常情况下，在文件夹窗口中看到的大部分文件只显示了文件名的信息，而其扩展名并没有显示。这是因为默认情况下，Windows 7 对于已在注册表中登记的文件，只显示文件名，而不显示扩展名。也就是说，Windows 7 是通过文件的图标来区分不同类型的文件的，只有那些未被登记的文件才能在文件夹窗口中显示其扩展名。

如果想看到所有文件的扩展名，可以选择“组织”→“文件夹和搜索选项”命令，弹出“文件夹选项”对话框，然后在“查看”选项卡中取消“隐藏已知文件类型的扩展名”复选框。

说明：该项设置也是对整个系统而言的，而不是仅仅对当前文件夹窗口。

4. 库

库是 Windows 7 操作系统新增的一个功能，主要是用于文件管理，又称文件库。文件库可以将用户需要的文件和文件夹统统集中到一起，就如同网页收藏夹一样，只要单击库中的链接，就能快速打开添加到库中的文件夹——而不管它们原来深藏在本地计算机或局域网当中的任何位置。另外，它们都会随着原始文件夹的变化而自动更新，并且可以以同名的形式存在于文件库中。Windows 7 引入库的概念并非传统意义上的用来存放用户文件的文件夹，它还具备了方便用户在计算机中快速查找到所需文件的作用。

2.3.3 文件和文件夹的操作

文件和文件夹操作包括文件和文件夹的弹出、复制、移动和删除等，是日常工作中最经常进行的操作。

1. 选定文件和文件夹

在 Windows 中进行操作，通常都遵循这样一个原则，先选定对象，再对选定的对象进行操作。因此，进行文件和文件夹操作之前，首先要选定操作的对象。下面介绍选定对象的操作。

（1）选定单个文件对象的操作

① 单击文件或文件夹图标，则选定被单击的对象。

② 依次输入要选定文件的前几个字母，此时，具有这一特征的某个文件被选定，继续按【↓】键直至找到要选定的文件。

（2）同时选定多个文件对象的操作

① 按住【Ctrl】键后，依次单击要选定的文件图标，则这些文件均被选定。

② 用鼠标左键拖动形成矩形区域，区域内文件或文件夹均被选定。

③ 如果选定的文件连续排列，先单击第一个文件，然后按住【Shift】键的同时单击最后一个文件，则从第一个文件到最后一个文件之间的所有文件均被选定。

④ 选择“编辑”→“全选”命令或按【Ctrl+A】组合键，则将当前窗口中的文件全部选定。

2. 创建文件夹

右击想要创建文件夹的窗口或桌面，在弹出的快捷菜单中选择“新建”→“文件夹”命令，则弹出文件夹图标并允许为新建文件夹命名（系统默认文件名为“新建文件夹”）。

3. 移动或复制文件和文件夹

有多种方法可以完成移动和复制文件和文件夹的操作：鼠标右键或左键的拖动以及利用 Windows 的剪贴板。

（1）鼠标右键操作

首先选定要移动或复制的文件或文件夹，然后用鼠标右键拖动至目的地，释放按键后，会弹出菜单询问：复制到当前位置、移动至当前位置、在当前位置创建快捷方式和取消，根据要做的操作，选择其一即可。

（2）鼠标左键操作

首先选定要移动或复制的文件夹或文件，然后按住鼠标左键直接拖动至目的地即可。左键拖动不会出现菜单，但根据不同的情况，所做的操作可能是移动、复制或复制快捷方式。

① 对于多个对象或单个非程序文件，如果在同一盘区拖动，如从 F 盘的一个文件夹拖到 F 盘的另一个文件夹，则为移动；如果在不同盘区拖动，如从 F 盘的一个文件夹拖到 E 盘的一个文件夹，则为复制。

② 在拖动的同时按住【Ctrl】键，则一定为复制；在拖动的同时按住【Shift】键，则一定为移动。

③ 如果将一个程序文件从一个文件夹拖动至另一个文件夹或桌面上，Windows 7 会把源文件留在原文件夹中，而在目标文件夹建立该程序的快捷方式。

（3）利用 Windows 剪贴板的操作

为了在应用程序之间交换信息，Windows 提供了剪贴板。剪贴板是内存中的一个临时数据存储区，在进行剪贴板的操作时，总是通过“复制”或“剪切”命令将选定的对象送入剪贴板，然后在需要接收信息的窗口内通过“粘贴”命令从剪贴板中取出信息。

虽然“复制”和“剪切”命令都是将选定的对象送入剪贴板，但这两个命令是有区别的。“复制”命令是将选定的对象复制到剪贴板，因此执行完“复制”命令后，原来的信息仍然保留，同时剪贴板中也具有该信息；“剪切”命令是将选定的对象移动到剪贴板，执行完“剪切”命令后，剪贴板中具有信息，而原来的信息将被删除。

如果进行多次的“复制”或“剪切”操作，剪贴板总是保留最后一次操作时送入的内容。但是，一旦向剪贴板中送入了信息之后，在下一次“复制”或“剪切”操作之前，剪贴板中的内容将保持不变。这也意味着可以反复使用“粘贴”命令，将剪贴板中的信息送至不同的程序或同一程序的不同地方。

由剪贴板的上述特性，可以得出利用剪贴板进行文件移动或复制的常规操作步骤：

① 选定要移动或复制的文件和文件夹。

② 如果是复制，则选择“组织”→“复制”命令，如果是移动，则选择“组织”→“剪切”命令。

③ 选定接收文件的位置，即弹出目标位置的文件夹窗口。

④ 选择“组织”→“粘贴”命令。

4．文件或文件夹重命名

有时需要更改文件或文件夹的名字，可以按照下述方法之一进行操作：

① 选定要重命名的对象，然后单击对象的名称。

② 右击要重命名的对象，在弹出的快捷菜单中选择“重命名”命令。

③ 选定要重命名的对象，然后选择“文件”→“重命名”命令。

④ 选定要重命名的对象，然后按【F2】键。

说明：文件的扩展名一般是默认的，如 Word 2010 的扩展名是.docx，在更改文件名时，只需更改它的文件名即可，不需要再改扩展名。如将 root.docx 改为“根.docx”，只需将 root 改为“根”即可。

5. 撤销操作

在执行了如移动、复制、更名等操作后，如果又改变了主意，可选择“组织”→“撤销”命令，还可以按【Ctrl+Z】组合键，这样就可以撤销刚才的操作。

6. 删除文件或文件夹

删除文件最快的方法是用【Delete】键。先选定要删除的对象，然后按该键即可。此外还可以用其他方法删除。

① 右击要删除的对象，在弹出的快捷菜单中选择“删除”命令。

② 选定要删除的对象，然后直接拖动至回收站。

不论采用哪种方法，在进行删除前，系统会给出提示信息让用户确认，确认后，系统才将文件删除。需要说明的是，在一般情况下，Windows 并不真正地删除文件，而是将被删除的项目暂时放在回收站中。实际上回收站是硬盘上的一块区域，被删除的文件会被暂时存放在这里，如果发现删除有误，可以通过回收站恢复。

在删除文件时，如果是按住【Shift】键的同时按【Delete】键删除，则被删除的文件不进入回收站，而是真的从物理上被删除。做这个操作时一定要慎重。

7. 恢复删除的文件夹、文件和快捷方式

如果删除后立即改变了主意，可执行“撤销”命令来恢复删除。但是对于已经删除一段时间的文件和文件夹，需要到回收站查找并进行恢复。

(1) 回收站的操作

双击“回收站”图标，打开“回收站”窗口，在其中会显示最近删除的项目名字、位置、日期、类型和大小等信息。选定需要恢复的对象，此时窗口左侧会出现“还原”按钮，单击该“还原”按钮，或选择“文件”→“还原”命令，即可将文件恢复至原来的位置。如果在恢复过程中，原来的文件夹已不存在，Windows 7 会要求重新创建文件夹。

需要说明的是，从可移动磁盘或网络服务器中删除的项目不保存在回收站中。此外，当回收站的内容过多时，最先进入回收站的项目将被真正地从硬盘删除。因此，回收站中只能保存最近删除的项目。

(2) 清空回收站

如果回收站中的文件过多，也会占用磁盘空间。因此，如果文件确实不需要了，应该将其从回收站清除（真正的删除），这样就可以释放一些磁盘空间。

在“回收站”窗口中选定需要删除的文件，按【Delete】键，确认之后，即可将文件真正删除。如果要清空回收站，单击窗口左侧的“清空回收站”按钮即可。

8. 设置文件或文件夹的属性

设置文件或文件夹属性的具体操作步骤如下：

① 选定要设置属性的对象。

② 右击对象，在弹出的快捷菜单中选择“属性”命令，弹出属性对话框，如图 2-18 所示。

③ 在属性对话框中选择需要设置的属性即可。

从图 2-18 中可以看出，在属性对话框中还显示了文件夹或文件许多重要的统计信息，如文件的大小、创建或修改的时间、位置、类型等。

9．Windows 7 的任务管理器

右击任务栏的空白处，在弹出的快捷菜单中选择“启动任务管理器”命令，或按【Ctrl + Alt + Esc】组合键，可以打开“Windows 任务管理器”对话框，如图 2-19 所示。任务管理器对应的程序文件是 Taskmgr.exe，一般可以在\ WINDOWS\System32 文件夹中找到。可以在桌面上为该程序建立一个快捷方式，这样启动任务管理器较为方便。

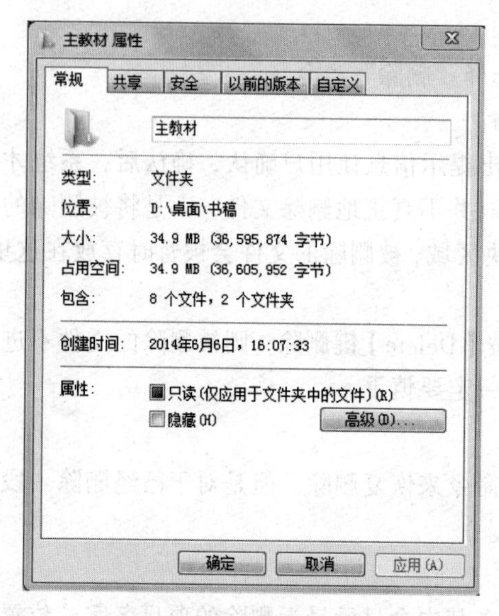

图 2-18　文件夹属性对话框

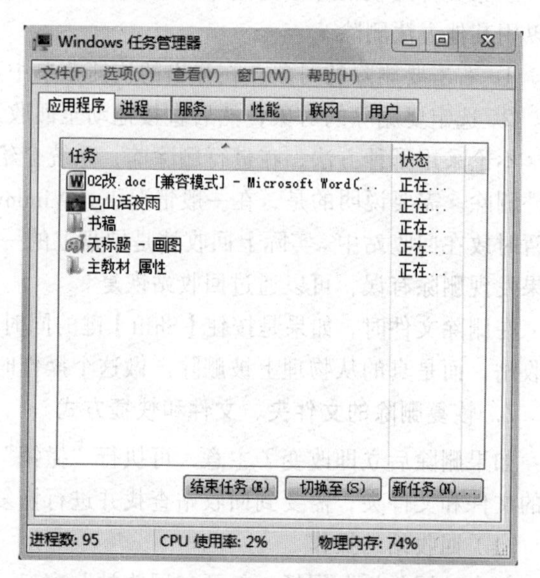

图 2-19　“Windows 任务管理器”对话框

2.3.4　用户管理

Windows 7 系统的用户管理功能，主要包括账户的创建、设置密码、修改账户等内容，可以通过“控制面板”中的“用户账户”或者“管理工具”来进行设置。第一种方式采用图形界面，比较适合初学者使用，但是只能对用户账户进行一些基本的设置；第二种方式适合中、高级用户使用，能够对用户管理进行系统的设置。

单击“控制面板”窗口中的“用户账户”图标，即可启动用户账户管理程序。

1．创建一个新账户

在图 2-20 所示是窗口中单击“创建一个新账户”超链接，然后按照提示单击“下一步”按钮，依次输入新账户的名称，选择账户的类型，即可建立一个新的账户。

在 Windows 7 系统中，用户账户分为两种类型，一种是“管理员”类型，另外一种是“来宾”类型。两种类型的权限是不同的，“管理员”拥有对计算机操作的全部权力，可创建、更改、删除账户，安装、卸载程序，访问计算机的全部文件资料；而“来宾”类型用户账户只能修改自己的用户名、密码等，也只能浏览自己创建的文件和共享的文件。在创建新账户时，只有创建一个管理员账户以后，才能创建其他类型的账户。而在欢迎屏幕上所见到的用户账户 Administrator（管理员）为系统的内置账户用户，是在安装系统时自动创建的。

2．更改账户

用户账户建立后，可以对用户账户进行一系列的修改，比如设置密码、更改账户类型、更改账户图片、删除账户等。“来宾”类型的账户，只能修改自己的设置，若修改其他用户账户，必须以计算机管理员身份登录。

在图 2-20 所示的窗口中单击“用户账户”主页，可进行更改账户操作，在窗口中选择一个待修改的账户；或者在图 2-20 所示窗口中直接单击需要修改的账户。

修改账户的主要内容包括：

① 更改账户名称：对账户重新命名。

② 创建密码：为用户账户创建密码后，在登录时必须输入。如果已经设置密码，这里将变为“更改密码”“删除密码”两个选项。

③ 更改图片：为用户账户选择新的图片，这个图片将出现欢迎屏幕的用户账户的旁边，也可以单击下面的“浏览更多图片”超链接来选择自己喜欢的图片，甚至可以选择自己的照片。

④ 更改账户类型：设置为“管理员”或者“来宾”类型。

⑤ 在欢迎屏幕上可能看到还有一个 Guest 账户，它不需要密码就可以访问计算机，但是只有最小权限，不能更改设置、删除安装程序等。如果不希望其他人通过这个账户进入自己的计算机，可以在“用户账户”窗口中单击 Guest 账户，在下一步操作中，选择“禁用来宾账户”命令，即可关闭 Guest 账户。

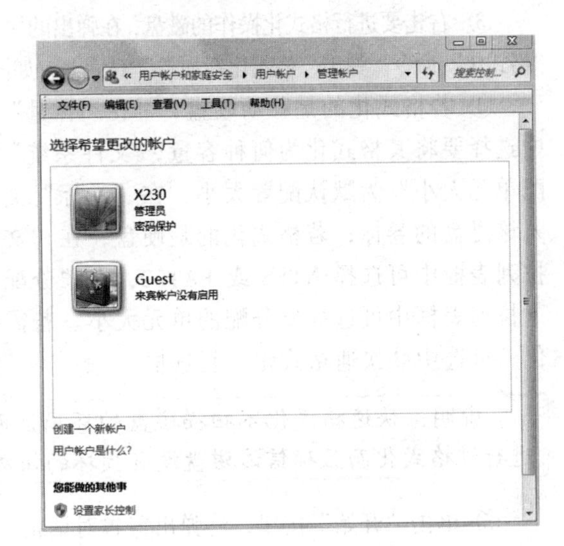

图 2-20 “管理账户”窗口

3. 更改用户登录或注销的方式

在窗口中单击“更改用户登录或注销的方式”任务，窗口中给出两个复选框，“使用欢迎屏幕”和“使用快速用户切换”。

2.4 磁盘管理与维护

在计算机的日常使用过程中，用户可能会非常频繁地进行应用程序的安装、卸载，文件的移动、复制、删除或在 Internet 上下载程序文件等多种操作，而这样操作一段时间后，计算机硬盘上将会产生很多磁盘碎片或大量的临时文件等，致使运行空间不足，程序运行和文件打开变慢，计算机的系统性能下降。因此，用户需要定期对磁盘进行管理，以使计算机始终处于较好的状态。

2.4.1 磁盘格式化

磁盘格式化就是在磁盘内进行分割扇区，做内部扇区标示，以方便存取。格式化磁盘可分为格式化硬盘和格式化移动硬盘两种。格式化硬盘又可分为高级格式化和低级格式化。高级格式化是指在 Windows 7 操作系统下对硬盘进行的格式化操作；低级格式化是指在高级格式化操作之前，对硬盘进行的分区和物理格式化。

格式化磁盘的具体操作如下：

① 若要格式化的磁盘是移动硬盘，应先将其与计算机连接；若要格式化的磁盘是硬盘，可直接执行第②步。

② 双击“计算机”图标，打开“计算机”窗口。

③ 右击要进行格式化操作的磁盘，在弹出的快捷菜单中选择“格式化”命令。弹出“格式化新加卷”对话框，如图 2-21 所示。

④ 若格式化的是移动硬盘，可在“容量”下拉列表框中选择要将其格式化为何种容量，“文件系统”为 FAT，“分配单元大小”为默认配置大小，在“卷标”文本框中可输入该磁盘的卷标；若格式化的是硬盘，在“文件系统”下拉列表框中可选择 NTFS 或 FAT32，在“分配单元大小”下拉列表框中可选择要分配的单元大小。若需要快速格式化，可选中“快速格式化”复选框。

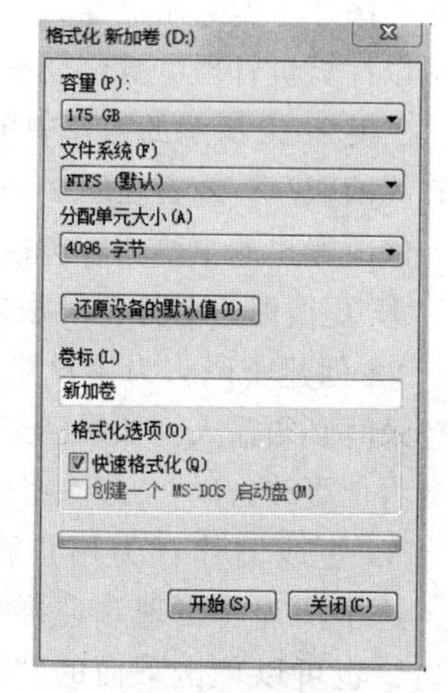

图 2-21 “格式化新加卷”对话框

说明：快速格式化不扫描磁盘的坏扇区而直接从磁盘上删除文件。只有在磁盘已经进行过格式化而且确信该磁盘没有损坏的情况下，才使用该选项。

⑤ 单击“开始”按钮，将弹出警告对话框，若确认要进行格式化，单击“确定”按钮即可开始进行格式化操作。

⑥ 这时在“格式化”对话框中的进程框中可看到格式化的进程。

⑦ 格式化完毕后，将出现如图 2-22 所示的对话框，单击“确定”按钮即可。

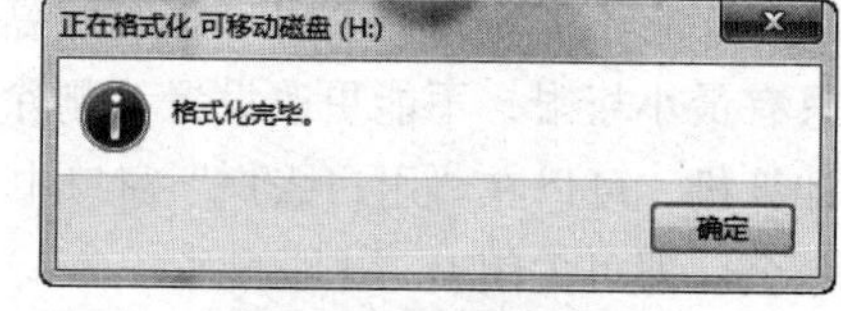

图 2-22 警告对话框

说明：格式化磁盘将删除磁盘上的所有信息。

2.4.2 磁盘清理

使用磁盘清理程序可以帮助用户释放硬盘驱动器空间，删除临时文件、Internet 缓存文件和安全删除不需要的文件，腾出它们占用的系统资源，以提高系统性能。

执行磁盘清理程序的具体操作如下：

① 单击“开始”按钮，选择“所有程序”→“附件”→“系统工具”→“磁盘清理”命令。弹出“驱动器选择”对话框，如图 2-23 所示。

② 选择要进行清理的驱动器。选择后单击“确定”按钮可弹出该驱动器的“磁盘清理”对话框，如图 2-24 所示。

③ 在“磁盘清理”选项卡中的“要删除的文件”列表框中列出了可删除的文件类型及其所占用的磁盘空间大小，选中某文件类型前的复选框，在进行清理时即可将其删除；在“占用磁盘空间总数”中显示了若删除所有选中复选框的文件类型后，可得到的磁盘空间总数；在“描述”框中显示了当前选择的文件类型的描述信息，单击“查看文件”按钮，可查看该文件类型中包含文件的具体信息。单击“确定”按钮，弹出“磁盘清理”确认删除对话框，单击“是”按钮，弹出，如图 2-25 所示的对话框。清理完毕后，该对话框将自动消失。

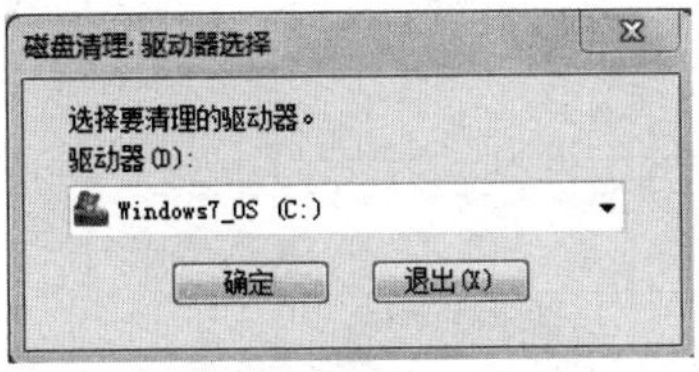

图 2-23 “驱动器选择”对话框

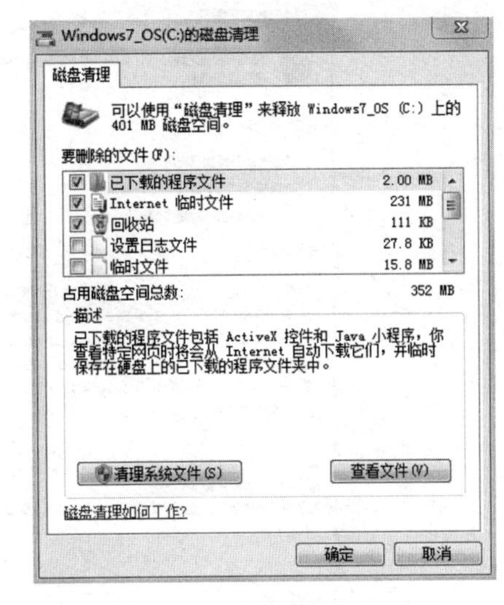

图 2-24 “磁盘清理”对话框

④ 若要删除不用的可选 Windows 组件或卸载不用的安装程序，可选择“其他选项”选项卡，如图 2-26 所示。单击“程序和功能”中的“清理”按钮，即可删除不用的可选 Windows 组件或卸载不用的程序。

图 2-25 磁盘清理进度对话框

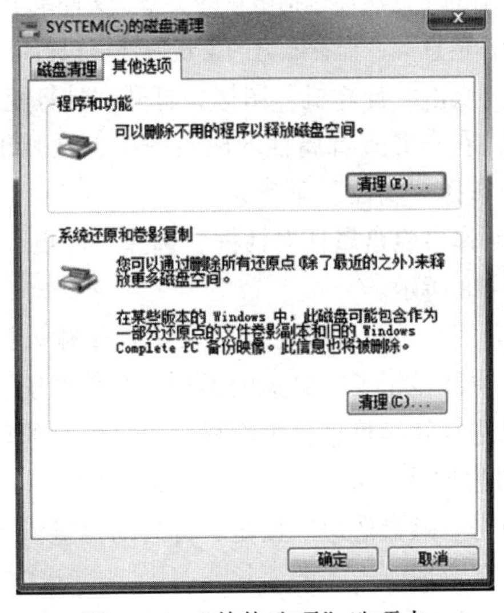

图 2-26 “其他选项”选项卡

2.4.3 磁盘碎片整理

运行磁盘碎片整理程序的具体操作如下：

① 单击“开始”按钮，选择“所有程序”→“附件”→“系统工具”→“磁盘碎片整理程序”命令，打开“磁盘碎片整理程序”窗口，如图 2-27 所示。

② 该窗口中显示了磁盘的一些状态和系统信息。选择一个磁盘，单击“分析磁盘”按钮，系统可分析该磁盘是否需要进行磁盘整理。

③ 单击“磁盘碎片整理”按钮，可以进行碎片整理，显示整理的百分比。

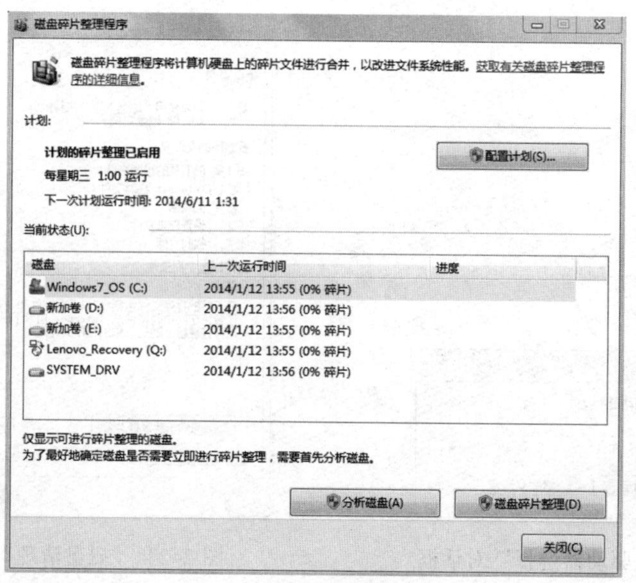

图 2-27 “磁盘碎片整理程序”窗口

2.4.4 磁盘属性

磁盘的常规属性包括磁盘的类型、文件系统、空间大小、卷标信息等，查看磁盘的常规属性可执行以下操作：

① 双击“计算机”图标，打开“计算机”窗口。

② 右击要查看属性的磁盘图标，在弹出的快捷菜单中选择“属性”命令。

③ 弹出磁盘属性对话框，选择“常规”选项卡，如图 2-28 所示。

④ 用户可以在最上面的文本框中输入该磁盘的卷标；中部显示了该磁盘的类型、文件系统、已用空间及可用空间等信息；下部显示了该磁盘的容量，并用饼图的形式显示了已用空间和可用空间的比例信息。单击“磁盘清理”按钮，可启动磁盘清理程序，进行磁盘清理。

⑤ 单击“应用”按钮，即可应用在该选项卡中更改的设置，单击“确定”按钮，完成操作。

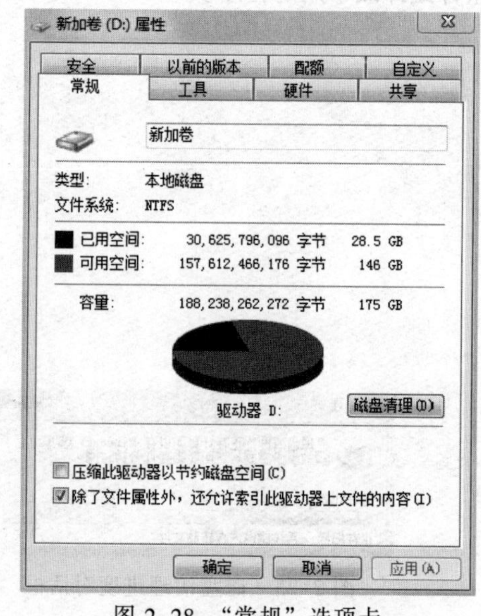

图 2-28 “常规”选项卡

习　题

一、单项选择题

1. 在资源管理器中，选定多个非连续文件的操作为（　　）。

A. 按住【Shift】键，然后单击每一个要选定的文件图标

B. 按住【Ctrl】键，然后单击每一个要选定的文件图标

C. 选中第一个文件，然后按住【Shift】键，再单击最后一个要选定的文件名

D. 选中第一个文件，然后按住【Ctrl】键，再单击最后一个要选定的文件名

2. 在资源管理器中，选定多个连续文件的操作为（　　）。

A. 按住【Shift】键，然后单击每一个要选定的文件图标

B. 按住【Ctrl】键，然后单击每一个要选定的文件图标

C. 选中第一个文件，然后按住【Shift】键，再单击最后一个要选定的文件名

D. 选中第一个文件，然后按住【Ctrl】键，再单击最后一个要选定的文件名

3. Windows 7 把整个屏幕看作（　　）。

A. 窗口　　B. 桌面　　C. 工作空间　　D. 对话框

二、判断题

1. 文件和文件夹本质上没有区别。（　　）
2. 回收站是硬盘上的一块区域。（　　）
3. 删除任何地方的文件都会进入回收站。（　　）
4. 删除闪存盘上的文件不进入回收站。（　　）
5. 重新启动计算机的方法是直接按主机上的按钮。（　　）
6. Windows 属于应用软件。（　　）
7. 对话框可以改变大小。（　　）
8. 窗口不可以改变大小。（　　）
9. Windows 7 中对文件的命名规范没有任何限制，可以是任意字符。（　　）
10. 打开文档或文件夹的最好方法是双击该文件或文件夹。（　　）

Word 是 Microsoft 公司的一个文字处理器应用程序。它最初是由 Richard Brodie 为了运行 DOS 的 IBM 计算机而在 1983 年编写的。随后的版本可运行于 Apple Macintosh（1984 年），SCO UNIX 和 Microsoft Windows（1989 年），并成为 Microsoft Office 的一部分。2006 年发布 Word 2007，现在最新的版本是 Word 2013。本章介绍现在使用较为广泛的 Word 2010。

通过对本章的学习应了解 Word 2010 的窗口界面；掌握 Word 文档的基本操作；掌握文档的输入、编辑和排版操作；掌握图形处理和表格处理的基本操作；熟悉复杂的图文混排操作。

3.1 Word 2010 概述

本节主要介绍 Word 2010 的新增功能、窗口界面和文档视图。要注意的是 Word 2010 的新增功能在 Office 2010 的其他组件中也同样适用。

3.1.1 Word 2010 的新增功能

Word 2010 作为文字处理软件，较之以前的版本，增加了如下新功能：

1．新增的后台视图

新增的后台视图取代了传统的“文件”菜单，只需简单地单击几下，即可轻松完成保存、打印和分享文档等管理文件及其相关数据操作，还允许检查隐藏个人信息。

2．全新的导航面板

Word 2010 作为新版本文字处理软件，它提供了全新的导航面板，为用户提供了清晰的视图，以方便处理 Word 文档，实现快速的即时搜索，更加精细和准确地对各种文档内容进行定位。

3．改进的翻译屏幕提示

在 Word 2010 中，只要将鼠标指针指向一个单词或选定的一个短语，就会在一个小窗口中显示翻译结果。屏幕提示还包括一个“播放”按钮，可以播放单词或短语的读音。

4．动态的粘贴预览

在 Word 2010 中，可以根据所选择的粘贴模式，在编辑区中即时预览该模式的粘贴效果，从而避免了不必要的重复操作，提高了文字处理的工作效率。

5．灵巧的屏幕截图与强大功能的图像处理

在 Word 2010 中，进一步增强了对图像的处理能力，可轻松捕获屏幕截图，并可以快速地将其插入到 Word 2010 的文档中；还可以调整亮度、重新着色、使用滤镜特效，甚至是进行抠图操作。

6．基于团队的协作平台

在 Word 2010 中，完全实现了文档在线编辑和文档多人编辑等功能，提供了文档共享与实时协作，使用 SharePoint Workspace 还可以实现企业内容同步。

3.1.2 Word 2010 窗口界面

启动 Windows 7 后，选择“开始”→“所有程序”→Microsoft Office→Microsoft Word 2010 命令，从而启动 Word 2010。

图 3-1 所示为 Word 2010 的窗口界面，该界面主要由标题栏、快速访问工具栏、功能选项卡、功能区、文本编辑区和状态栏以及视图栏组成。

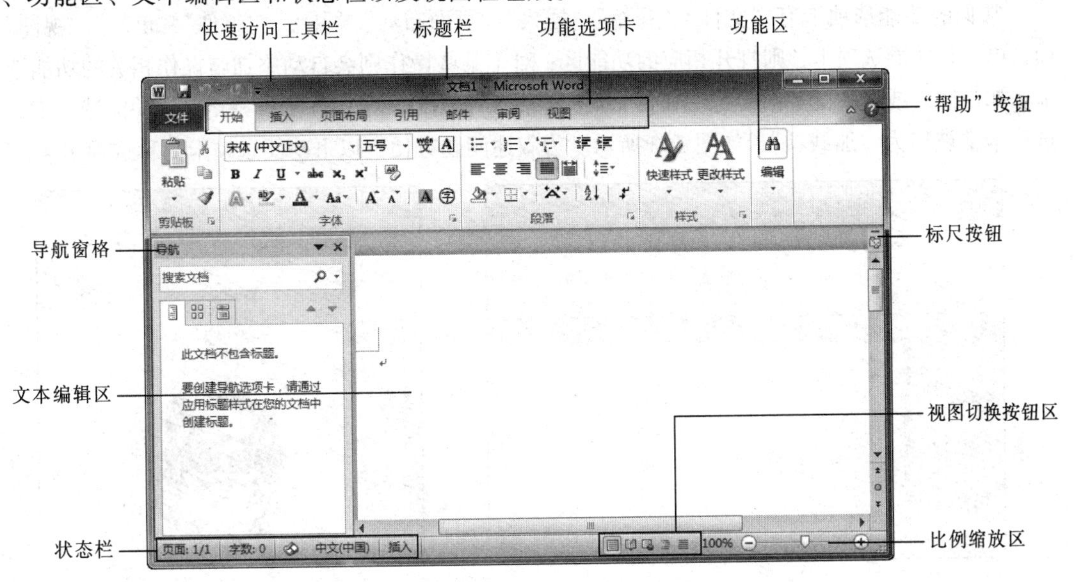

图 3-1 Word 2010 的窗口界面

1．标题栏

标题栏位于窗口的顶端，用于显示当前正在运行的程序名及文件名等信息，新建的空白文档显示的内容为“文档 1-Microsoft Word”；标题栏最右端有 3 个按钮，分别用来控制窗口的最小化、最大化/还原和关闭。

2．快速访问工具栏

快速访问工具栏中包含最常用操作的快捷按钮，方便用户使用。在默认状态下，快速访问工具栏中仅包含 3 个快捷按钮，分别是“保存”“撤销”和“恢复”按钮。当然用户可单击右边的下拉按钮，从而添加其他常用命令，如“新建”“打开”“打印预览和打印”等。如选择“其他命令”选项，则打开“Word 选项”→“快速访问工具栏”对话框，可添加更多的命令，定义完全个性化的快速访问工具栏，使操作更加方便。例如，单击“自定义快速访问工具栏”下拉按钮，再单击“打印预览和打印”命令，就在快速访问工具栏中添加了“打印预览和打印”工具按钮，效果如图 3-2 所示。

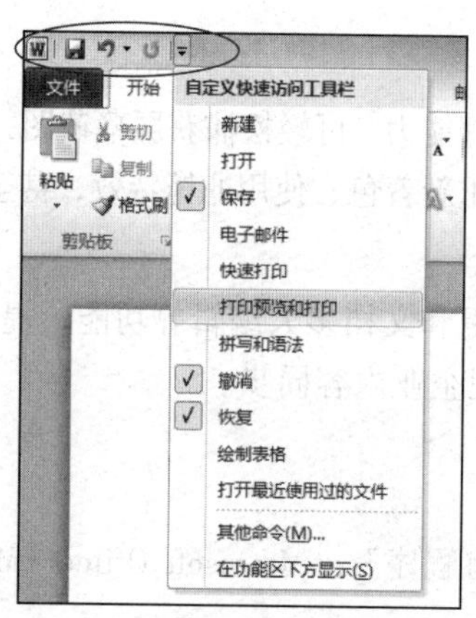

图 3-2　在快速访问工具栏中添加新的工具按钮

3．功能选项卡

常见的功能选项卡有“文件”“开始”“插入”“页面布局”“引用”“邮件”“审阅”“视图”8项，单击某功能选项卡，则打开相应的功能区；对于某些操作则会自动添加与操作相关的功能选项卡，如当插入或选中图片时，自动在常见功能选项卡右侧添加“图片工具→格式”功能选项卡，该选项卡常被称为“加载项”，如图 3-3 所示。为叙述问题方便，以下功能选项卡简称选项卡。

图 3-3　加载“图片工具→格式”选项卡前后

4．功能区

功能区显示当前选项卡下的各个功能组，如图 3-1 中显示的是在“开始”功能选项卡下的“剪贴板”“字体”“段落”“样式”等各功能组，组内列出了相关的按钮或命令。组名称右边有对话框启动器按钮，单击此按钮，可打开一个与该组命令相关的对话框。如单击“字体”组右下端的按钮，可打开“字体”对话框，如图 3-4 所示。功能区是 Word 2003 中的菜单和工具栏在 Word 2010 中的主要替代控件。

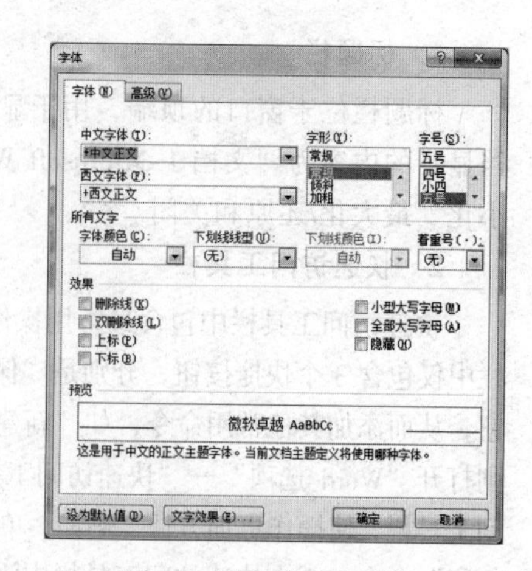

图 3-4　“字体”对话框

单击“帮助”按钮左侧的“功能区最小化”按钮或按【Ctrl+F1】组合键可以将功能区隐藏或显示。

为便于操作，下面对 Word 2010 提供的默认选项卡的功能区做详细说明。

① “开始”功能区：包括剪贴板、字体、段落、样式和编辑 5 个组，该功能区主要用于对 Word 2010 文档进行文字编辑和字体、段落的格式设置，是最常用的功能区。

② “插入”功能区：包括页、表格、插图（插入各种元素）、链接、页眉和页脚、文本和符号等几个组，主要用于在 Word 2010 文档中插入各种元素。

③ “页面布局”功能区：包括主题、页面设置、稿纸、页面背景、段落和排列等几个组，主要用于设置 Word 2010 文档页面样式。

④ “引用”功能区：包括目录、脚注、引文与书目、题注、索引和引文目录等几个组，用于在 Word 2010 文档中插入目录等比较高级的功能。

⑤ “邮件”功能区：包括创建、开始邮件合并、编写和插入域、预览结果和完成等几个组，该功能区的作用比较专一，主要用于在 Word 2010 文档中进行邮件合并方面的一些操作。

⑥ “审阅”功能区：包括校对、语言、中文简繁转换、批注、修订、更改、比较和保护等几个组，主要用于对 Word 2010 文档进行校对和修订等操作，比较适合多人协作处理 Word 2010 长文档。

⑦ “视图”功能区：包括文档视图、显示、显示比例、窗口和宏等几个组，主要用于设置 Word 2010 操作窗口的视图类型。

5. 导航窗格

导航窗格主要显示文档的标题级文字，以方便用户快速查看文档，单击其中的标题，即可快速跳转到相应的位置。

6. 文本编辑区

功能区下的空白区为文本编辑区，它是输入文本，添加图形、图像以及编辑文档的区域，对文本的操作结果都将显示在该区域。文本区中闪烁的光标为插入点，是文字和图片输入的位置，也是各种命令生效的位置。文本区右边和下边分别是垂直滚动条和水平滚动条。

7. 标尺

文本区左边和上边的刻度分别为垂直标尺和水平标尺，拖动水平标尺上的滑块，可以设置页面的宽度、制表位和段落缩进等，如图 3–5 所示。单击垂直滚动条上方的“标尺”按钮可显示或隐藏标尺。

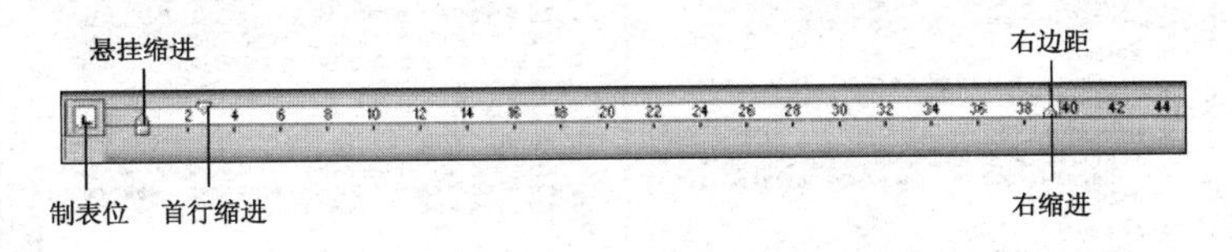

图 3–5 水平标尺

8. 状态栏和视图栏

窗口的左底部是状态栏，主要提供当前文档的页码、字数、修订、语言、改写或插入等信息。窗口的右底部是视图栏，包括视图切换按钮区和比例缩放区，单击视图切换按钮用于视图的切换，拖动比例缩放区中的“显示比例”滑块，可以改变文档编辑区的大小。

3.1.3 文档视图

Word 2010 为用户提供了多种浏览文档的模式，包括页面视图、阅读版式视图、Web 版式视图、大纲视图和草稿。在“视图”选项卡的“文档视图”区域中或在“视图切换按钮区”中，单击相应的按钮，即可切换至相应的视图模式。

1. 页面视图

页面视图是 Word 2010 默认的视图模式，该视图中显示的效果和打印的效果完全一致。在页面视图中可看到页眉、页脚、水印和图形等各种对象在页面中的实际打印位置，便于用户对页面中的各种对象元素进行编辑，如图 3-6 所示。

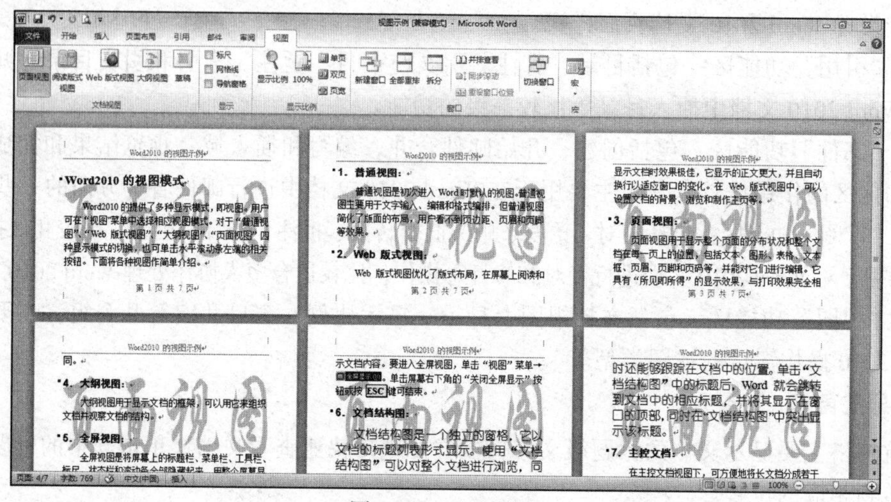

图 3-6　页面视图

2. 阅读版式视图

为方便阅读文章，Word 2010 添加了阅读版式视图模式。该视图模式主要用于阅读比较长的文档，可将文档自动分成多屏以方便阅读。在该模式中，可对文字进行标记和批注，如图 3-7 所示。在阅读版式视图下，单击右上角的“关闭阅读版式视图”按钮，可关闭阅读版式视图。

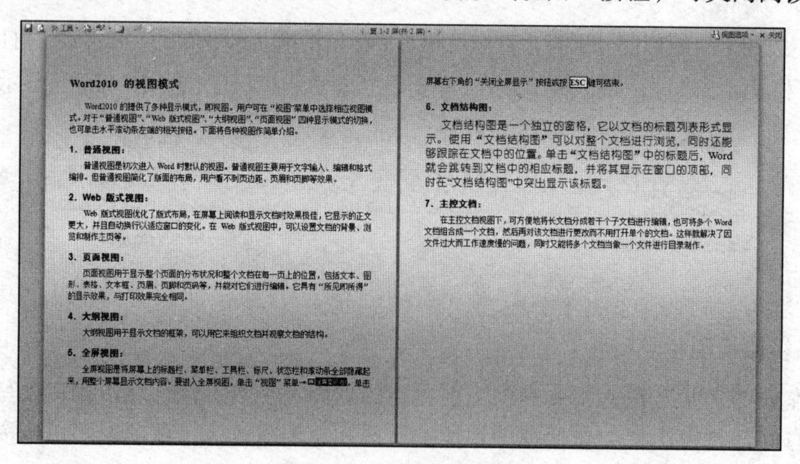

图 3-7　阅读版式视图

3. Web 版式视图

Web 版式视图是唯一按照窗口的大小来显示文本的视图，使用这种视图模式查看文档时，不需要拖动水平滚动条即可查看整行文字，如图 3-8 所示。

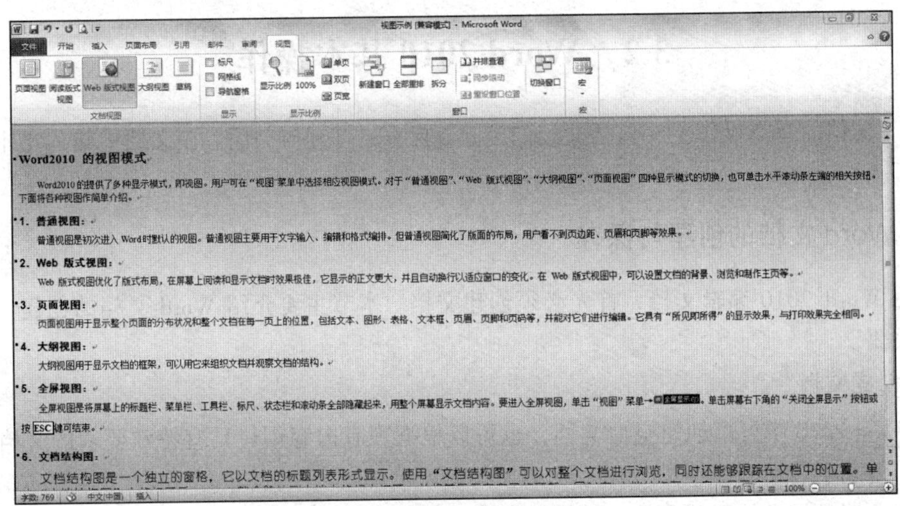

图 3-8 Web 版式视图

4. 大纲视图

对于一个具有多重标题的文档，为方便直观可使用大纲视图查看。这是因为大纲视图是按照文档中标题的层次来显示文档的，可将文档折叠起来只看主标题，也可将文档展开查看整个文档的内容，如图 3-9 所示。

5. 草稿

草稿是 Word 2010 中最简化的视图模式，在该模式中不显示页边距、页眉和页脚、背景、图形图像及未设置“嵌入型”环绕方式的图片。因此，草稿视图仅适用于编辑内容和格式都比较简单的文档，如图 3-10 所示。

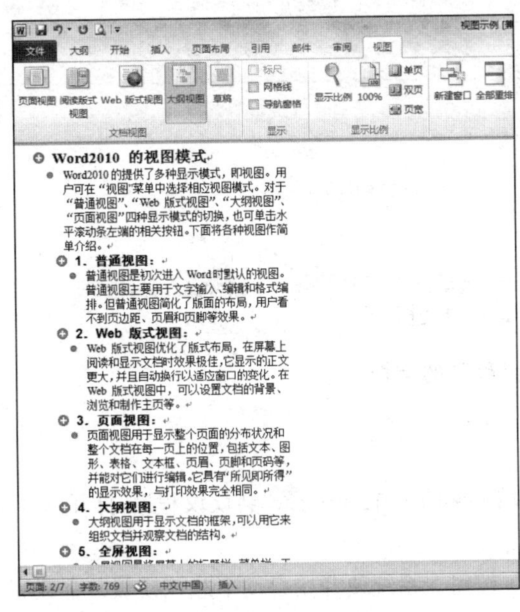

图 3-9 大纲视图

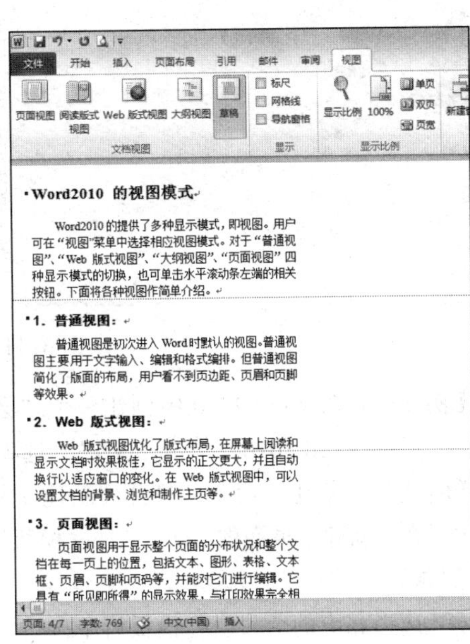

图 3-10 草稿

一般，使用 Word 2010 编辑文档时，默认使用页面视图模式。

3.2　Word 2010 基本操作

Word 文档的基本操作主要包括文档的创建、保存、打开与关闭，在文档中输入文本以及编辑文档。

3.2.1　Word 文档的创建与保存

使用 Word 2010 编辑文档，首先必须创建文档。本节主要介绍 Word 文档的创建、保存、打开和关闭。

1. 创建文档

在 Word 2010 中可以创建空白文档，也可以根据现有内容创建具有特殊要求的文档。

（1）创建空白文档

空白文档是最常使用的文档。创建空白文档的操作步骤如下：

① 单击“文件”选项卡，选择“新建”命令，打开“新建”界面。

② 在“可用模板”区域选择“空白文档”选项。

③ 单击“创建”按钮或者双击“空白文档”，即可创建一个空白文档，如图 3-11 所示。

（2）根据模板创建文档

在“新建”界面的“Office.com 模板”区域可以选择其他的文档模板，如名片、日历、礼券、货卡、信封、费用报表和会议议程等，创建满足自己特殊需要的文档。

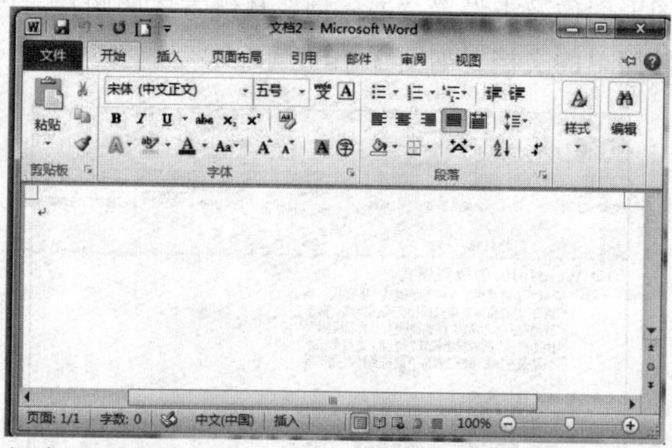

图 3-11　创建空白文档

【例 3-1】在 Word 2010 中创建一个“会议议程”的文档。

① 启动 Word 2010，单击“文件”选项卡。

② 选择“新建”命令，打开“新建”界面。

③ 在“新建”页面的“Office.com 模板”区域（见图 3-12）选择“会议议程”，打开图 3-13 所示的界面。

④ 选择相应的会议议程模板后单击“下载”按钮，系统便开始自动下载该模板，下载完成后即可创建一个“会议议程”格式的模板文档，用户可根据需要编辑修改其中的文本，如图 3-14 所示。

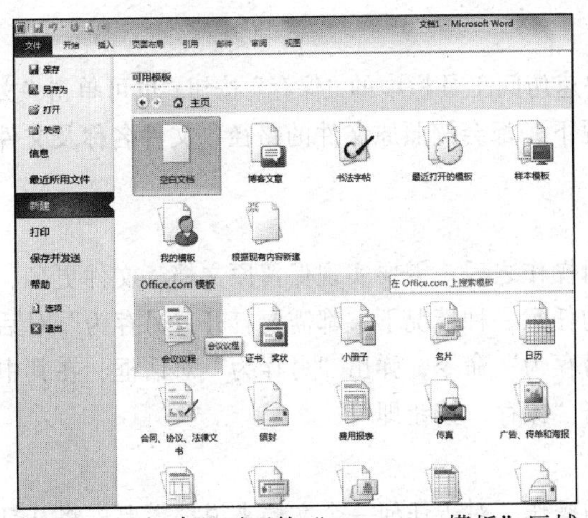
图 3-12 “新建”页面的“Office.com 模板”区域

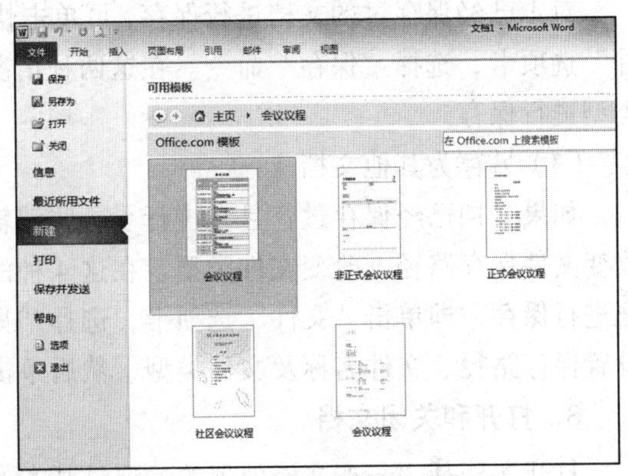
图 3-13 “会议议程”的窗口

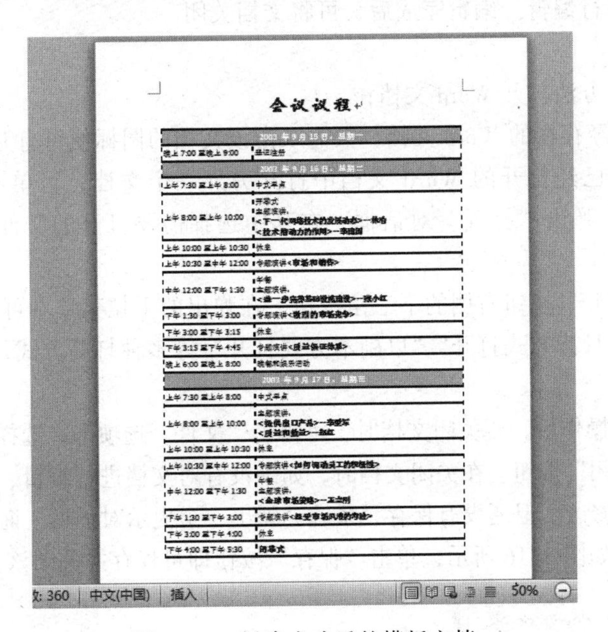
图 3-14 创建成功后的模板文档

2. 保存文档

对于新建的 Word 文档或正在编辑某个文档时，如果出现计算机死机、停电等非正常关机的突发事件时，文档中的信息就会丢失，因此为了保护劳动成果，做好文档的数据保存工作是极其重要的。

（1）保存新建文档

如果要对新建文档进行保存，可单击快速访问工具栏中的“保存”按钮；也可单击“文件”选项卡，选择“保存”或“另存为”命令。在这两种情况下，都会弹出“另存为”对话框，然后在该对话框中选择保存路径，在“文件名”文本框中输入文件名，在“保存类型”下拉列表框中可选择默认类型，即“Word 文档（*.docx）”，也可选择“Word 97-2003 文档（*.doc）”类型或其他类型，然后单击“保存”按钮。如果选择“Word 97-2003 文档（*.doc）”类型，则在 Word 97-2003 版本环境下，不加转换就可打开。

（2）保存已经保存过的文档

对于已经保存过的文档进行保存，可单击快速访问工具栏中的“保存”按钮；也可单击“文件”选项卡，选择“保存”命令。在这两种情况下，都会按照原文件的路径、文件名称及文件类型进行保存。

（3）另存为其他文档

如果文档已经保存过，且在进行了一些编辑操作之后，需要实现保留原文档、文件更名、改变文件保存路径、改变文件类型。在这 4 种的任意一种情况下，都需要打开“另存为”对话框进行保存，即单击“文件”选项卡，选择“另存为”命令，弹出“另存为”对话框，在其中设置保存路径、文件名称及文件类型，然后单击“保存”按钮即可。

3．打开和关闭文档

打开文档是 Word 文档处理的一项最基本的操作，对于任何一个文档来说都需要先将其打开，然后才能对其进行编辑。编辑完成后，可将文档关闭。

（1）打开文档

用户可参考以下方法打开 Word 文档：

方法 1：对于已经存在的 Word 文档，只需双击该文档的图标便可打开该文档。

方法 2：在一个已经打开的 Word 文档中打开另外一个文档，可单击“文件”选项卡，选择“打开”命令，弹出“打开”对话框，在其中选择需要打开的文件，然后单击“打开”按钮即可。

另外，单击“打开”按钮右侧的下三角按钮，在弹出的下拉菜单中可以选择文档的打开方式，其中包含有“以只读方式打开”“以副本方式打开”等多种打开方式，如图 3-15 所示。

（2）关闭文档

对文档完成全部操作后，要关闭文档时，可单击“文件”选项卡，选择“关闭”命令，或单击窗口右上角的“关闭”按钮。在关闭文档时，如果没有对文档进行编辑、修改操作，可直接关闭；如果对文档做了修改，但还没有保存，系统会弹出一个提示对话框，询问用户是否需要保存已经修改过的文档，如图 3-16 所示，单击“保存”按钮即可保存并关闭该文档。

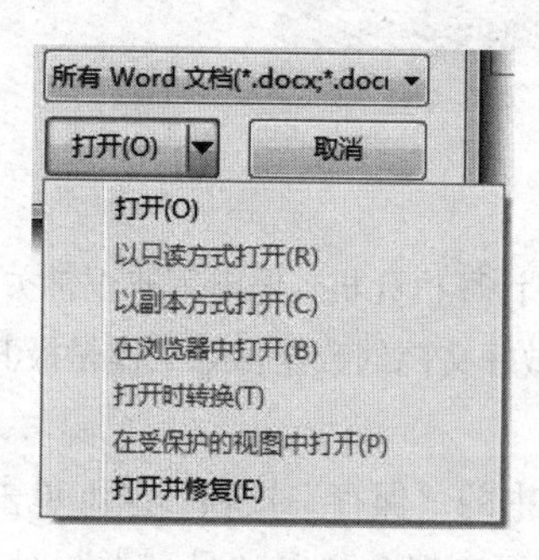

图 3-15　选择打开方式

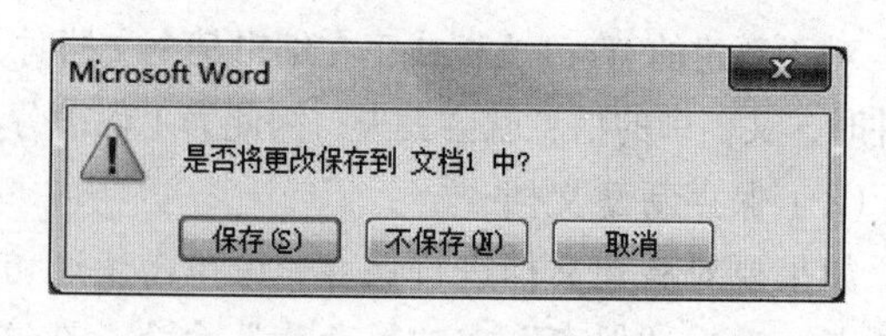

图 3-16　保存提示对话框

3.2.2　在文档中输入文本

通常建立的文档是一个空白文档，还没有具体的内容。下面介绍向文档中输入文本的一般方法，以及输入不同文本的具体操作。

1. 定位“插入点”

在 Word 文档的输入编辑状态下，光标起定位的作用，光标的位置即对象的“插入点”位置。定位“插入点”可通过键盘和鼠标的操作来完成。

（1）用键盘快速定位“插入点”

① 【Home】键：将“插入点”移到所在行的行首。

② 【End】键：将“插入点”移到所在行的行尾。

③ 【PgUp】键：上翻一屏。

④ 【PgDn】键：下翻一屏。

⑤ 【Ctrl+Home】组合键：将“插入点”移动到文档的开始位置。

⑥ 【Ctrl+End】组合键：将“插入点”移动到文档的结束位置。

（2）用鼠标“单击”直接定位“插入点”

将鼠标指针指向文本的某处，直接单击鼠标左键定位“插入点”。

2. 输入文本的一般方法和原则

输入文本是使用 Word 的基本操作。在 Word 文档窗口中有一个闪烁的插入点，表示输入的文本将出现的位置，每输入一个文字，插入点会自动向后移动。在文档中除了可以输入汉字、数字和字母以外，还可以插入一些特殊的符号，也可以在 Word 文档中插入日期和时间。

在输入文本过程中，Word 2010 将遵循以下原则：

① Word 具有自动换行功能，因此，当输入到每一行的末尾时，不要按【Enter】键，让 Word 自动换行，只有当一个段落结束时，才按【Enter】键。如果按【Enter】键，将在插入点的下一行重新创建一个新的段落，并在上一个段落的结束处显示段落结束标记。

② 按【Space】键，将在插入点的左侧插入一个空格符号，其宽度将由当前输入法的全/半角状态而定。

③ 按【Backspace】键，将删除插入点左侧的一个字符。

④ 按【Delete】键，将删除插入点右侧的一个字符。

3. 插入符号

在 Word 2010 文档中插入符号，可以使用插入符号的功能，其操作步骤如下：

① 将插入点移动到待插入符号的位置。

② 单击“插入”选项卡。

③ 在“符号”功能组中单击“符号”按钮，在弹出的“符号”菜单中选择一种需要的符号，如图 3-17 所示。

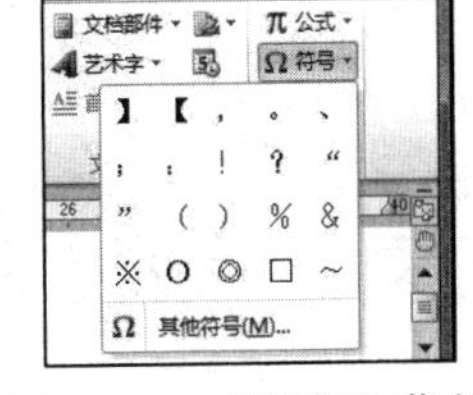

图 3-17 “符号”菜单

④ 如不能满足要求，再选择“其他符号”命令，弹出“符号”对话框，如图 3-18 所示。

⑤ 在“符号”对话框中选择“符号”或“特殊字符”选项卡可分别插入所需要的符号或特殊字符。

⑥ 选择符号或特殊字符后，单击“插入”按钮，再单击“关闭”按钮关闭对话框。

4. 输入 CJK 统一汉字

有一些汉字很难从键盘输入，这时可借助“符号”对话框选择所需汉字输入，其操作步骤如下：

① 在“符号”对话框的字体下拉列表框中选择“普通文本”选项，如图 3-18 所示。

图 3-18 “符号”对话框

② 在“子集”下拉列表框中选择“CJK 统一汉字”或“CJK 统一汉字扩充”选项。

③ 选择所需汉字后，单击“插入”按钮，再单击“关闭”按钮关闭对话框。

5．插入文件

插入文件是指将另一个 Word 文档的内容插入到当前 Word 文档的插入点，使用这个功能可以将多个文档合并成一个文档，其操作步骤如下：

① 定位插入点。

② 单击“插入”选项卡，在“文本”功能组中单击“对象”按钮，如图 3-19 所示。

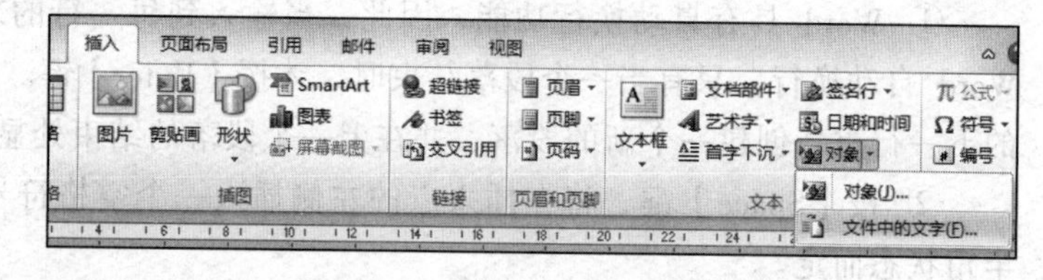

图 3-19 “对象”下拉列表

③ 在打开的“对象”下拉列表中选择“文件中的文字”选项，弹出“插入文件”对话框，如图 3-20 所示。

④ 在“插入文件”对话框中选择所需文件，然后单击“插入”按钮，插入文件内容后系统自动关闭该对话框。

图 3-20 “插入文件”对话框

6. 插入日期和时间

在 Word 2010 文档中可以直接输入日期和时间，也可插入系统固定格式的日期和时间，其操作步骤如下：

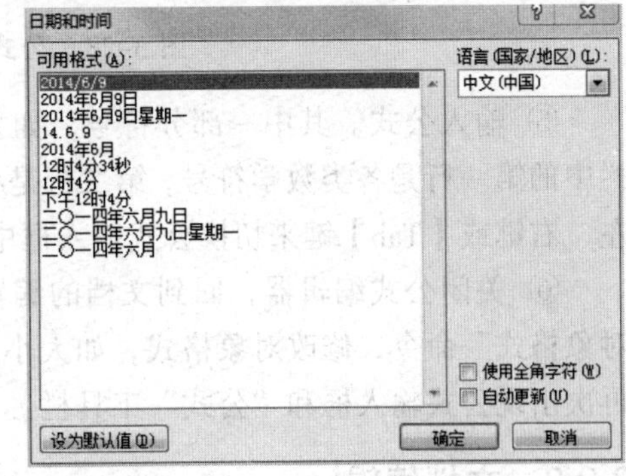

图 3-21 “日期和时间”对话框

① 定位插入点。

② 单击“插入”选项卡，在“文本”功能组中单击“日期和时间”按钮，弹出“日期和时间”对话框，如图 3-21 所示。

③ 在“语言(国家/地区)”下拉列表框中选择“中文(中国)”或“英语(美国)”选项，然后在“可用格式”列表框中选择所需的格式，如选中“自动更新”复选框，则插入的日期和时间会自动进行更新，不选中此复选框时保持输入时的值。

④ 选定日期或时间格式后，单击“确定”按钮，插入日期或时间的同时，系统自动关闭对话框。

7. 插入数学公式

编辑文档时常常需要输入数学符号和数学公式，可以使用 Word 提供的“公式编辑器”来输入。例如，要建立数学公式：

$$S=\sum_{i=0}^{n}(x^{i}+\sqrt[3]{y^{i}})-\frac{a^{2}+4}{a+\beta}+\int_{0}^{8}x\,\mathrm{d}x$$

可采用如下输入方法和步骤：

① 将“插入点”定位到待插入公式的位置。

② 单击“插入”选项卡，在“文本”功能组中单击“对象”按钮，弹出“对象”对话框，如图 3-22 所示。

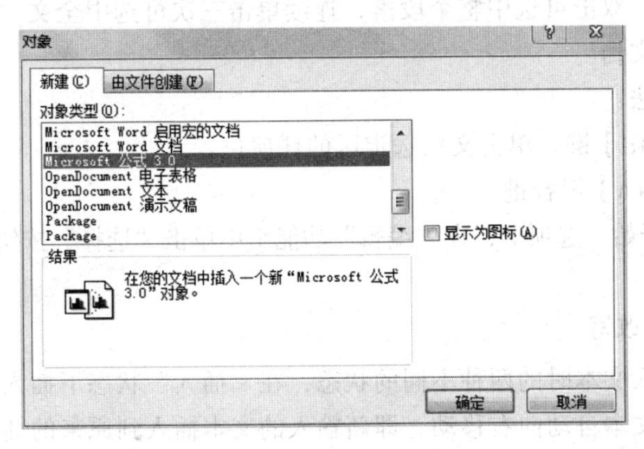

图 3-22 “对象”对话框

③ 在“对象”对话框中选择“新建”选项卡。

④ 在“对象类型”列表框中选择“Microsoft 公式 3.0”选项，单击“确定”按钮，弹出公式输入框和“公式”工具栏，如图 3-23 所示。

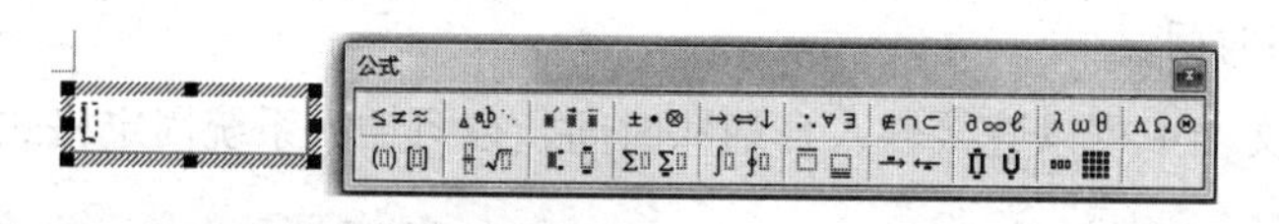

图 3-23　公式输入框和“公式”工具栏

⑤ 输入公式。其中一部分符号，如公式中的“S”“=”“0”等从键盘输入。“公式”工具栏中的第一行是各类数学符号，第二行是各类数学表达式模板。在输入时可用键盘上的上、下、左、右键或【Tab】键来切换公式输入框中的“插入点”位置。

⑥ 关闭公式编辑器，回到文档的编辑状态。可右击公式对象，选择快捷菜单中的“设置对象格式”命令，修改对象格式，如大小、版式、底色等。如再次编辑公式，可以双击公式，再次出现公式输入框和“公式”工具栏。

3.2.3　文档编辑

在文档中输入文本后，就要对文档进行编辑操作。编辑文档主要包括文本的选定、文本的插入与改写、复制、删除、移动、查找与替换、撤销、恢复和重复等。

1．文本的选定

（1）连续文本区的选定

将鼠标指针移动到待选定文本的开始处，按住鼠标左键拖动至待选定文本的结尾处，释放左键；或者单击待选定文本的开始处，同时按住【Shift】键，在结尾处再单击。被选中的文本呈反显状态。

（2）不连续多块文本区的选定

在选择一块文本之后，按住【Ctrl】键的同时，选择另外的文本，则多块文本被同时选中。

（3）文档的一行、一段以及全文的选定

移动鼠标至文档左侧的文档选定区，鼠标形状变成空心斜向上的箭头时，单击可选中鼠标箭头所指向的一整行，双击可选中整个段落，连续单击三次可选中全文。

（4）要选定整个文档

具有以下几种方法：

方法 1：按住【Ctrl】键，单击文档选定区的任何位置。

方法 2：按【Ctrl+A】组合键。

方法 3：单击“开始”选项卡，在“编辑”功能组中单击“选择”按钮，在下拉列表中选择“全选”选项。

2．文本的插入与改写

插入与改写是输入文本时的两种不同的状态，在“插入”状态下插入文本时，插入点右侧的文本将随着新输入文本自动向右移动，即新输入的文本插入到原来的插入点之前；而在“改写”状态时，插入点右边的文本被新输入的文本所替代。

按【Insert】键或双击文档窗口底部状态栏的“改写”按钮，都可以在这两种状态之间进行切换。

3．文本的复制

复制文本常使用如下两种方法：

使用鼠标复制文本：选定待复制的文本，按住鼠标左键的同时按住【Ctrl】键进行拖动，至目标位置，释放鼠标左键即可。

使用剪贴板复制文本：选定要复制的文本，在“开始”选项卡中单击“剪贴板”功能组中的“复制”按钮，或选择其右键快捷菜单中的“复制”命令；将光标移至目标位置，单击“剪贴板”功能组中的“粘贴”按钮，或选择其右键快捷菜单中的“粘贴”命令。

4. 文本的删除

如果要删除一个字符，可以将插入点移动到要删除字符的左边，然后按【Delete】键，也可以将插入点移动到要删除字符的右边，然后按【Backspace】键。

要删除一个连续的文本区域，首先选定要删除的文本，然后按【Backspace】键或按【Delete】键均可。

5. 文本的移动

移动文本常使用如下两种方法：

① 使用鼠标移动文本：选定待移动的文本，按住鼠标左键拖动至目标位置，释放鼠标左键即可。

② 使用剪贴板移动文本：选择要移动的文本，在“开始”选项卡中单击“剪贴板”功能组中的“剪切”按钮，或选择其右键快捷菜单中的“剪切”命令；将光标移至目标位置，单击“剪贴板”功能组中的“粘贴”按钮，或选择其右键快捷菜单中的“粘贴”命令。

6. 文本的查找与替换

查找与替换是编辑中最常用的操作之一。通过查找功能可以帮助用户快速找到文档中的某些内容，以便进行相关操作。替换是在查找的基础上，将找到的内容替换成用户需要的内容。Word 允许文本的内容与格式完全分开，所以用户不但可以在文档中查找文本，也可以查找指定格式的文本或者其他特殊字符，还可以查找和替换单词的不同形式，不但可以进行内容的替换，还可以进行格式的替换。

在进行查找和替换操作之前，在弹出的“查找和替换”对话框中，单击“更多”按钮，可以设置相应的搜索规则，需注意“搜索选项”选项组中的各个选项的含义，如图 3-24 和表 3-1 所示。

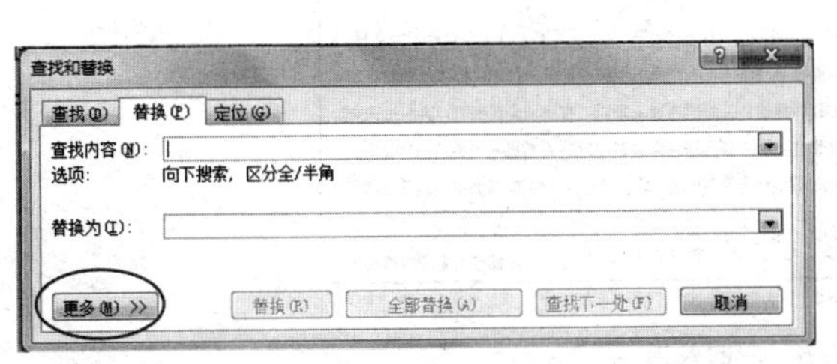

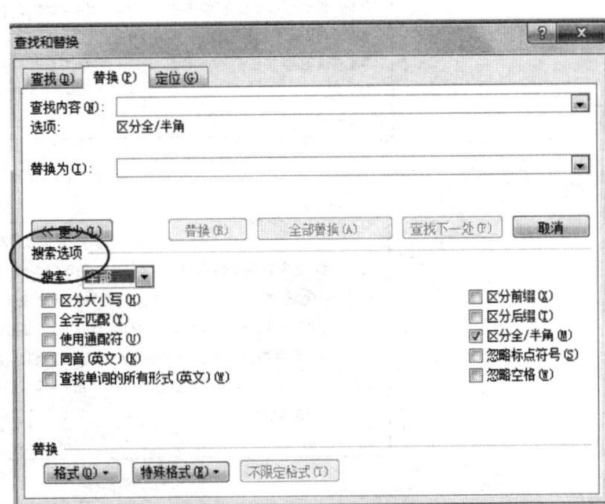

图 3-24 “查找和替换”对话框及“搜索选项”选项组

表 3-1 “搜索选项”栏中主要选项的含义

选 项 名 称	操 作 含 义
全部	整篇文档
向上	插入点到文档的开始处
向下	插入点到文档的结尾处
区分大小写	查找或替换字母时需区分字母的大小写
全字匹配	在查找中，只有完整的词才能被找到
使用通配符	可用“?”或“*”分别代表任意一个字符或任意一个字符串
区分全角/半角	在查找或替换时，所有字符需区分全角/半角
忽略空格	在查找或替换时，所有空格将被忽略

查找与替换的操作步骤如下：

① 打开需要进行查找或者替换的文档。

② 用下面 3 种方法之一可弹出“查找和替换”对话框：

- 在“开始”选项卡的“编辑”功能组中单击“查找”按钮，选择“高级查找”选项。
- 在“开始”选项卡的“编辑”功能组中单击“替换”按钮。
- 单击状态栏中的“页面”按钮。

③ 在“查找和替换”对话框中选择“查找”选项卡，在“查找内容”文本框中输入要查找的文本，单击“查找下一处”按钮。如果需要替换新的内容，选择“替换”选项卡，在“替换为”文本框中输入用于替换的文本，然后单击“替换”或“全部替换”按钮，如图 3-24 所示。

④ 如果需要查找和替换格式时，单击“更多”按钮，扩展对话框，进行格式设置，如图 3-24 所示。

【例 3-2】查找与替换，要求将如图 3-25（a）所示的文档中除标题外的“趋势”替换成“大趋势”，替换字体颜色为“红色”、字形为“粗体”、带“粗下画线”，效果如图 3-25（b）所示。且将文档保存在“我的文档”中，文件名为 Word1.doc。

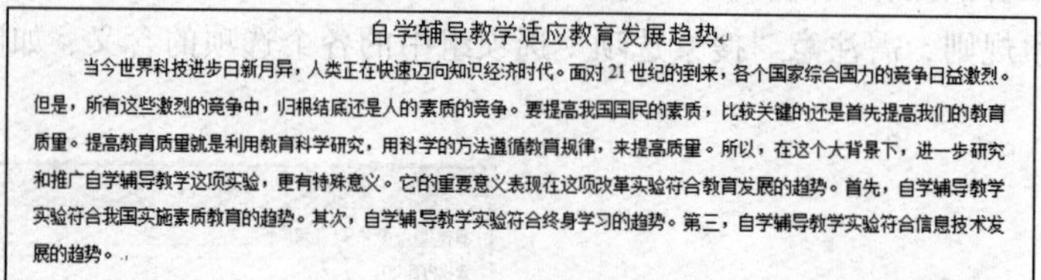

自学辅导教学适应教育发展趋势

当今世界科技进步日新月异，人类正在快速迈向知识经济时代。面对 21 世纪的到来，各个国家综合国力的竞争日益激烈。但是，所有这些激烈的竞争中，归根结底还是人的素质的竞争。要提高我国国民的素质，比较关键的还是首先提高我们的教育质量。提高教育质量就是利用教育科学研究，用科学的方法遵循教育规律，来提高质量。所以，在这个大背景下，进一步研究和推广自学辅导教学这项实验，更有特殊意义。它的重要意义表现在这项改革实验符合教育发展的趋势。首先，自学辅导教学实验符合我国实施素质教育的趋势。其次，自学辅导教学实验符合终身学习的趋势。第三，自学辅导教学实验符合信息技术发展的趋势。

——摘自《中国教育报》

（a）文档中的文字

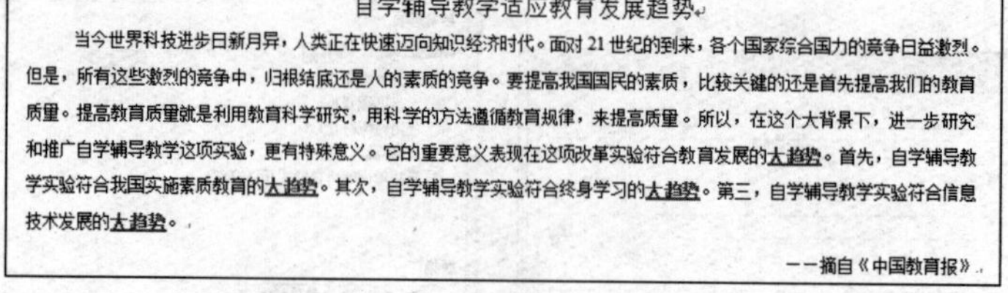

自学辅导教学适应教育发展趋势

当今世界科技进步日新月异，人类正在快速迈向知识经济时代。面对 21 世纪的到来，各个国家综合国力的竞争日益激烈。但是，所有这些激烈的竞争中，归根结底还是人的素质的竞争。要提高我国国民的素质，比较关键的还是首先提高我们的教育质量。提高教育质量就是利用教育科学研究，用科学的方法遵循教育规律，来提高质量。所以，在这个大背景下，进一步研究和推广自学辅导教学这项实验，更有特殊意义。它的重要意义表现在这项改革实验符合教育发展的**大趋势**。首先，自学辅导教学实验符合我国实施素质教育的**大趋势**。其次，自学辅导教学实验符合终身学习的**大趋势**。第三，自学辅导教学实验符合信息技术发展的**大趋势**。

——摘自《中国教育报》

（b）“查找和替换”后的效果

图 3-25 查找和替换案例

操作步骤如下：

① 新建一个空白文档，并在文档中输入图 3-25（a）所示的文字内容。

② 单击“开始”选项卡“编辑”功能组中的“替换”按钮，弹出“查找和替换”对话框。

③ 在“查找内容”文本框中输入“趋势”，在“替换为”文本框中输入“大趋势”。

④ 单击“更多”按钮，扩展对话框。再将光标定位于“替换为”文本框，选择“格式”按钮菜单中的“字体”命令，在弹出的“查找字体”对话框中设置字体格式为加粗、粗下画线和字体颜色：红色，如图 3-26 所示。

⑤ 单击“替换”按钮，结果如图 3-25（b）所示。

⑥ 以 Word1.doc 为文件名，将文档保存在“我的文档”中。

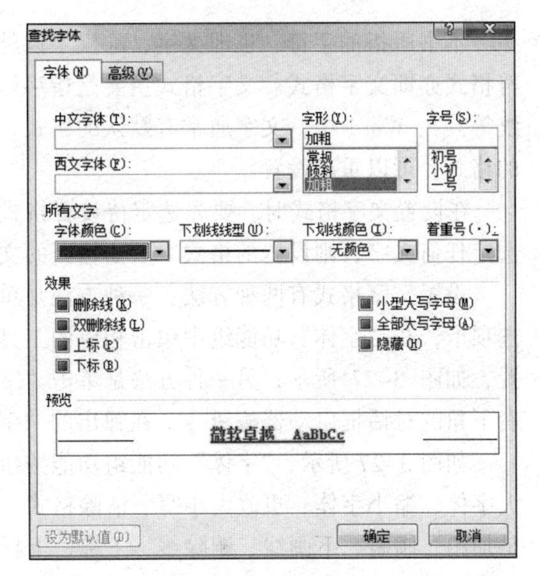

图 3-26 设置字体

查找和替换中的替换操作，不仅可以替换内容，还可以同时替换内容和格式，甚至可以只进行格式的替换。

7. 撤销、恢复或重复

向文档中输入一串文本，如“自学辅导与教学”，快速工具栏上会出现“撤销键入”和“重复键入”两个按钮，如果单击“重复键入”按钮，则在插入点处重复输入这一串文本，如果单击“撤销键入”按钮，刚输入的文本被清除，同时，“重复键入”按钮变成了“恢复键入”按钮，单击“恢复键入”按钮后，刚刚清除的文本重新恢复到文档中。

按钮中的“键入”两个字是随着操作的不同而变化的，例如，如果执行的是删除文本，则命令变成“撤销清除”和“重复清除”。

使用“撤销命令”按钮可以撤销编辑操作中最近一次的误操作，而“恢复命令”按钮则可以恢复被撤销的操作。

单击“撤销”按钮右侧的下三角按钮，在弹出的下拉列表项中记录了最近各次的编辑操作，最上面的一次操作是最近的一次操作，如果直接单击“撤销”按钮，则撤销的是最近一次的操作，如果在下拉菜单中选择某次操作进行恢复，则下拉列表项中这次操作之上（即操作之后）的所有操作也被恢复。

3.3 Word 2010 文档排版操作

文本输入编辑完成以后，就可以进行排版操作。排版就是设置各种格式，Word 中的排版操作最大的特点是“所见即所得”，排版效果立即就可以在窗口中看到。

排版操作主要包括字符格式、段落格式和页面格式的设置。本节主要介绍字符格式和段落格式的设置，页面格式的设置放在下一节介绍。

3.3.1 字符格式设置

本书所指的字符，也即文字，除汉字以外还包括字母、数字、标点符号、特殊符号等，字符格式亦即文字格式。文字格式主要是指字体、字号、倾斜、加粗、下画线、颜色、边框和底纹等。在 Word 中，文字通常有默认的格式，在输入文字时采用默认的格式，如果要改变文字的格式，可以重新设置。

在设置文字格式时，要先选定待设置格式的文字，然后再进行设置，如果在设置之前没有选定任何文字，则设置的格式对后面输入的文字有效。

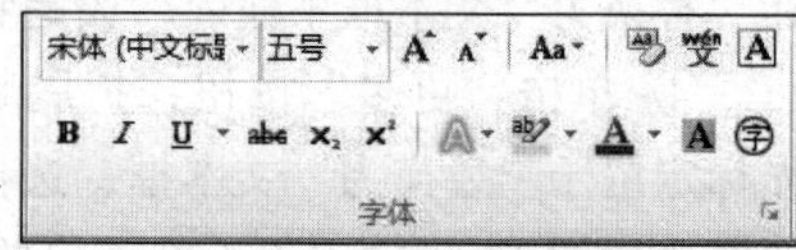

图 3-27 “字体”功能组

设置文字格式有两种方法：一种方法是单击“开始”选项卡，在“字体”功能组中单击相应的工具按钮进行设置，如图 3-27 所示；另一种方法是单击“字体”功能组右下角的对话框启动器按钮，在弹出的“字体”对话框中进行设置，如图 3-28 所示。

如图 3-27 所示，“字体”功能组功能按钮分两行，第一行从左到右分别是字体、字号、增大字体、缩小字体、更改大小写、清除格式、拼音指南和字符边框按钮，第二行从左到右分别是加粗、倾斜、下画线、删除线、下标、上标、文本效果、以不同颜色突出显示文本、字体颜色、字符底纹和带圈字符按钮。

1．设置字体和字号

在 Word 2010 中，默认的字体和字号，对于汉字分别是宋体（中文正文）、五号，对于西文字符分别是 Calibri（西文正文）、五号。

字体和字号的设置，分别用“开始”选项卡的“字体”功能组或者“字体”对话框中的“字体”和“字号”下拉列表框都可以进行，其中在对话框中对字体设置时，中文和西文字体可分别进行设置。在“字体”下拉列表框中列出了可以使用的字体，包括汉字和西文，显示的内容在列出字体名称的同时又显示了该字体的实际外观，如图 3-29 所示。

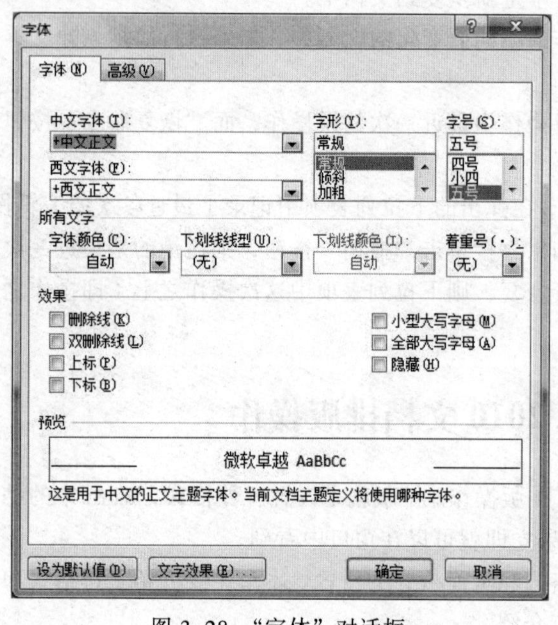

图 3-28 “字体”对话框

图 3-29 “字体”下拉列表框

设置字号时，可以使用中文格式，以“号”作为字号单位，如“初号”“五号”“小五号”等，也可以使用数字格式，以“磅”作为字号单位，如“5”表示5磅、“6.5”表示6.5磅等。

① 在Word 2010中，中文格式的字号最大为“初号”；数字格式的字号最大为“72”。

② 字号的中文格式（从“初号”至“八号”，共16种）字号越小字越大。

③ 字号的数字格式（从“5”至“72”，共21种）字号越大字越大。

由于1磅=1/72英寸，而1英寸≈25.4 mm，因此，1磅≈0.353 mm。

设置中文字体类型对中英文均有效，而设置英文字体类型仅对英文有效。

2. 设置字形和颜色

文字的字形包括常规、倾斜、加粗和加粗倾斜4种，字形可使用“开始”选项卡“字体”功能组中的“加粗”按钮和“倾斜”按钮进行设置，如图3-30所示。字体的颜色可使用“开始”选项卡“字体”功能组中“字体颜色”按钮的下拉列表进行设置，如图3-31所示。文字的字形和颜色还可使用“字体”对话框进行设置。

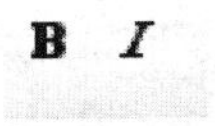

B *I*

图3-30 “加粗”和“倾斜”按钮

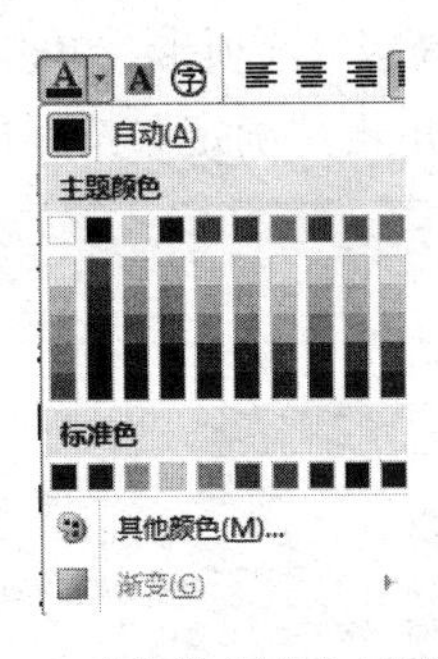

图3-31 “字体颜色”下拉列表

3. 设置下画线和着重号

在“字体”对话框的“字体”选项卡中可以对文本设置不同类型的下画线，也可以设置着重号，如图3-32所示。在Word 2010中默认的着重号为“.”号。

设置下画线最直接的方法，还是使用“字体”功能组中的“下画线”按钮。

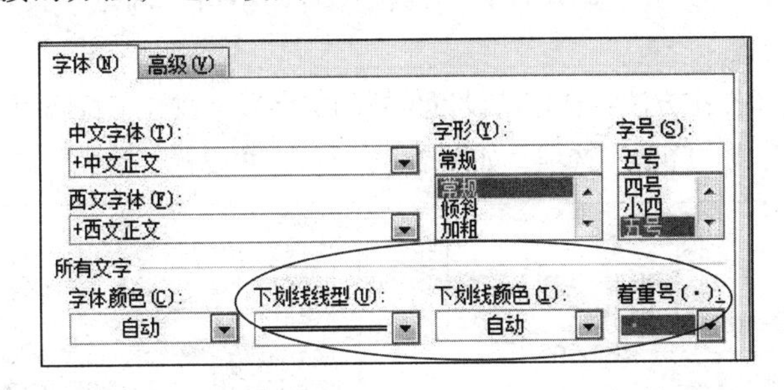

图3-32 “字体”对话框的下画线和着重号

4. 设置文字特殊效果

文字特殊效果包括“删除线”“双删除线”“上标”“下标”等。文字特殊效果的设置方法为：选定文字后，在“字体”对话框中选择“字体”选项卡，然后在“效果”选项组中选择需要的效果项，单击“确定”按钮，如图3-33所示。

如果只是对文字加删除线、设置上标或下标，直接使用“字体”功能组中的删除线、上标或下标按钮即可，如图 3-34 所示。

图 3-33 “字体”对话框中的“效果”选项组　　图 3-34 “字体”功能组中的按钮

5. 设置字符间距

用户在使用 Word 2010 的过程中，有时为了满足某些特殊的要求，需要加大文字的间距、对文字进行缩放及提升文字的位置等。在“字体”对话框中选择“高级”选项卡，如图 3-35 所示，在“字符间距”选项组中可设置文字的缩放、间距和位置。

（1）缩放字符

所谓缩放字符，是指将字符本身加宽或变窄。具体操作方法：选定待缩放的文字后，在“字体”对话框中选择“高级”选项卡，单击“字符间距”选项组中的“缩放”下拉按钮，如图 3-36 所示，选定缩放值后单击“确定”按钮即可。

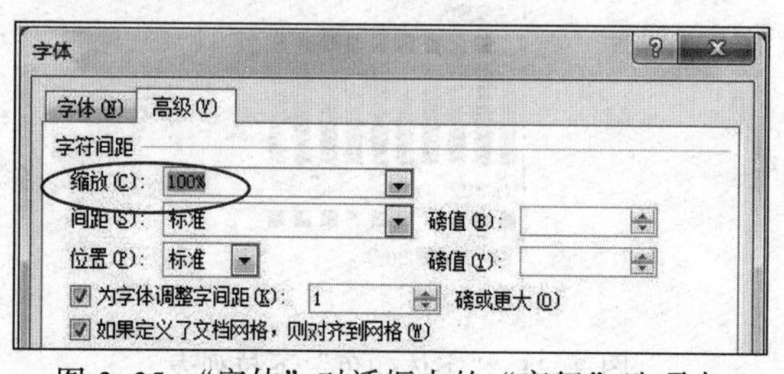

图 3-35 “字体”对话框中的“高级”选项卡

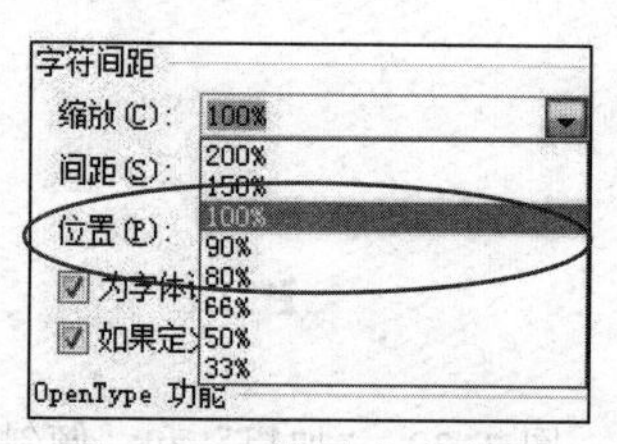

图 3-36 设置文字缩放

（2）设置字符的间距

设置字符间距的具体操作方法：选定待设置间距的文字后，在“字体”对话框中选择“高级”选项卡，如图 3-35 所示。在“字符间距”选项组的“间距”下拉列表框中选择“加宽”或“紧缩”选项，如图 3-37 所示，并设置“磅值”后，单击“确定”按钮。

（3）设置字符的位置

设置字符位置的具体操作方法：选定待设置位置的文字后，在“字符间距”选项组的“位置”下拉列表框中选择“提升”或“降低”选项，如图 3-38 所示，并设置“磅值”后，单击“确定”按钮。

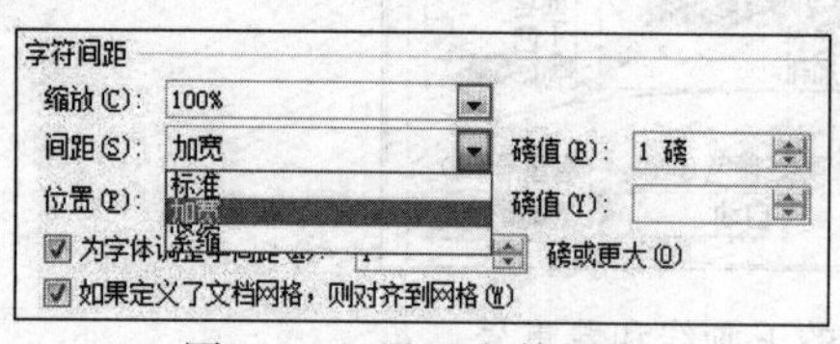

图 3-37 设置字符间距

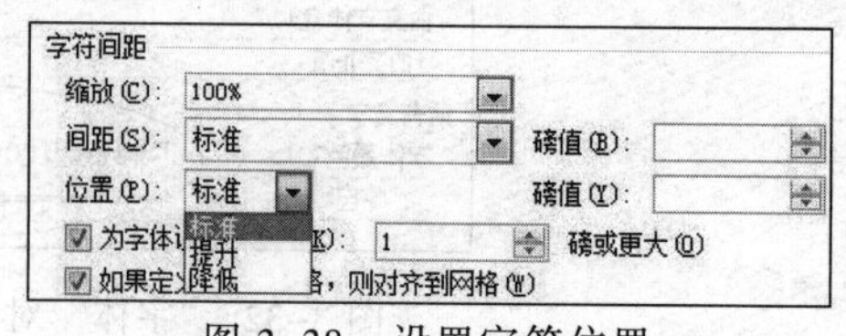

图 3-38 设置字符位置

6. 设置字符边框和字符底纹

设置边框和底纹都是为了使内容更加醒目突出。在 Word 2010 中，可以添加的边框有 3 种，分别为字符边框、段落边框和页面边框；可以添加的底纹有字符底纹和段落底纹。页面边框、段落边框和段落底纹放在后面介绍。

（1）设置字符边框

① 给字符设置系统默认的边框，方法：选定文字后，直接在“开始”选项卡单击“字体”功能组中的“字符边框”按钮即可。

② 给字符设置用户自定义的边框，方法：选定待设置边框的文字后，单击“页面布局”选项卡，在“页面背景”功能组中单击“页面边框”按钮，弹出“边框和底纹”对话框，选择“边框”选项卡，在“设置”选择组中选择方框类型后，再设置方框的“样式”“颜色”和“宽度”；在“应用于”下拉列表框中选择“文字”选项后，如图 3-39 所示，单击“确定”按钮。

（2）设置字符底纹

① 给字符设置系统默认的底纹，方法：选定文字后，直接在“开始”选项卡单击“字体”功能组中的“字符底纹”按钮即可。

② 给字符设置用户自定义的底纹，方法：在弹出的“边框和底纹”对话框中选择“底纹”选项卡，在“填充”选项组选择颜色，或在“图案”选项组设置“样式”；再在“应用于”下拉列表框中选择“文字”选项，如图 3-40 所示，然后单击“确定”按钮即可。

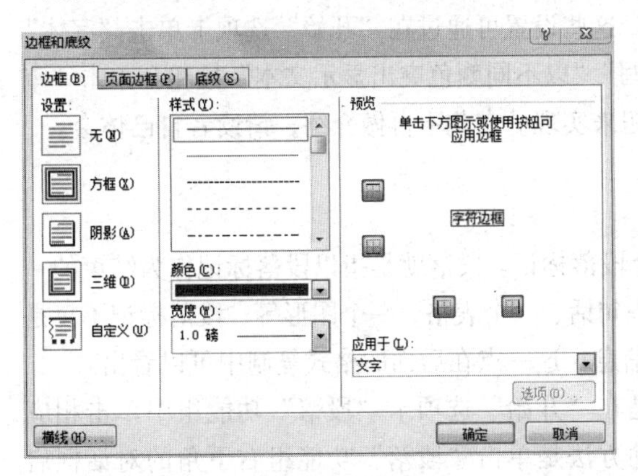

图 3-39　设置字符边框

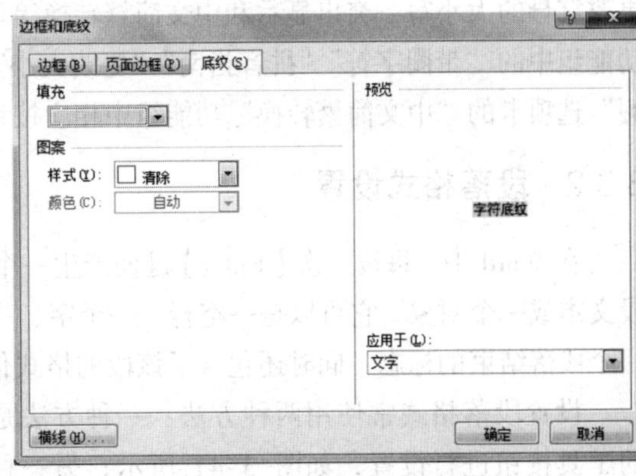

图 3-40　设置字符底纹

7. 字符格式的复制和清除

（1）复制字符格式

如果文档中有若干不连续的文本段要设置相同的字符格式，可以先对其中一段文本设置格式，然后使用格式复制的功能将一个文本设置好的格式复制到另一个文本上。显然，设置的格式越复杂，使用格式复制的方法效率也就越高。

复制格式需要使用“开始”选项卡的“剪贴板”功能组中的“格式刷”按钮完成。“格式刷”不仅可以复制字符格式，还可以复制段落格式。

① 一次复制字符格式的过程如下：

a. 选定已设置好字符格式的文本。

b. 在“开始”选项卡单击“剪贴板”功能组中的“格式刷”按钮，此时，该按钮呈下沉显示，鼠标变成一把刷子形状。

c. 将光标移动到待复制字符格式的文本的开始处，拖动鼠标直到待复制字符格式的文本结尾处，释放鼠标完成格式复制。

② 多次复制字符格式的过程如下：

a．选定已设置好字符格式的文本。

b．在“开始”选项卡双击“剪贴板”功能组中的“格式刷”按钮，此时，该按钮呈下沉显示，鼠标指针变成一把刷子形状。

c．将光标移动到待复制字符格式的文本开始处，拖动鼠标直到待复制字符格式的文本结尾处，然后释放鼠标。

d．重复上述操作对不同位置的文本进行格式复制。

e．复制完成后，再次单击“格式刷”按钮结束格式的复制。

（2）清除字符格式

格式的清除是指将用户所设置的格式恢复到默认的状态，可以使用以下方法：

方法 1：选定待使用默认格式的文本，然后用格式刷将该格式复制到要清除格式的文本。

方法 2：选定待清除格式的文本，然后在“开始”选项卡单击“字体”功能组中的“清除格式”按钮或按【Ctrl+Shift+Z】组合键。

字符除进行上述的字体字号等的设置外，还可进行一些其他设置，主要包括：带圈字符、拼音、更改字母的大小写、突出显示和中文简繁转换等。这些设置可通过在“开始”选项卡单击“字体”功能组中的“带圈字符”“拼音指南”“更改大小写”“以不同颜色突出显示文本”按钮和单击“审阅”选项卡的“中文简繁转换”功能组中相应按钮来实现。在此不再做介绍，请读者自己体会。

3.3.2 段落格式设置

在 Word 中，每按一次【Enter】键便产生一个段落标记。段落就是指以段落标记作为结束的一段文本或一个对象，它可以是一空行、一个字、一句话、一个表格、一个图形等。段落标记不仅是一个段落结束的标志，同时还包含了该段的格式信息，这一点在后面的格式复制中可以看出。

设置段落格式常使用两种方法：一种方法是在“开始”选项卡“段落”功能组中单击相应的工具按钮进行设置，如图 3-41 所示；另一种方法是单击“段落”功能组右下角的对话框启动器按钮，在弹出的“段落”对话框中进行设置，如图 3-42 所示。

图 3-41 “段落”功能组

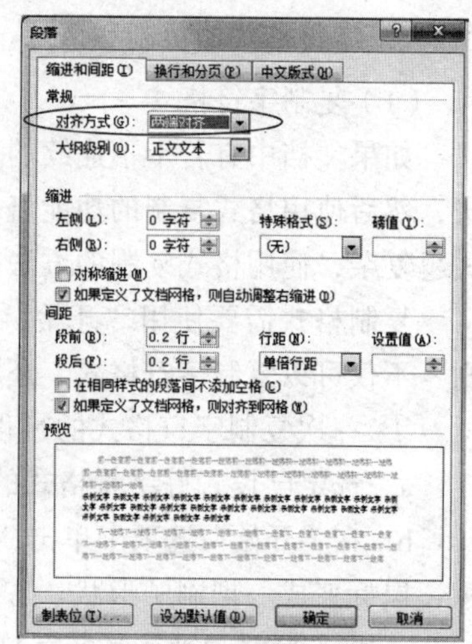

图 3-42 “段落”对话框

如图 3-41 所示，“段落”功能组功能按钮分两行，第一行从左到右分别是“项目符号”“编号”“多级列表”“减少缩进量”“增加缩进量”“中文版式”“排序”和“显示/隐藏编辑标记”按钮，第二行从左到右分别是“文本左对齐”“居中”“文本右对齐”“两端对齐”“分散对齐”“行和段落间距”“底纹”和“下框线”按钮。

段落格式的设置包括缩进、对齐方式、段间距与行距、边框与底纹以及项目符号与编号等。

在 Word 中，进行段落格式设置前需先选定段落，当只对某一个段落进行格式设置时，只需将光标定位到该段的任一位置即可；如果要对多个段落进行格式设置，则必须先选定待设置格式的所有段落。

1. 设置对齐方式

Word 段落的对齐方式有“两端对齐”“左对齐”“居中”“右对齐”和“分散对齐”5 种。

（1）5 种对齐方式各自的特点

① 两端对齐：使文本按左、右边距对齐，并自动调整每一行的空格。

② 左对齐：使文本向左对齐。

③ 居中：段落各行居中，一般用于标题或表格中的内容。

④ 右对齐：使文本向右对齐。

⑤ 分散对齐：使文本按左、右边距在一行中均匀分布。

（2）设置对齐方式的操作方法

方法 1：选定待设置对齐方式的段落后，在“开始”选项卡单击“段落”功能组右下角的对话框启动器按钮，在弹出的“段落”对话框中选择“缩进和间距”选项卡，在“常规”选项组中的“对齐方式”下拉列表框中选定用户所需的对齐方式后，单击“确定”按钮，如图 3-42 所示。

方法 2：选定待设置对齐方式的段落后，单击“段落”功能组中的相应对齐按钮，如图 3-41 所示。

2. 设置缩进方式

段落缩进方式共有 4 种，分别是首行缩进、悬挂缩进、左缩进和右缩进。其中首行缩进和悬挂缩进控制段落的首行和其他行的相对起始位置，左缩进和右缩进则用于控制段落的左、右边界，所谓段落的左边界是指段落的左端与页面左边距之间的距离，段落的右边界是指段落的右端与页面右边距之间的距离。

前面在输入文本中，当输入到一行的末尾时会自动另起一行，这是因为在 Word 中默认的是以页面的左、右边距作为段落的左、右边界，通过左缩进和右缩进的设置，可以改变选定段落的左、右边距。下面就段落的 4 种缩进方式进行说明。

① 左缩进：实施左缩进操作后，被操作段落整体向右侧缩进一定的距离。左缩进的数值可以为正数也可以为负数。

② 右缩进：与左缩进相对应，实施右缩进操作后，被操作段落整体向左侧缩进一定的距离。右缩进的数值可以为正数也可以为负数。

③ 首行缩进：实施首行缩进操作后，被操作段落的第一行相对于其他行向右侧缩进一定距离。首行缩进的数值必须介于 0～55.87 cm。

④ 悬挂缩进：悬挂缩进与首行缩进相对应。实施悬挂缩进操作后，各段落除第一行以外的其余行，向左侧缩进一定距离。悬挂缩进的数值同样必须介于 0～55.87 cm，如图 3-43 所示。

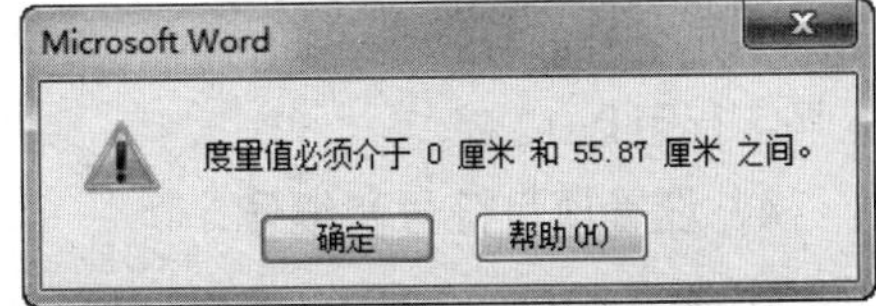

图 3-43　首行缩进和悬挂缩进的数值范围

缩进的操作方法：

① 通过标尺进行缩进：选定待设置缩进方式的段落后，拖动水平标尺（横排文本时）或垂直标尺（纵排文本时）上的相应滑块到合适的位置；在拖动滑块过程中，如果按住【Alt】键，可同时看到拖动的数值。

在水平标尺上有3个缩进标记（其中悬挂缩进和左缩进为一个缩进标记），如图3-44所示，但可进行4种缩进，即悬挂缩进、首行缩进、左缩进和右缩进。

现对这3个缩进标记的操作做如下说明：

- 鼠标拖动首行缩进标记，用以控制段落的第一行第一个字的起始位置。
- 鼠标拖动左缩进标记，用以控制段落的第一行以外的其他行的起始位置。
- 鼠标拖动右缩进标记，用以控制段落右缩进的位置。

② 通过"段落"对话框进行缩进。具体操作步骤：选定待设置缩进方式的段落后，在"开始"选项卡单击"段落"功能组中的对话框启动器按钮，在弹出的"段落"对话框中选择"缩进和间距"选项卡，在"缩进"选项组中设置相关的缩进值后，单击"确定"按钮，如图3-45所示。

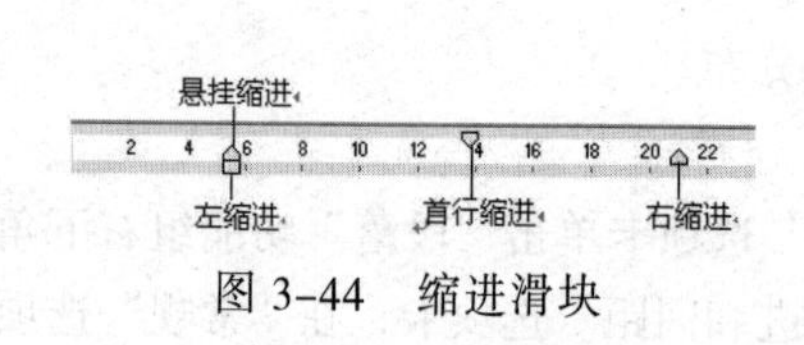

图3-44　缩进滑块

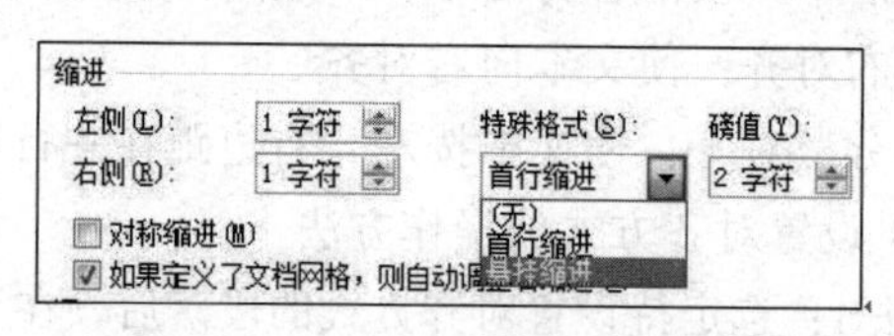

图3-45　用对话框进行缩进设置

③ 通过"段落"功能组按钮进行缩进：选定待设置缩进方式的段落后，通过单击"减少缩进量"按钮或"增加缩进量"按钮进行缩进操作。

3．设置段间距和行距

设置段间距和行距是文档排版中最重要一步操作，首先要搞清楚段间距和行距两个重要的基本概念。

① 段间距：指段与段之间的距离。段间距包括段前间距和段后间距，段前间距是指选定段落与前一段落之间的距离；段后间距是指选定段落与后一段落之间的距离。

② 行距：指各行之间的距离。行距包括单倍行距、1.5倍行距、2倍行距、多倍行距、最小值和固定值。

段间距和行距的设置方法：

方法1：选定待设置段间距和行距的段落后，在"开始"选项卡单击"段落"功能组中的对话框启动器按钮，在弹出的"段落"对话框中选择"缩进和间距"选项卡，在"间距"选项组中设置"段前""段后"间距和"行距"，如图3-46所示。

方法2：选定待设置段间距和行距的段落后，单击"段落"功能组中的"行和段落间距"按钮设置段间距和行距，如图3-47所示。

不同字号的行距是不同的。一般来说字号越大行距也越大。默认的固定值以磅值为单位，五号字行距是12磅。

4．设置项目符号和编号

在Word中，有时为了让文本内容更具条理性和可读性，往往需要给文本内容添加项目符号和编号。项目符号和编号的区别在于：项目符号是一组相同的特殊符号，而编号是一组连续的数字或字母。很多时候，系统会自动给文本自动添加编号，但更多时候需要用户手动添加。

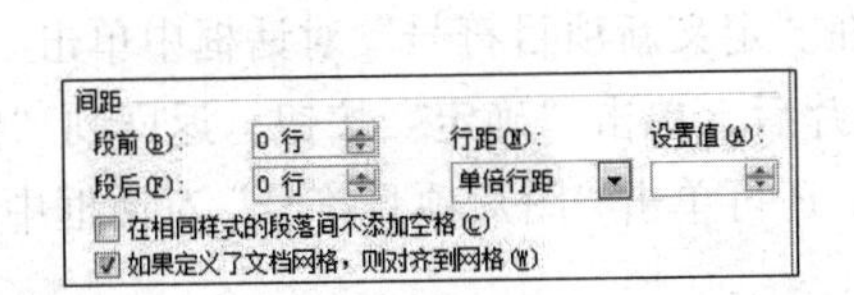

图 3-46 用对话框设置段间距和行距

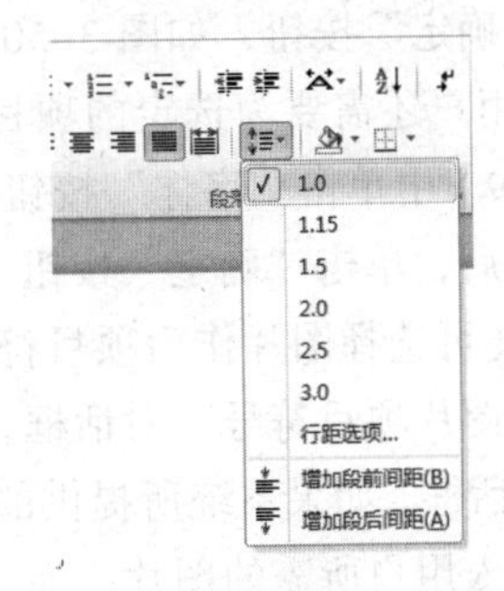

图 3-47 用功能按钮设置段间距和行距

添加项目符号或编号，可以在“段落”功能组中单击相应的功能按钮进行添加，还可以使用自动添加的方法。下面分别予以介绍。

方法 1：自动建立项目符号和编号。要自动创建项目符号和编号列表，应在输入文本前先输入一个项目符号或编号，后跟一个空格，再输入相应的文本，待本段落输入完成后按【Enter】键时，项目符号和编号会自动添加到下一并列段的开头。

例如，在输入文本前先输入一个星号（ * ），后跟一个空格，再输入文本，当按【Enter】键时，星号会自动转换成●，并且新的一段也自动添加了该符号；要创建编号列表，则先输入“a.”“1.”“1)”或“一、”等格式，后跟一个空格，然后输入文本，按【Enter】键时，新一段开头会接着上一段自动按顺序进行编号。

方法 2：用户设置项目符号和编号。选定待设置项目符号和编号的文本段后，单击“段落”功能组中的“项目符号”或“编号”右侧下三角按钮，在打开的“项目符号库”或“编号库”下拉列表中选择添加。

（1）设置项目符号

在“项目符号库”列表中的现有符号中选择一种需要的项目符号，单击该符号后，符号插入的同时，系统自动关闭该页面，如图 3-48 所示。

自定义项目符号的操作步骤：

① 如果给出的项目符号不能满足用户的要求，可在“项目符号库”列表中选择“定义新项目符号”选项，弹出“定义新项目符号”对话框，如图 3-49 所示。

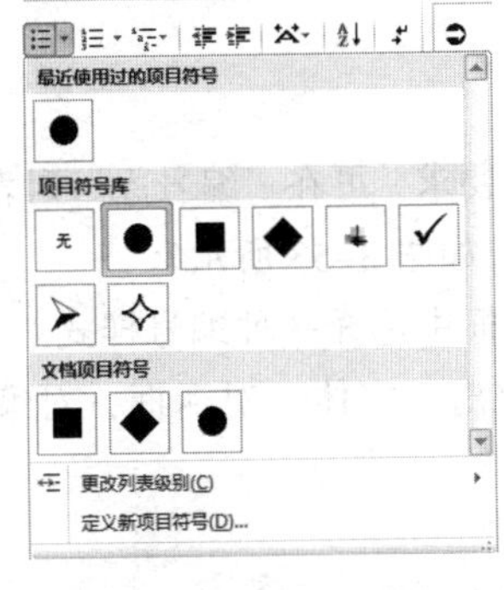

图 3-48 “项目符号库”列表

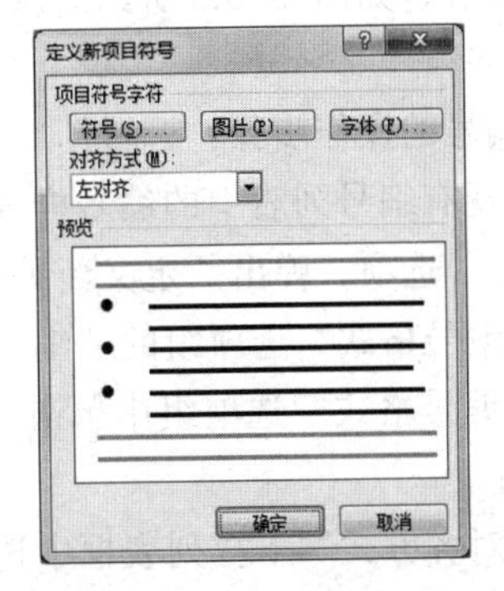

图 3-49 “定义新项目符号”对话框

② 在“定义新项目符号”对话框中单击“符号”按钮，弹出“符号”对话框，选择一种符号，单击“确定”按钮，如图 3-50 所示。

③ 如果用户还需要为选定的项目符号设置不同的颜色，可以在“定义新项目符号”对话框（见图 3-49）中单击“字体”按钮，弹出“字体”对话框，为符号设置颜色，如图 3-51 所示，设置完毕后，单击“确定”按钮，返回到“定义新项目符号”对话框。

④ 用户还可选择图片作为项目符号，方法是在“定义新项目符号”对话框中单击“图片”按钮，弹出“图片项目符号”对话框，选定一种图片后，单击“确定”按钮，返回到“定义新项目符号”对话框。如果系统所提供的图片不满意，还可单击“图片项目符号”对话框中的“导入”按钮，导入用户所需的图片。

⑤ 设置对齐方式，单击“确定”按钮，插入符号的同时系统自动关闭“定义新项目符号”对话框。

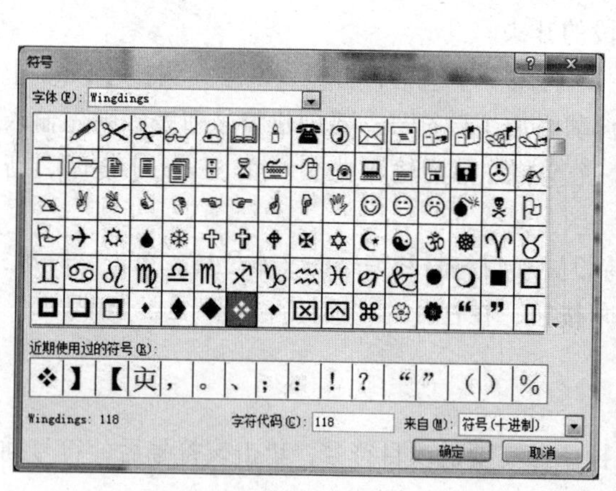

图 3-50 “符号”对话框

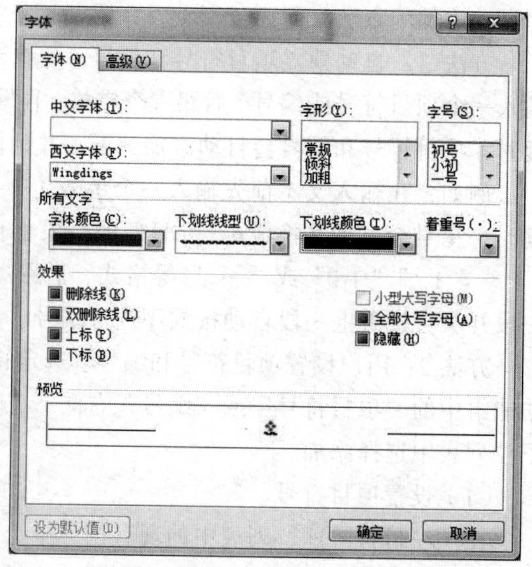

图 3-51 “字体”对话框

（2）设置编号

设置编号的一般方法：在“段落”功能组中单击“编号”按钮右侧的下三角按钮，打开“编号库”下拉列表，如图 3-52 所示。从现有编号列表中选定一种需要的编号后，即可完成编号设置。

自定义编号的操作步骤：

① 如果现有编号列表中的编号样式不能满足用户的要求，可在“编号库”列表中选择“定义新编号格式”选项，弹出“定义新编号格式”对话框，如图 3-53 所示。

② 在“编号格式”选项组的“编号样式”下拉列表框中选择一种编号样式。

③ 在“编号格式”选项组中单击“字体”按钮，弹出“字体”对话框，对编号的字体和颜色进行设置。

④ 在“对齐方式”下拉列表框中选择一种对齐方式。

⑤ 设置完成后，单击“确定”按钮，插入编号的同时系统自动关闭对话框。

5. 设置段落边框和段落底纹

在 Word 中，边框的设置对象可以是文字、段落、页面和表格；底纹的设置对象可以是文字、段落和表格。前面已经介绍了对字符设置边框和底纹的方法，下面将介绍设置段落边框、段落底纹和页面边框的方法。

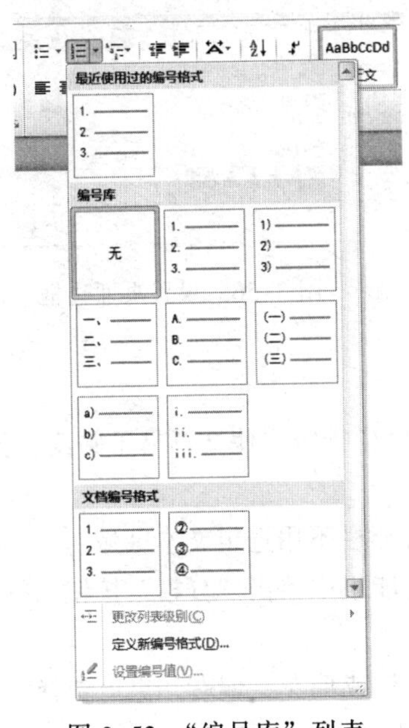

图 3–52 “编号库”列表

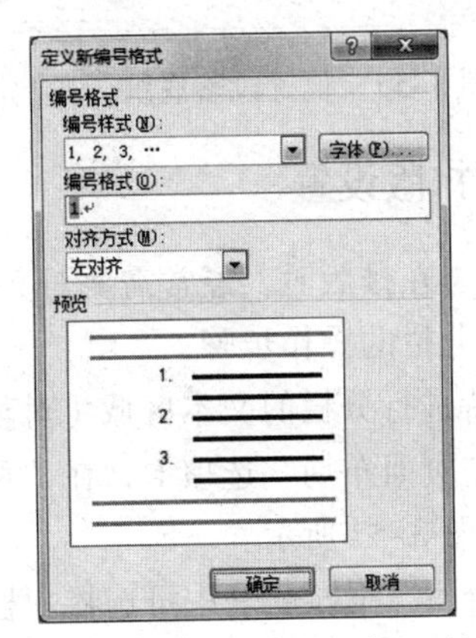

图 3–53 “定义新编号格式”对话框

（1）设置段落边框

选定待设置边框的段落后，在“页面布局”选项卡单击“页面背景”功能组中的“页面边框”按钮，弹出“边框和底纹”对话框，选择“边框”选项卡，在“设置”选项组中选择边框类型，然后选择“样式”“颜色”和“宽度”；在“应用于”下拉列表框中选择“段落”选项后，单击“确定”按钮，如图 3–54 所示。

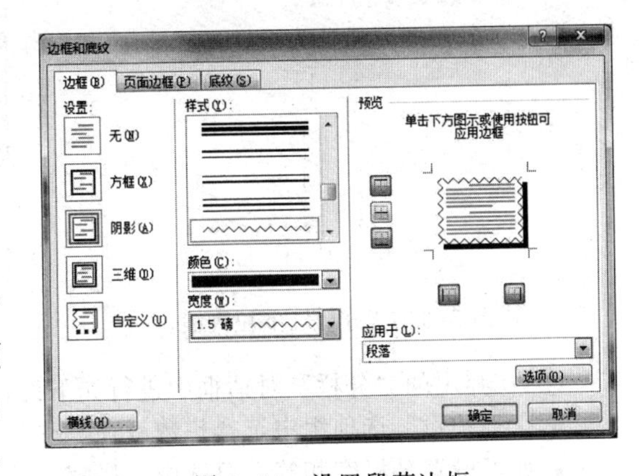

图 3–54 设置段落边框

（2）设置段落底纹

选定待设置底纹的段落后，在“边框和底纹”对话框中选择“底纹”选项卡，在“填充”选项组中选择一种填充色，然后选择“样式”“颜色”；在“应用于”下拉列表框中选择“段落”选项后，单击“确定”按钮，如图 3–55 所示。

（3）设置页面边框

将插入点定位在文档中的任意位置。选择“边框和底纹”对话框中的“页面边距”选项卡，可以设置普通页面边框，也可以设置“艺术型”页面边框，如图 3–56 所示。

（4）取消边框或底纹

先选择带边框和底纹的对象，将边框设置为“无”，底纹设置为“无填充颜色”即可。

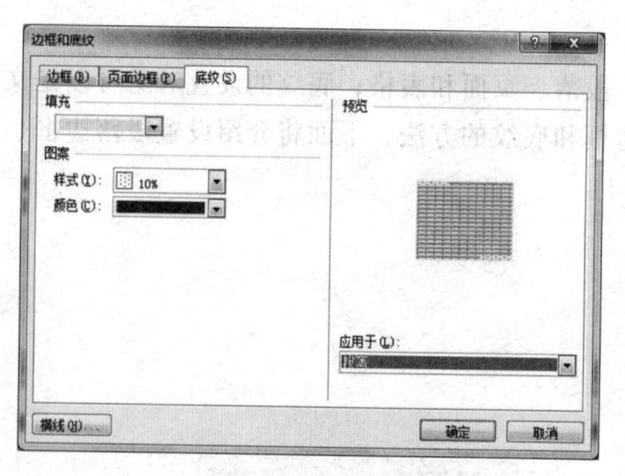

图 3-55　设置段落底纹

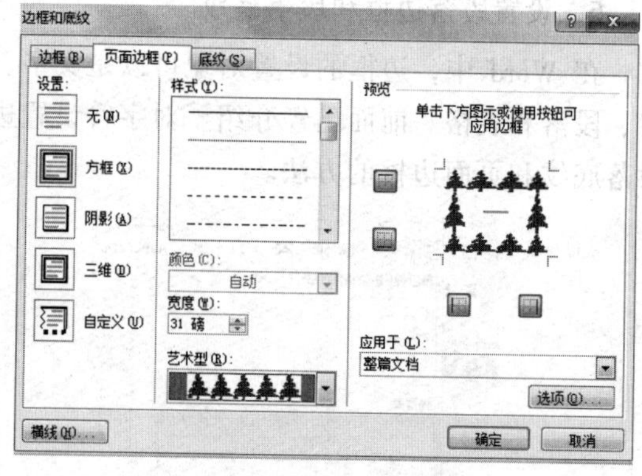

图 3-56　设置页面边框

3.3.3　分栏排版设置

报刊和杂志在排版时，经常需要对文章内容进行分栏排版，使文章易于阅读，页面更加生动美观。设置分栏的操作步骤：

① 选定待进行分栏的文本区域（对整篇文档进行分栏不用选定文本区域）。

② 单击“页面布局”选项卡，在“页面设置”功能组中单击“分栏”按钮，打开“分栏”下拉列表，如图 3-57 所示。

③ 在“分栏”下拉列表中可选择一栏、两栏、三栏或偏左、偏右，也可选择“更多分栏”选项，弹出“分栏”对话框，如图 3-58 所示。

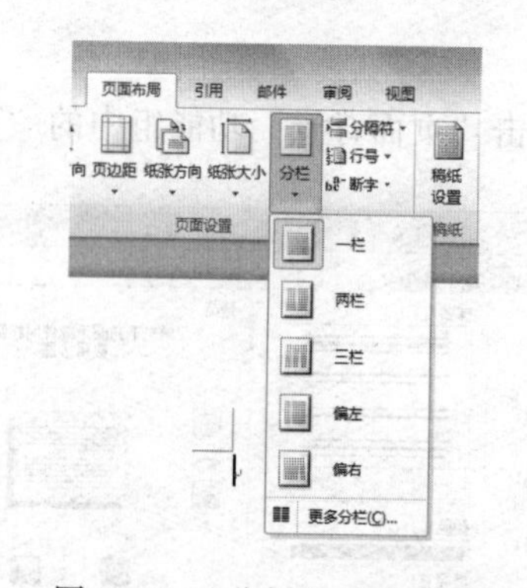

图 3-57　“分栏”下拉列表

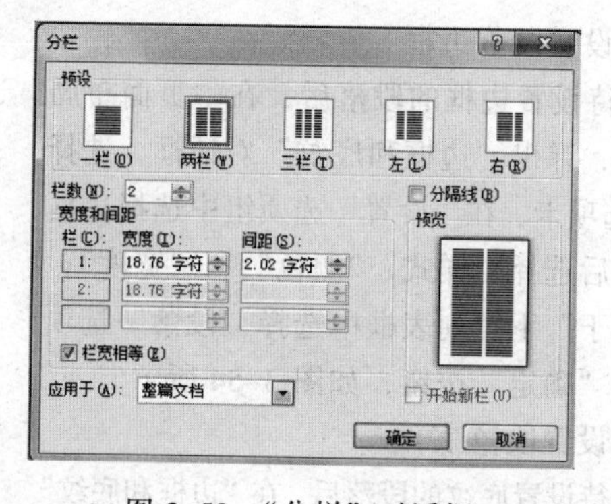

图 3-58　“分栏”对话框

④ 在弹出的“分栏”对话框中进行如下设置：

- 在“预设”选项组中选择栏数或在“栏数”数值框输入数字。
- 如果设置各栏宽相等，可选中“栏宽相等”复选框。
- 如果设置不同的栏宽，则取消选中“栏宽相等”复选框，各栏“宽度”和“间隔”可在相应数值框中输入和调节。
- 选中“分隔线”复选框，可在各栏之间加上分隔线。
- 在“应用于”下拉列表框中选择分栏设置的应用范围。
- 单击“确定”按钮，完成设置。

若要删除分栏，则需选中分栏的文本，设置为单栏即可。

3.3.4 首字下沉设置

首字下沉是指一个段落的第一个字采用特殊的格式显示，目的是使段落醒目，引起读者的注意。设置首字下沉的方法如下：

① 插入点移到待设置首字下沉的段落。

② 单击“插入”选项卡，在“文本”功能组中单击“首字下沉”按钮，在打开的“首字下沉”下拉列表中可选择“无”“下沉”“悬挂”或“首字下沉选项”选项，弹出“首字下沉”对话框，如图 3-59 和图 3-60 所示。

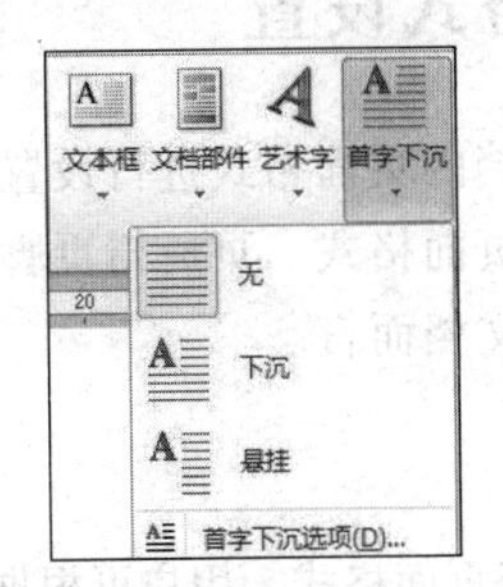

图 3-59 “首字下沉”下拉列表

图 3-60 “首字下沉”对话框

③ 在“首字下沉”对话框中可以进行下面的设置：

- 位置：有“无”“下沉”和“悬挂”3 种。选择“无”选项时，取消原来设置的首字下沉；选择“下沉”选项时，将段落的第一个字符设为下沉格式并与左页边距对齐，段落中的其余文字环绕在该字符的右侧和下方；选择“悬挂”选项时，将段落的第一个字符设为下沉并将其置于从段落首行开始的左页边距中。
- 选项：可以设置字体、下沉行数和距正文的距离。

④ 单击“确定”按钮完成设置。

【例 3-3】对图 3-61（a）中文档按要求完成以下字符、段落的格式化，最后效果如图 3-61（b）所示。

自学辅导教学适应教育发展**大趋势**

当今世界科技进步日新月异，人类正在快速迈向知识经济时代。面对 21 世纪的到来，各个国家综合国力的竞争日益激烈。但是，所有这些激烈的竞争中，归根结底还是人的素质的竞争。要提高我国国民的素质，比较关键的还是首先提高我们的教育质量。提高教育质量就是利用教育科学研究，用科学的方法遵循教育规律，来提高质量。所以，在这个大背景下，进一步研究和推广自学辅导教学这项实验，更有特殊意义。它的重要意义表现在这项改革实验符合教育发展的**大趋势**。

首先，自学辅导教学实验符合我国实施素质教育的**大趋势**。

当前及今后我们教育战线上面临的一项非常重要的任务，就是要全面推进素质教育，要特别重视培养学生的创新精神和实践能力。而旨在培养学生自学能力的自学辅导教学实验是为推行素质教育创造条件的一个重要方面。推进素质教育，减轻学生过重的学习负担，要从改进我们的教学方法和学习方法入手。如果我们用科学方法让学生在有限的时间内能够得到更多的知识，他们的能力成长得更快，那是我们所希望的。而所有能力当中，培养学生的自学能力或者说获取知识的能力，这是使他们终身受益的一项教育基础任务。自学辅导教学实验，其核心是提倡在教师指导下以学生自学为主，老师是引导他们而不是代替他们来学习，因此，进一步研究和实验这项教学改革对于推进我们正在实施的素质教育是有很大意义的。

（a）原始文档

自学辅导教学适应教育发展**大趋势**

当今世界科技进步日新月异，人类正在快速迈向知识经济时代。面对 21 世纪的到来，各个国家综合国力的竞争日益激烈。但是，所有这些激烈的竞争中，归根结底还是人的素质的竞争。要提高我国国民的素质，比较关键的还是首先提高我们的教育质量。提高教育质量就是利用教育科学研究，用科学的方法遵循教育规律，来提高质量。所以，在这个大背景下，进一步研究和推广自学辅导教学这项实验，更有特殊意义。它的重要意义表现在这项改革实验符合教育发展的**大趋势**。

首先，自学辅导教学实验符合我国实施素质教育的**大趋势**。

当前及今后我们教育战线上面临的一项非常重要的任务，就是要全面推进素质教育，要特别重视培养学生的创新精神和实践能力。而旨在培养学生自学能力的自学辅导教学实验是为推行素质教育创造条件的一个重要方面。推进素质教育，减轻学生过重的学习负担，要从改进我们的教学方法和学习方法入手。如果我们用科学方法让学生在有限的时间内能够得到更多的知识，他们的能力成长得更快，那是我们所希望的。而所有能力当中，培养学生的自学能力或者说获取知识的能力，这是使他们终身受益的一项教育基础任务。自学辅导教学实验，其核心是提倡在教师指导下以学生自学为主，老师是引导他们而不是代替他们来学习，因此，进一步研究和实验这项教学改革对于推进我们正在实施的素质教育是有很大意义的。

（b）格式化后的效果

图 3-61 例 3-3 效果图

① 将第一段设置为四号，居中对齐。

② 将第二段“当”设置为首字下沉，下沉行数 3 行，字体为华文行楷。

③ 为第二段设置段落边框，样式为：阴影、1 磅、黑色、单实线，以及浅黄色的段落底纹。

④ 将第三段段间距设置为段前 0.5 行，段后 1 行。

⑤ 将第四段“当”设置为首字下沉，下沉行数 2 行，字体为华文行楷。

⑥ 将第四段的行距设置为 1.5 倍。

⑦ 为第四段设置字符边框，样式为：1 磅、黑色、单实线，以及浅绿色的字符底纹。

3.4 Word 2010 页面格式设置

当文档编辑排版完成以后需要打印时，一般都要对文档的页面格式进行设置，因为它会直接影响到文档的打印效果。文档的页面格式设置主要包括页面格式、页眉与页脚、分页与分节以及预览与打印等的设置。页面格式设置一般是针对整个文档而言。

3.4.1 页面格式设置

Word 在新建文档时，采用默认的页边距、纸型、版式等页面格式。用户可根据需要重新设置页面格式。用户设置页面格式时，首先必须单击“页面布局”选项卡，打开“页面设置”功能组，如图 3-62 所示。“页面设置”功能组从左到右排列的功能按钮分别是：“文字方向”“页边距”“纸张方向”“纸张大小”“分栏”，再从上到下分别是：“分隔符”“行号”和“断字”。设置页面格式可单击“页边距”“纸张方向”和“纸张大小”等功能按钮进行，也可单击“页面设置”功能组右下角的对话框启动器按钮，在弹出的“页面设置”对话框中进行设置。在此我们仅介绍利用“页面设置”对话框设置页面格式。

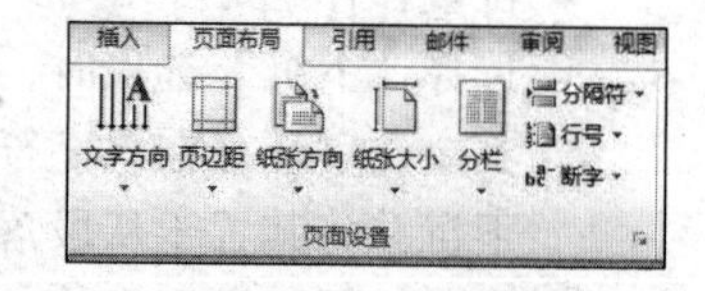

图 3-62 “页面设置”功能组

1. 设置纸型

在“页面设置”对话框中选择“纸张”选项卡，在“纸张大小”下拉列表框中选择纸张类型；在“宽度”和“高度”文本框中自定义纸张大小；在“应用于”下拉列表框中选择页面设置所适用的文档范围，如图 3-63 所示。

2. 设置页边距

页边距是指文本区和纸张边沿之间的距离，页边距决定了页面四周的空白区域，它包括左、右页边距和上、下页边距。

在“页面设置”对话框中选择“页边距”选项卡，在“页边距”选项组中设置上、下、左、右 4 个边距值，在“装订线”位置设置占用的空间和位置；在纸张“方向”选项组设置纸张显示方向；在“应用于”下拉列表框中选择适用范围，如图 3-64 所示。

3. 设置页码

页码用来表示每页在文档中的顺序编号，在 Word 2010 中添加的页码会随文档内容的增删而自动更新。页码的设置是通过在“插入”选项卡的“页眉和页脚”功能组中“页码”下拉列表完成的。

（1）插入页码

① 单击“插入”选项卡的“页眉和页脚”功能组中的“页码”按钮。

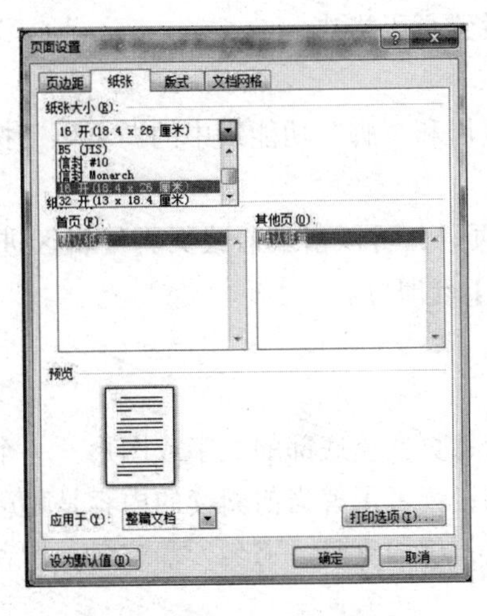

图 3-63 “纸张”选项卡

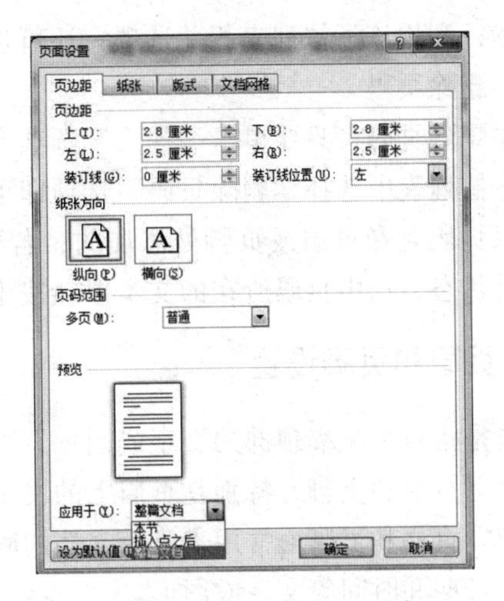

图 3-64 “页边距”选项卡

② 在打开的“页码”下拉列表中设置页码在页面的位置和页边距，如图 3-65 所示。

如果要更改页码的格式，则选择“页码”下拉列表中的“设置页码格式”选项，然后在弹出的“页码格式”对话框中设置页码的格式，如图 3-66 所示。

图 3-65 “页码”下拉列表

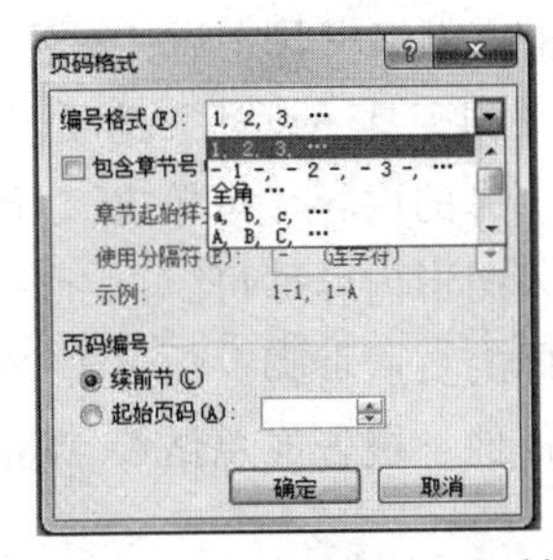

图 3-66 “页码格式”对话框

除了可以使用“页码”下拉列表插入页码，还可以作为页眉或页脚的一部分，在页眉或页脚设置过程中添加页码，其操作过程如下：

① 在“插入”选项卡的“页眉和页脚”功能组选择“页眉”或“页脚”下拉列表中的“编辑页眉”或“编辑页脚”选项，进入页眉或页脚编辑状态。

② 在页眉/页脚编辑状态下，将光标定位在页眉或页脚的合适位置。

③ 单击“页眉和页脚工具→设计”选项卡的“页眉和页脚”功能组中的“页码”按钮，在打开的下拉列表中展开“当前位置”子列表，选择一种合适的页码样式即可。“页眉和页脚工具→设计”选项卡如图 3-67 所示。

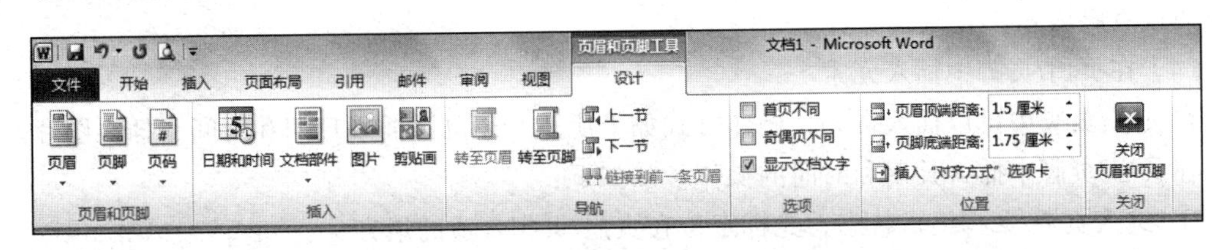

图 3-67 “页眉和页脚工具→设计”选项卡

当然，利用该下拉列表相关选项，还可进一步设置页码格式。

（2）删除页码

若要删除页码，只要单击“插入”选项卡的“页眉和页脚”功能组中的“页码”按钮，在打开的下拉列表中选择“删除页码”选项即可。

如果页码是在页眉或页脚处添加的，若要删除页码，可双击页眉或页脚编辑区进入页眉/页脚编辑状态，选中页码所在的文本框，按【Delete】键即可。

3.4.2 页眉和页脚设置

页眉是指每页文稿顶部的文字或图形，页脚是指每页文稿底部的文字或图形。一个完美的书刊都会有页眉和页脚，特别是页眉上的文字，可以让读者了解当前阅读的内容是哪篇文章或哪一章节。页眉和页脚通常用来显示文档的附加信息，例如页码、书名、章节名、作者名、公司徽标、日期和时间等文字或图形。

（1）插入页眉或页脚

① 单击“插入”选项卡，在打开的“页眉和页脚”功能组中单击“页眉”按钮，在打开的“页眉”下拉列表中选择“编辑页眉”选项，或者是选择内置的任意一种页码样式，或者是直接在文档的页眉/页脚处双击，此时会进入页眉/页脚编辑状态。

② 进入页眉/页脚编辑状态后，在页眉编辑区中输入页眉的内容，同时 Word 2010 也会自动添加“页眉和页脚工具→设计”选项卡，如图 3-67 所示。

如果想输入页脚的内容，可单击“导航”功能组中的“转至页脚”按钮，转到页脚编辑区中输入文字或插入图形内容即可。

（2）首页不同的页眉页脚

对于书刊，信件、报告或总结等 Word 文档，通常需要去掉首页的页眉。这时，可以按如下步骤操作：

① 进入页眉/页脚编辑状态，单击“页眉和页脚工具→设计”选项卡。

② 选中“选项”功能组中的“首页不同”复选框，如图 3-67 所示。

③ 按上面“添加页眉和页脚”的方法，在页眉或页脚编辑区中输入页眉或页脚。

（3）奇偶页不同的页眉或页脚

对于进行双面打印并装订的 Word 文档，有时需要在奇数页上打印书名，在偶数页上打印章节名。这时，可按如下步骤操作：

① 进入页眉/页脚编辑状态，单击“页眉和页脚工具→设计”选项卡。

② 选中“选项”功能组中的“奇偶页不同”复选框，如图 3-67 所示。

③ 按如上“添加页眉和页脚”的方法，在页眉或页脚编辑区中分别输入奇数页和偶数页的页眉或页脚内容。

（4）在页眉/页脚中插入元素

在页眉/页脚中可以插入页码，操作方式如上所述，还可以插入日期和时间，插入图片。

在页眉/页脚中插入日期和时间的操作步骤如下：

① 进入页眉/页脚编辑状态，光标定位在页眉/页脚合适的地方。

② 在“页眉和页脚工具→设计”选项卡中单击“插入”功能组中的“日期和时间”按钮。

③ 在弹出的“日期和时间”对话框中选择一种日期和时间格式，单击“确定”按钮。

在页眉/页脚中插入图片的操作步骤如下：

① 进入页眉/页脚编辑状态，光标定位在页眉/页脚合适的地方。

② 单击“页眉和页脚工具→设计”选项卡的“插入”功能组中的“图片”按钮。

③ 在弹出的“插入图片”对话框中选择一张图片，单击“确定”按钮。

3.4.3 分页与分节设置

在 Word 编辑中，经常要对正在编辑的文稿进行分开隔离处理，如因章节的设立而另起一页，这时需要使用分隔符。经常使用的分隔符有 3 种：分页符、分节符、分栏符。

1．分页

在 Word 中输入文本，当文档内容到达页面底部时，Word 就会自动分页。但有时在一页未写完时，希望重新开始新的一页，这时就需要手工插入分页符来强制分页。

插入分页符的操作步骤如下：

① 将插入点定位于文档中待分页的位置。

② 单击“页面布局”选项卡的“页面设置”功能组中的“分隔符”按钮。

③ 在打开的“分页符”下拉列表中选择“分页符”组中的“分页符”选项即可，如图 3-68 所示。

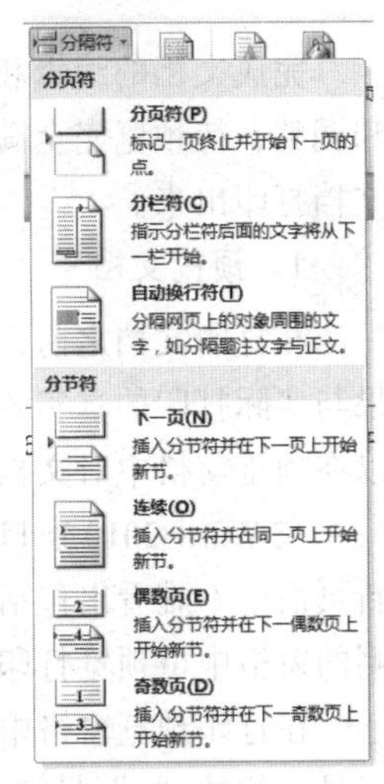

图 3-68 “分页符”下拉列表

更简单的手工分页方法是：将插入点定位于待分页的位置，然后按【Ctrl+Enter】组合键，这时，插入点之后的文本内容就被放在了新的一页。

进行手工分页后，切换到草稿视图下，可以看到手工分页符是一条带有“分页符”3 个字的水平虚线，如图 3-69 所示，图中也显示了分节符，而分节符则显示为带有“分节符”3 个字的两条水平虚线。

如果要删除人工分页符或分节符，可在草稿视图下，将插入点移动到标记人工分页符或分节符的水平虚线上，按【Delete】键即可。

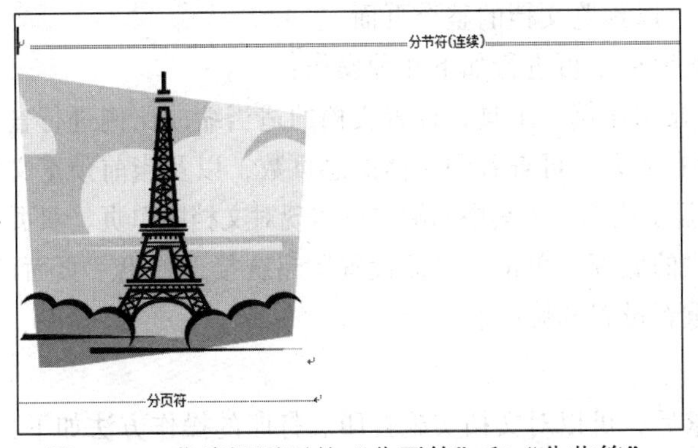

图 3-69 草稿视图下的“分页符”和“分节符”

2．分节

节是文档的一部分。分节后把不同的节作为一个整体看待，可以独立为其设置页面格式。在一篇中长文档中，有时需要分很多节，各节之间可能有许多不同之处，例如页眉与页脚、页边距、首字下沉、分栏，甚至页面大小都可以不同。要解决这个问题，就要使用插入分节符的方法。

插入分节符的操作步骤如下：

① 将插入点定位于文档中待插入分节的位置。

② 单击“页面布局”选项卡“页面设置”功能组中的“分隔符”按钮。

③ 在打开的“分页符”下拉列表中选择“分节符”组中的选项即可，如图 3-68 所示。

- 下一页：分节符后的文档从下一页开始显示，即分节同时分页。
- 连续：分节符后的文档与分节符前的文档在同一页显示，即分节但不分页。
- 偶数页：分节符后的文档从下一个偶数页开始显示。
- 奇数页：分节符后的文档从下一个奇数页开始显示。

3.4.4 预览与打印

完成文档的编辑和排版操作后，首先必须对其进行打印预览，如果不满意还可以进行修改和调整，待预览完全满意后再对打印文档的页面范围、打印份数和纸张大小进行设置，然后将文档打印出来。

1．预览文档

在打印文档之前，要想预览打印效果，可使用打印预览功能查看文档效果。打印预览的效果与实际打印的真实效果极为相近，使用该功能可以避免打印失误或不必要的损失。同时还可以在预览窗格中对文档进行编辑，以得到满意的效果。

在 Word 2010 窗口中单击“文件”选项卡，从打开的菜单中选择“打印”命令，在打开的新页面中不难看出包括 3 部分，即左侧的菜单栏，中间的命令选项栏和右侧的预览窗格，在右侧的窗格中可预览打印效果，如图 3-70 所示。

在打印预览窗格中，如果看不清预览的文档，可多次单击预览窗格右下方的“显示比例”工具右侧的“+”号按钮，使之达到合适的缩放比例以便进行查看。单击“显示比例”工具左侧的“-”号按钮，可以使文档缩小至合适大小，以便实现多页方式查看文档效果。此外，拖动“显示比例”工具中的滑块同样可以对文档的缩放比例进行调整。单击“+”号按钮右侧的“缩放到页面”按钮，可以预览文档的整个页面。

总之，在打印预览窗格中可进行如下几种操作：

① 可通过使用“显示比例”工具，设置文档的适当缩放比例进行查看。

② 在预览窗格的右下方，可查看到文档的总页数，以及当前预览文档的页码。

③ 可通过拖动“显示比例”工具中的滑块以实现对文档的单页、双页或多页方式进行查看。

在中间命令选项栏的底部，单击“页面设置”超链接，弹出“页面设置”对话框，可以对文档的页面格式进行重新设置和修改。

2．打印文档

预览结果满足要求后，可以对文档实施打印。打印的操作方法如下：

① 单击“文件”选项卡，选择“打印”命令。

② 在打开的面中设置打印份数、打印机属性、打印页数和双面打印等，如图 3-70 所示。

③ 设置完成后，直接单击“打印”按钮，即可开始打印文档。

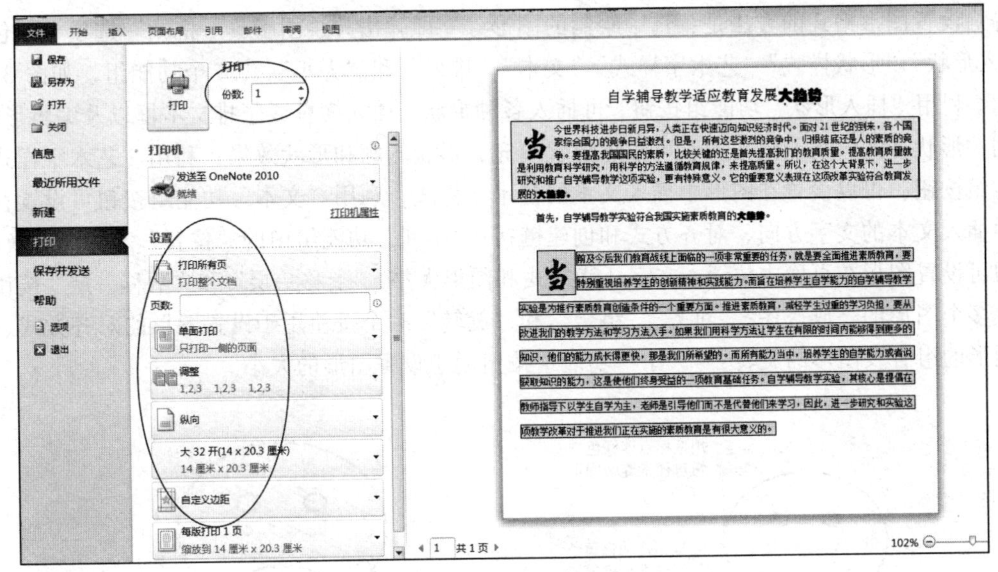

图 3-70 打印界面

3.5 Word 2010 图文混排

如果整篇文档都是文字，没有任何修饰性的内容，这样的文档阅读起来不仅缺乏吸引力，而且会使读者阅读时感到疲倦不堪。Word 2010 具有强大的图文混排功能，它不仅提供了大量图形及多种形式的艺术字，而且支持多种绘图软件创建的图形，从而轻而易举地实现图片和文字的混合编排。

3.5.1 图形的绘制

1. 用绘图工具手工绘制图形

Word 2010 的图形包含一套手工绘制图形的工具，主要包括直线、箭头、各种形状、流程图、星与旗帜等。这些称为自选图形或形状。

如插入一个“笑脸”形状的图形，在“插入”选项卡的“插图”功能组中单击“形状”按钮，打开“形状”下拉列表，如图 3-71 所示。

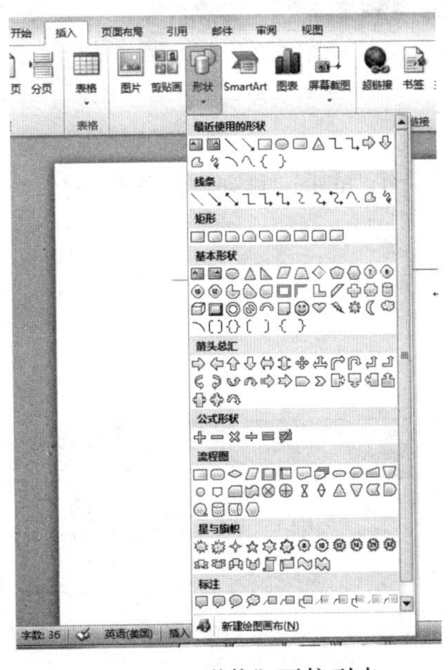

图 3-71 “形状”下拉列表

在“基本形状”组中选择“笑脸”图形，然后用鼠标在文档中画出一个图形，如图 3-72 所示。选中图形，右击，在弹出的快捷菜单中选择“添加文字”命令，可在图形中添加文字。用鼠标点图形上方的绿色按钮可任意旋转图形，用鼠标拖动“笑脸”图形中的黄色按钮向上移动，可把“笑脸”变为“哭脸”，如图 3-73 所示。

2. 设置图形格式

绘制好的图形可以设置的格式主要包括：形状填充、形状轮廓、形状效果，图形的排列、组合及叠放次序等。设置图形格式的方法是：选中绘制的图形，立即弹出“绘图工具→格式”选项卡，包括“插入形状”“形状样式”“艺术字样式”“文本”“排列”和“大小”共 6 个功能组，如图 3–74 所示。利用“插入形状”功能组按钮，可插入各种形状、插入横排或竖排文本框以及编辑形状；利用“形状样式”功能组按钮，可设置形状填充、形状轮廓和形状效果；利用“艺术字样式”功能组按钮，可以设置在图形中插入文本的艺术字样式；利用“文本”功能组按钮可设置在图形中插入文本的文字方向、对齐方式和创建链接；“排列”功能组中的“位置”和“自动换行”按钮可设置图形在页面中位置、文字环绕方式和图形大小，“上移一层”和“下移一层”按钮可设置多个图形的叠放次序，“对齐”“组合”和“旋转”3 个按钮用于设置图形的对齐方式、多个图形的组合及图形的旋转；“大小”功能组按钮用于设置图形的大小。

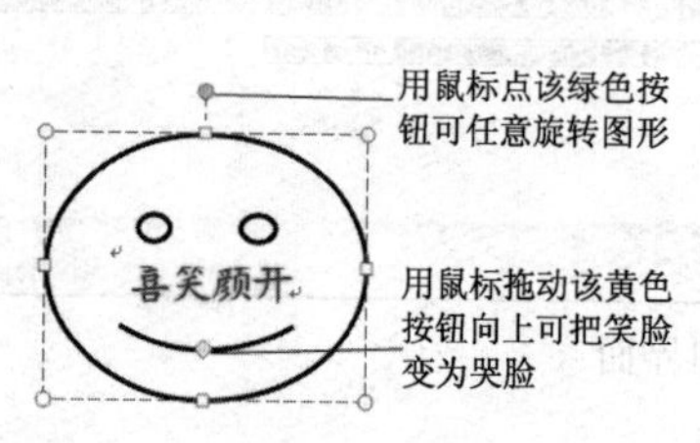

图 3–72　新建自选图形“笑脸”

图 3–73　“哭脸”图形

在此重点讲述文字相对于图形的环绕方式控制，这种控制对图片、艺术字、剪贴画和文本框都实用。具体操作如下：

选中图形、艺术字或文本框等对象后，会自动弹出“绘图工具→格式”选项卡；选中图片或剪贴画后，会弹出“图片工具→格式”选项卡。单击该两种功能选项卡，会打开不同的功能组合，但两者都有完全相同的“排列”功能组，如图 3–74 和图 3–75 所示。在“排列”功能组设置文字环绕方式有两种方法，说明如下：

图 3–74　绘图工具

① 单击“排列”功能组中的“位置”按钮，打开其下拉列表，如图 3–76 所示。

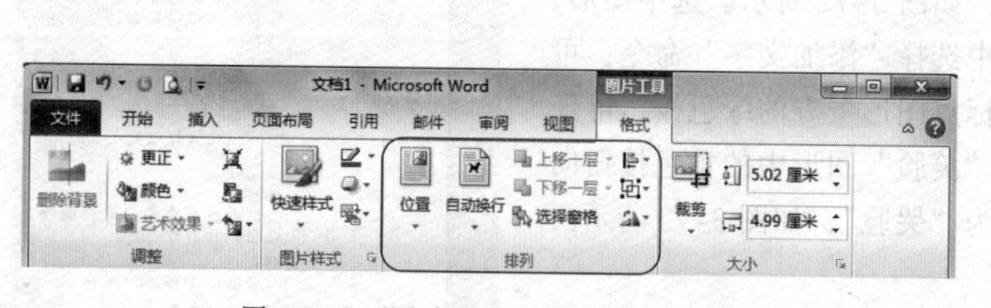

图 3–75　“图片工具→格式”选项卡

图 3–76　“位置”下拉列表

如果选择“嵌入文本行中”选项，则将对象设置为“嵌入型”；如果选择“文字环绕”9种类型中任意一种，则将对象设置为相应类型；如果选择“其他布局选项”选项，则弹出“布局”对话框，如图3-77所示。在“布局”对话框中选择“文字环绕”选项卡，如图3-78所示。

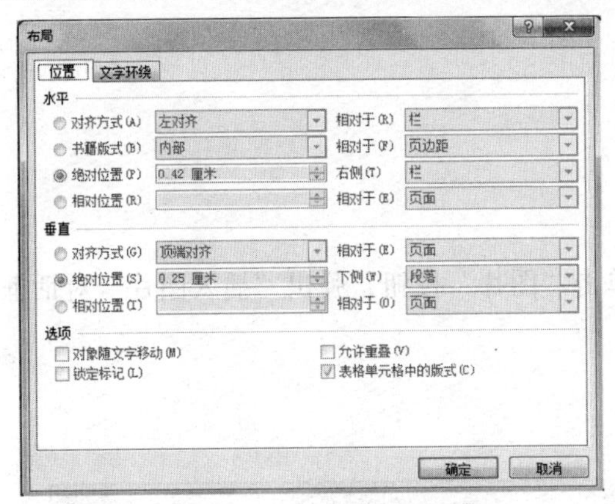

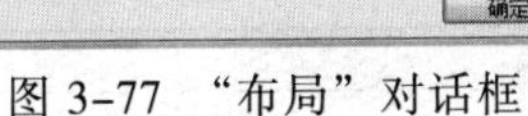
图3-77 “布局”对话框

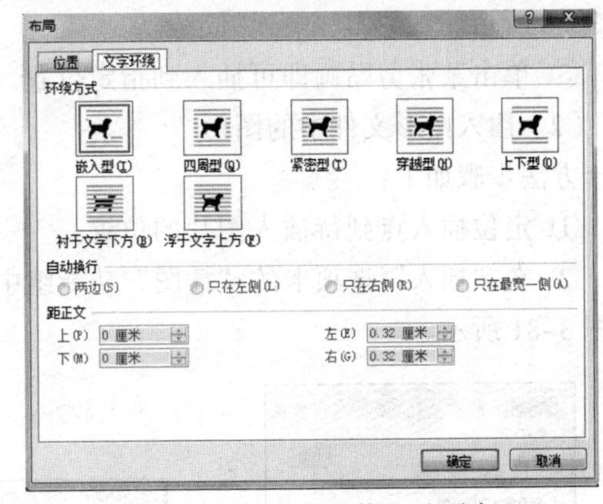

图3-78 “文字环绕”选项卡

在“文字环绕”选项卡的“环绕方式”选项组中共列出了“嵌入型”“四周型”“紧密型”“穿越型”“上下型”“衬于文字下方”和“浮于文字上方”共7种文字环绕方式。用户根据需要可选择其中某种文字环绕类型，然后单击“确定”按钮，关闭对话框。

② 在“排列”功能组中单击“自动换行”按钮，打开其下拉列表，如图3-79所示。在该下拉列表中，前7个列表项为文字环绕方式的7种类型，已如前所述，如果选择任意一种，则设置为相应类型。如果选择“其他布局选项”选项，则弹出“布局”对话框，已如前所述。

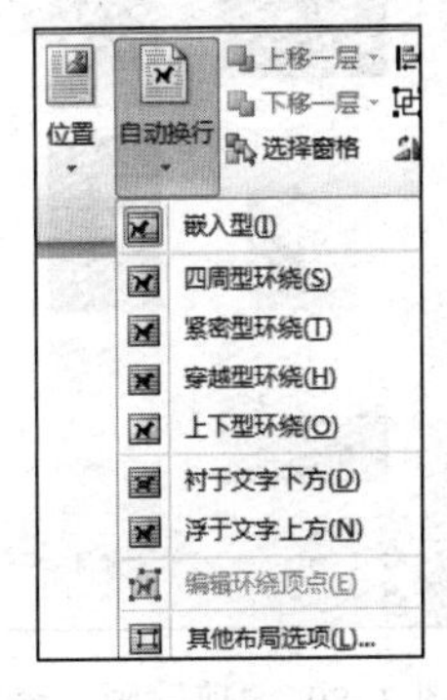

图3-79“自动换行”下拉列表

在Word 2010中绘制的图形或插入的形状，默认的文字环绕方式为“浮于文字上方”，可随意移动。插入的图片，默认的环绕方式是“嵌入型”，占据了文本的位置，不能随便移动；而其他6种环绕方式：“四周型”“紧密型”“穿越型”“上下型”“衬于文字下方”和“浮于文字上方”均属于“浮动型”，可随意移动。通过设置环绕方式，可进行7种环绕方式的转换。

3.5.2 图片的插入

可以在Word中绘制图形，也可以在Word中插入图片、编辑图片和对图片进行格式设置。

1. 插入图片

向文档中插入的图片可以是Word内部的剪贴画，也可以是利用其他的图形处理软件制作的以文件形式保存的图形。

（1）插入剪贴画

方法步骤如下：

① 定位插入点到待插入剪贴画的位置。

② 单击“插入”选项卡，在打开的“插图”功能组中单击“剪贴画”按钮。

③ 在打开的“剪贴画”窗格中的“搜索文字”文本框输入关键字如“动物”，在“结果类型”下拉列表框中选择“所有媒体文件类型”选项并选中“包括 Office.com 内容”复选框。

④ 单击“搜索”按钮，任务窗格下方的列表框中显示了“动物”类型的各种剪贴画，如图 3-80 所示。

⑤ 单击某张剪贴画即可插入到指定位置。

（2）插入图形文件中的图形

方法步骤如下：

① 定位插入点到待插入图片的位置。

② 在“插入”选项卡的“插图”功能组中单击“图片”按钮，弹出“插入图片”对话框，如图 3-81 所示。

图 3-80 “剪贴画”窗格

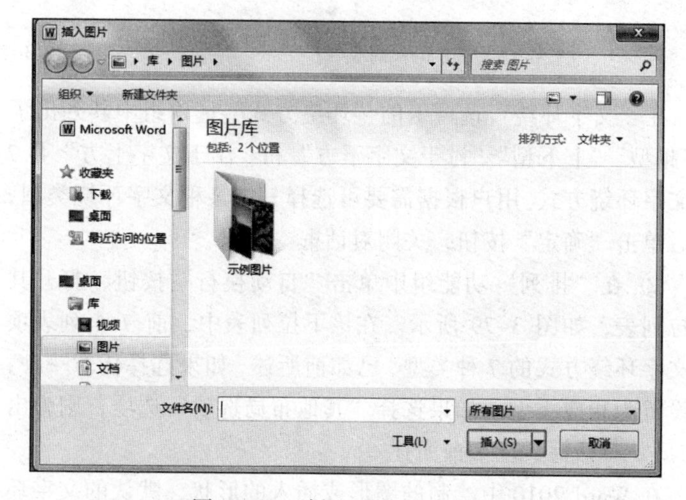

图 3-81 “插入图片”对话框

③ 在“插入图片”对话框中选择图形文件后，单击“插入”按钮，文件中的图形便插入到插入点指定的位置。

2. 设置图片格式

图片有多种格式，在 Word 2010 中，当选中图片后，便立刻弹出“图片工具→格式”选项卡，包括“调整”“图片样式”或“阴影效果”“边框”“排列”和“大小”图片工具功能组，如图 3-75 所示。下面简单介绍图片样式的设置。

图片样式的设置，需使用“图片样式”功能组中的按钮，如图 3-82 所示。

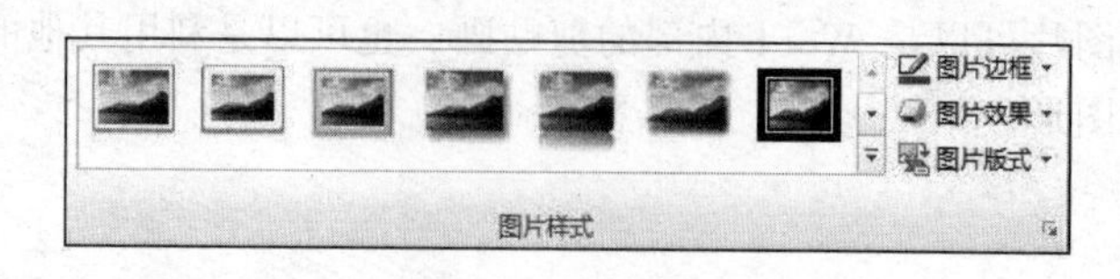

图 3-82 “图片样式”功能组

图片样式的设置主要包括图片边框和颜色的设置，图片边框和颜色的配搭结合共有 28 种类型，如图 3-83 所示。如欲将某个选中的图片设置为“旋转，白色”，设置过程和效果如图 3-83 和图 3-84 所示。

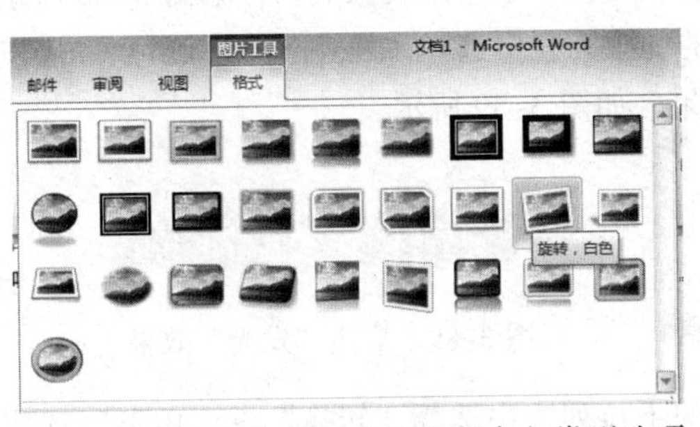

图 3-83 “图片样式”（边框和颜色）类型选项

图 3-84 设置效果

3.5.3 艺术字的插入

在流行的报刊杂志上经常会看到形形色色的艺术字，这些艺术字给文章增添了强烈的视觉冲击效果。使用 Word 2010 可以创建出形式多样的艺术效果，甚至可以把文本扭曲成各种各样的形状或设置为具有三维轮廓的效果。

1. 建立艺术字

建立艺术字的方法通常有两种：一种是先输入文字，再将输入的文字应用为艺术字样式；另一种方法是先选择艺术字样式，再输入需要的艺术字文字。

建立艺术字的操作步骤如下：

① 定位待插入艺术字的位置。

② 单击“插入”选项卡，打开“文本”功能组。

③ 在“文本”功能组中单击“艺术字”按钮，在打开的下拉列表中选择“填充-茶色，文本 2，轮廓-背景 2”选项，此时在插入点处插入了所选的艺术字样式，如图 3-85 所示。

④ 选择输入法，在提示文本“请在此放置您的文字”处输入文字，然后调节艺术字的“字号”大小和位置，如图 3-86 所示。

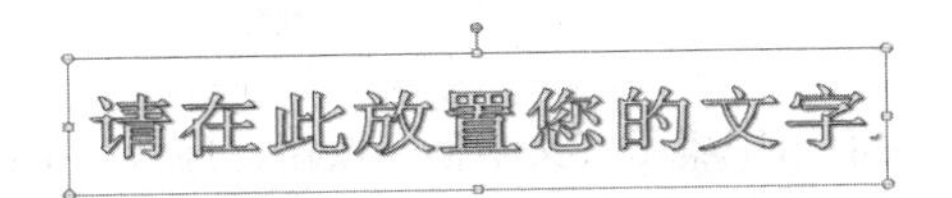

图 3-85 选定艺术字样式后

图 3-86 输入文字

2. 编辑艺术字

选中艺术字，弹出“绘图工具→格式”选项卡，包括“形状样式”和“艺术字样式”在内的 6 个功能组，如图 3-74 所示。利用“形状样式”和“艺术字样式”等功能组中的工具按钮，还可对艺术字的形状和样式进行设置，如图 3-87 所示。

图 3-87 “形状样式”和“艺术字样式”功能组

编辑艺术字的操作步骤如下：

① 选中艺术字，在“艺术字样式”功能组中单击“文字效果”按钮，在打开的下拉列表中选择“映像”→“全映像，8pt 偏移量”选项，为艺术字应用映像效果，如图 3-88 所示。

② 继续单击“文字效果”按钮，在打开的下拉列表中选择“发光”→“红色，8pt 发光，强调文字颜色 2”选项，为艺术字应用发光效果，如图 3-89 所示。

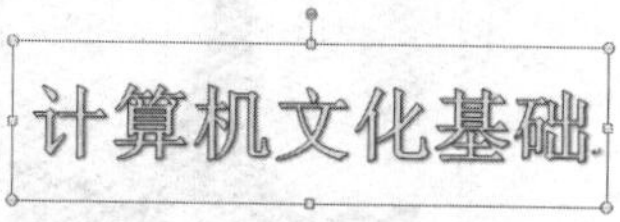

图 3-88　应用“映像”效果

图 3-89　应用“发光”效果

③ 再次单击“文字效果”按钮，在打开的下拉列表中选择“转换”→“山形”选项，为艺术字应用“山形”效果，如图 3-90 所示。

④ 单击“开始”选项卡，设置艺术字的字体为“方正舒体”，然后调节艺术字的位置和大小，最终效果如图 3-91 所示。

图 3-90　应用“山形”效果

图 3-91　最终效果

3.5.4　文本框的使用

文本框是实现图文混排时非常有用的工具，它如同一个容器，其中可以插入文字、表格、图形等不同的对象，可置于页面的任何位置，并可随意地调整其大小，放到文本框中的对象将会随着文本框一起移动。在 Word 2010 中，文本框用来建立特殊的文本，并且可以对其进行一些特殊的处理，如设置边框、颜色和版式格式。

1．插入内置文本框

Word 2010 提供了 44 种内置文本框，如简单文本框、边线型提要栏和大括号型引述等。通过插入这些内置文本框，可以快速制作出形式多样的优秀文档。

插入内置文本框的操作步骤如下：

① 单击“插入”选项卡，在打开的“文本”功能组中单击“文本框”按钮，打开其下拉列表。

② 在“文本框”下拉列表中包含有内置文本框的多种样式，如图 3-92 所示，如选择“奥斯汀提要栏”选项，即可将其插入到文档中，效果如图 3-93 所示。

2．绘制文本框

除了可以插入内置的文本框外，还可根据需要手动绘制横排或竖排文本框，该文本框主要用于插入图片、表格和文本等对象。

绘制文本框的操作步骤如下：

① 单击“插入”选项卡，在“文本”功能组中单击“文本框”按钮。

② 从“文本框”下拉列表中选择“绘制竖排文本框”选项，如图 3-92 所示，此时鼠标指针变成十字形。

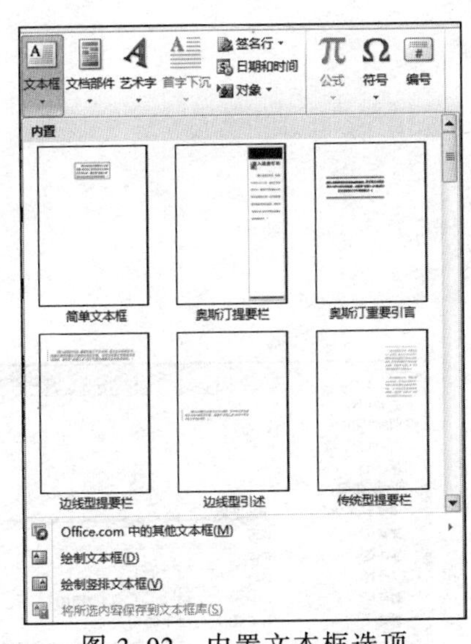

图 3-92 内置文本框选项

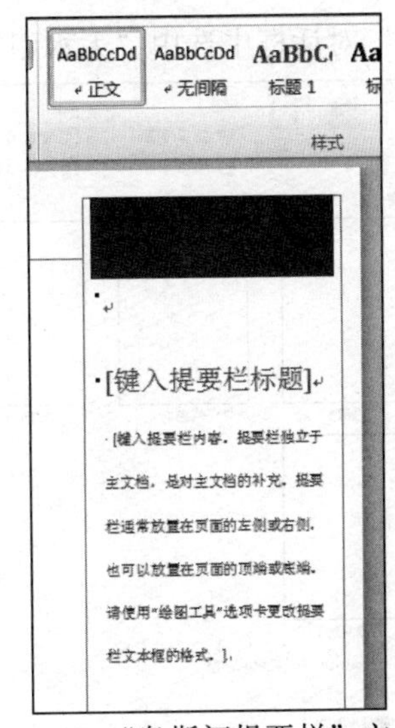

图 3-93 “奥斯汀提要栏”文本框

③ 将鼠标的十字形指针移动到合适的位置并拖动鼠标指针绘制竖排文本框，然后释放鼠标指针，完成“竖排文本框”绘制操作。

④ 在其中输入文字，选中文本框，单击“形状填充”按钮，在其下拉列表中设置浅绿色填充；单击“形状轮廓”按钮，在其下拉列表中选择“无轮廓”选项；调整文本框至适度大小，并在“开始”选项卡的“字体”功能组和“段落”功能组设置字体格式和文本段落格式。最后设置效果如图 3-94 所示。

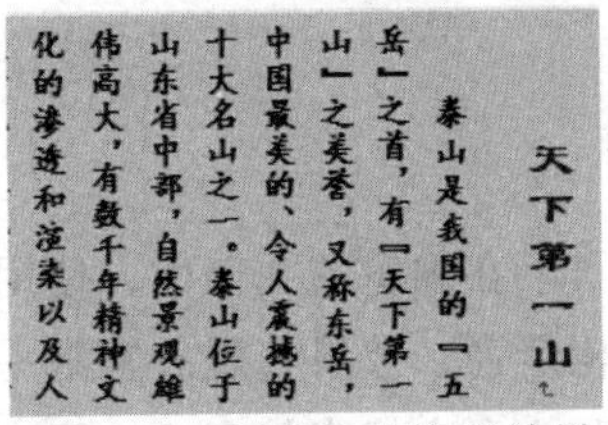

天下第一山

泰山是我国的『五岳』之首，有『天下第一山』之美誉，又称东岳，中国最美的、令人震撼的十大名山之一。泰山位于山东省中部，自然景观雄伟高大，有数千年精神文化的渗透和渲染以及人

图 3-94 竖排文本设置效果

3.5.5 水印设置

在 Word 中，水印是指显示在文档文本后面的半透明图片或文字，是一种特殊的背景，在文档中使用水印可增加趣味或标识文档。在页面视图或打印出的文档中才可以看到水印。

设置水印的操作步骤如下：

① 单击“页面布局”选项卡，在打开的“页面背景”功能组中单击“水印”按钮，打开“水印”下拉列表，如图 3-95 所示。

② 选择“自定义水印”选项，弹出“水印”对话框，如图 3-96 所示。

③ 如果制作图片水印，则选中“图片水印”单选按钮，并选中“冲蚀”复选框，然后单击“选择图片”按钮，弹出“插入图片”对话框，选择一幅图片插入，然后单击“确定”按钮，即插入了图片水印。

④ 如果制作文字水印，则选中“文字水印”单选按钮，然后在“文字”下拉列表框中输入文字或选择一种已有的文字，在“字体”下拉列表框中选择一种字体，在“字号”下拉列表框中选择一种字号，在“颜色”下拉列表框中选择一种颜色，并选中“半透明”复选框和“斜式”单选按钮（两者一般为默认选择），当然也可选中“水平”单选按钮，然后单击“确定”按钮，即插入了文字水印。

如果要删除已制作好的水印，可在“水印”按钮的下拉列表中选择“删除水印选项”选项或在“水印”对话框中选中“无水印”单选按钮。

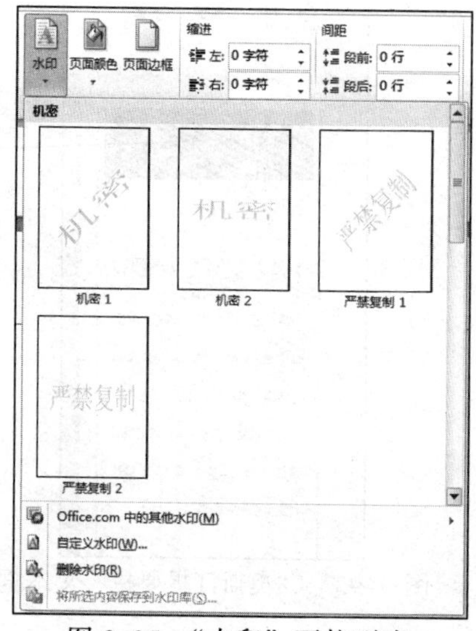
图 3-95 “水印”下拉列表

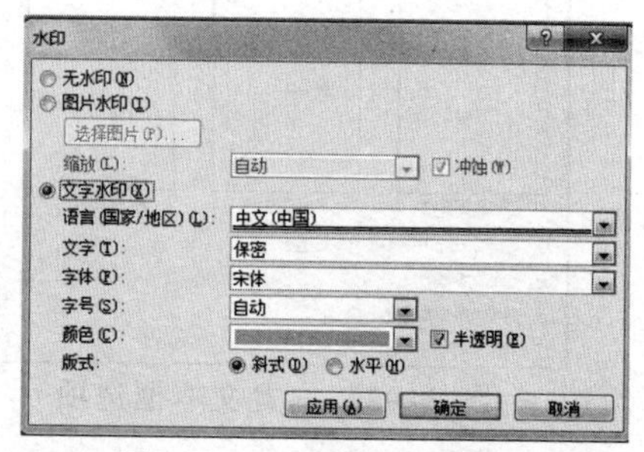
图 3-96 “水印”对话框

3.6 Word 2010 表格处理

在编辑的文档中，使用表格是一种简明扼要的表达方式。它以行和列的形式组织信息，结构严谨，效果直观。常常一张表格就可以代表大篇的文字描述，所以在各种经济、科技等书刊和文章中越来越多地使用表格。

3.6.1 表格的插入

1. 表格工具

在 Word 2010 文档中插入表格后，选项区就会增加一个“表格工具”选项卡，其下有“设计”和“布局”两个标签，分别有不同的功能。

单击“设计”标签，打开“表格样式选项”“表格样式”和“绘图边框”共 3 个功能组，如图 3-97 所示，“表格样式”功能组提供了 141 个内置表格样式，给快速地绘制表格及设置表格边框和底纹，大大提供了方便。

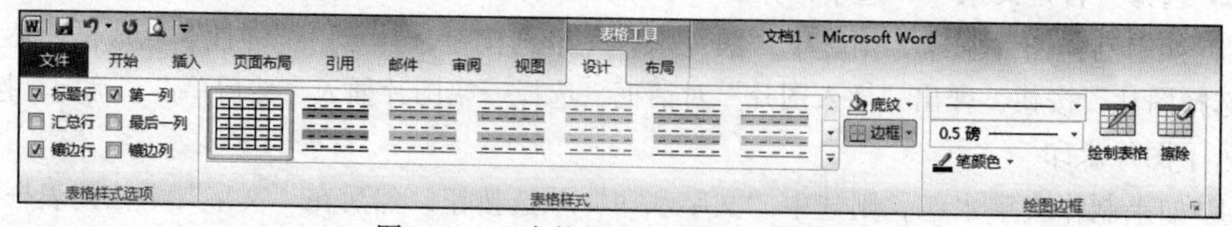
图 3-97 “表格工具→设计”选项卡

单击“布局”标签，打开“表”“行和列”“合并”“单元格大小”“对齐方式”和“数据”共 6 个功能组，主要提供了表格布局方面的功能，如图 3-98 所示。“表”功能组可方便地查看与定位表对象；“行和列”功能组可方便地增加或删除表格中的行和列；“对齐方式”功能组则提供了文字在单元格内的对齐方式和文字方向等。

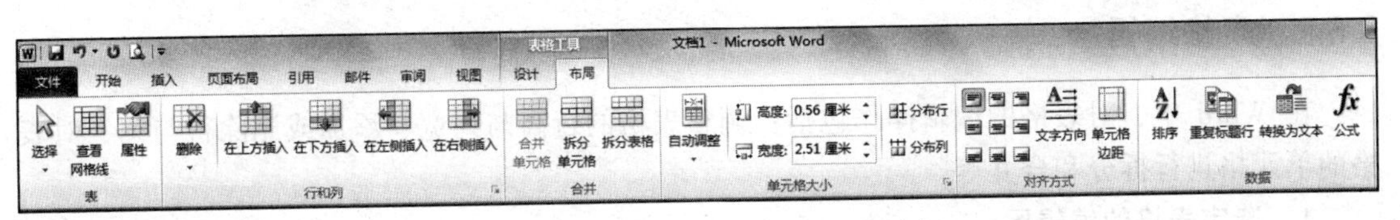

图 3-98 “表格工具→布局”选项卡

2. 建立表格

单击“插入”选项卡，在打开的“表格”功能组中单击“表格”按钮，打开其下拉列表，选择不同的选项，即可用不同的方法建立表格，如图 3-99 所示。在 Word 2010 中，建立表格的方法一般有 4 种，下面逐一介绍。

① 拖动法：将光标定位到需要添加表格处，单击“表格”功能组中的“表格”按钮，在打开的“表格”下拉列表中按住鼠标左键拖动设置表格中的行和列，此时“表格”区预览到表格行列数，待行列数满足要求时释放鼠标左键，即在光标定位处插入了一个空白表格。图 3-99 所示为使用拖动法建立 5 行 6 列的表格。用这种方法建立的表格不能超过 8 行 10 列。

② 对话框法：如图 3-99 所示，选择“插入表格”选项，在弹出的“插入表格”对话框中输入或选择行列数及设置相关参数，然后单击“确定”按钮，即可在光标指定位置插入一空白表格。图 3-100 所示为设置 8 行 5 列的表格。

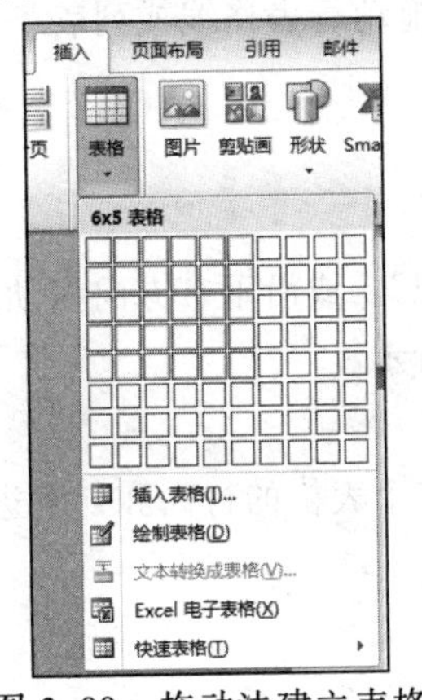

图 3-99 拖动法建立表格

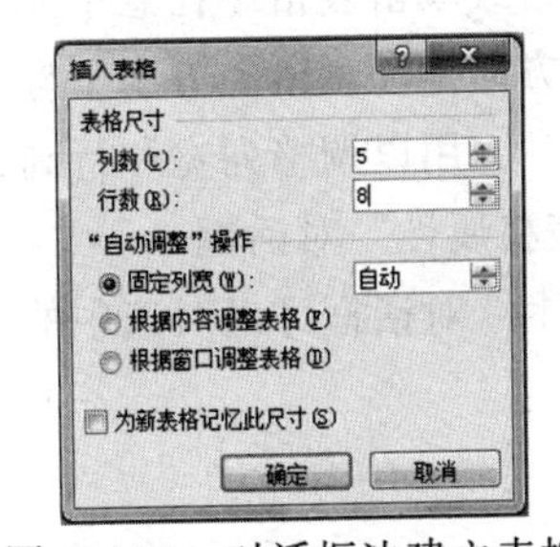

图 3-100 对话框法建立表格

③ 手动绘制法：如图 3-99 所示，选择“绘制表格”选项，鼠标变成铅笔状，同时系统会自动展开“表格工具→设计”选项卡，此时用“铅笔”状鼠标可在文档中任意位置绘制表格，并且还可利用展开的“表格工具→设计”选项卡中的功能按钮，设置表格边框线或擦除绘制的错误表格线等。

④ 组合符号法：将光标定位在需要插入表格处，输入一个“+”号（代表列分隔线），然后输入若干个“-”号（“-”号越多代表列越宽），再输入一个“+”号和若干个“-”号，……，最后再输入一个“+”号，然后按【Enter】键，如图 3-101 所示。一个一行多列的表格插入到了文档中，如图 3-102 所示。

+-----+-----+-----+-----+-----+

图 3-101 组合符号法建立表格

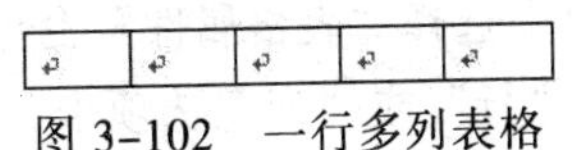

图 3-102 一行多列表格

3.6.2 表格编辑

在 Word 中，对表格的编辑操作包括：调整表格的行高与列宽、添加或删除行与列、对表格的单元格进行拆分和合并等。

1. 选定表格的编辑区

对表格进行编辑操作，要“先选定表格，后操作”。

选定表格编辑区的方法如下：

① 一个单元格：将鼠标指向单元格的左侧，指针变成实心斜向上的箭头时单击。

② 整行：将鼠标指针指向行左侧，指针变成空心斜向上的箭头时单击。

③ 整列：将鼠标指针指向列上边界，指针变成实心垂直向下的箭头时单击。

④ 连续多个单元格：用鼠标从左上角单元格拖动到右下角单元格，或按住【Shift】键选定。

⑤ 不连续多个单元格：按住【Ctrl】键的同时用鼠标选定每个单元格。

⑥ 整个表格：将鼠标指针定位在单元格中，单击表格左上角出现的移动控制点。

2. 调整行高和列宽

（1）用鼠标在表格线上拖动

① 移动鼠标指针到要改变行高或列宽的行表格线或列表格线上。

② 当指针变成左右双箭头形状时，按住鼠标左键拖动行表格线或列表格线，至行高或列宽合适后，释放鼠标左键。

（2）用鼠标在标尺的行、列标记上拖动

① 选中表格或单击表格中任意单元格。

② 沿水平方向拖动表格上方水平标尺中的“列标记”，或沿垂直方向拖动表格左方垂直标尺中的“行标记”，用以调整列宽和行高，如图 3-103 所示。

（3）用“表格属性”对话框

用“表格属性”对话框可以对选中的多行或多列或整个表格的行高和列宽进行精确的设置。其操作步骤如下：

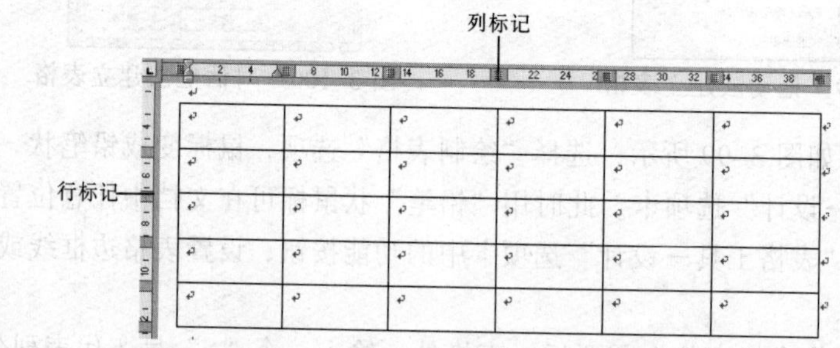

图 3-103　拖动“标尺”中的列或行“标记”调整列宽或行高

① 先选中待设置行高或列宽的表格区域。

② 单击“表格工具→布局”选项卡中“表”功能组的“属性”按钮，或右击表格并在弹出的快捷菜单中选择“表格属性”命令，弹出“表格属性”对话框，如图 3-104 所示。

③ 选择“行”或“列”选项卡，进入相应界面，对“指定高度”或“指定宽度”进行行高或列宽的精确设置。

④ 设置完成单击“确定”按钮。

3．删除行或列

（1）用“表格工具→布局”选项卡

选中待删除的行或列，会自动激活“表格工具→布局”选项卡，在“行和列”功能组中单击“删除”按钮，在打开的下拉列表中选择“删除行”或“删除列”选项，即可以删除选定的行或列。实际上，“删除”下拉列表中还包括“删除单元格”和“删除表格”选项，如图 3-105 所示。

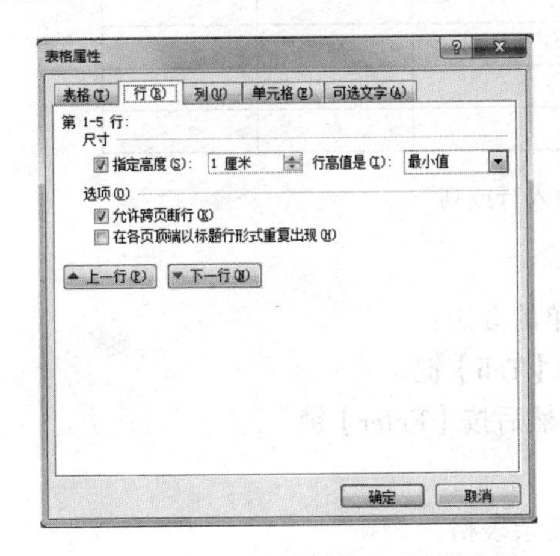

图 3-104 “表格属性”对话框

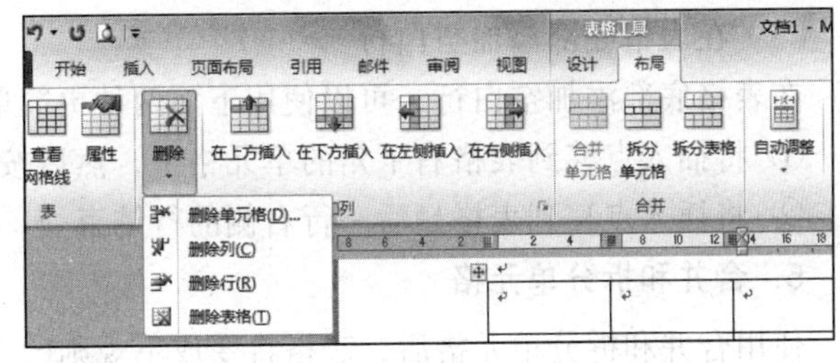

图 3-105 “删除”下拉列表

（2）使用快捷菜单命令

① 选择表格中要删除的行。

② 右击表格，在弹出的快捷菜单中选择“删除单元格”命令。

③ 在弹出的“删除单元格”对话框中选择“删除整行”单选按钮，如图 3-106 所示。

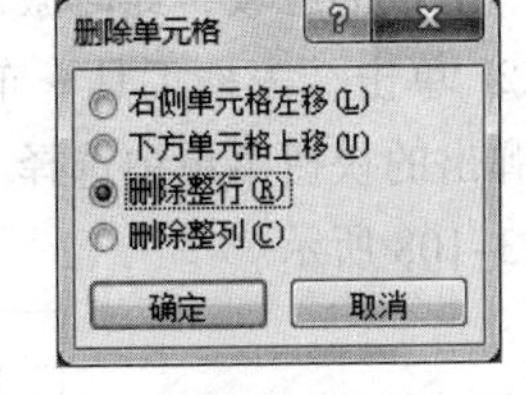

图 3-106 “删除单元格”对话框

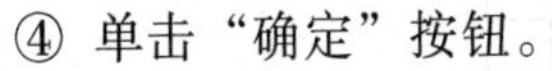

④ 单击“确定”按钮。

如果删除的是表格的列，则选中要删除的列，右击并在弹出的快捷菜单中选择“删除列”命令即可。

4．插入行或列

（1）使用功能按钮

① 在表格中选中一行一列或选中若干行若干列，会自动激活“表格工具→布局”选项卡。

② 单击“行和列”功能组中的“在上方插入”或“在下方插入”行，“在左方插入”或“在右方插入”列；如果选中的是多行多列，则插入的也是同样数目的多行多列。

（2）使用快捷菜单

① 选定表格中的一行或多行，一列或多列。

② 右击，在弹出的快捷菜单中选择“插入”命令，然后在打开的“插入”子菜单中选择相应的选项命令，则在指定位置插入一行或多行、一列或多列，如图 3-107 所示。

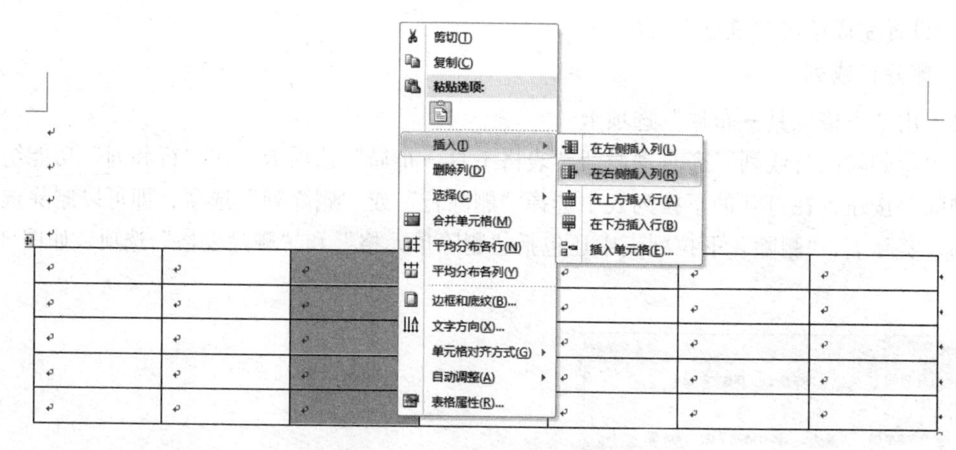

图 3-107　用快捷菜单插入行或列

（3）在表格底部添加空白行

在表格底部添加空白行，可以使用下面两种更简单的方法：

① 将插入点移到表格右下角的单元格中，然后按【Tab】键。

② 将插入点移到表格最后一行右侧的行结束处，然后按【Enter】键。

5. 合并和拆分单元格

使用合并和拆分单元格后，表格将变成不规则的复杂表格。

（1）合并单元格

① 合并单元格时，先选定待合并的多个单元格，这些单元格可以在一行、在一列，也可以是一个矩形区域，此时激活“表格工具→布局”选项卡。

② 单击“表格工具→布局”选项卡的“合并”功能组中的“合并单元格”按钮，或右击并在弹出的快捷菜单中选择“合并单元格”命令，选定的多个单元格被合并成为一个单元格，如图 3-108 所示。

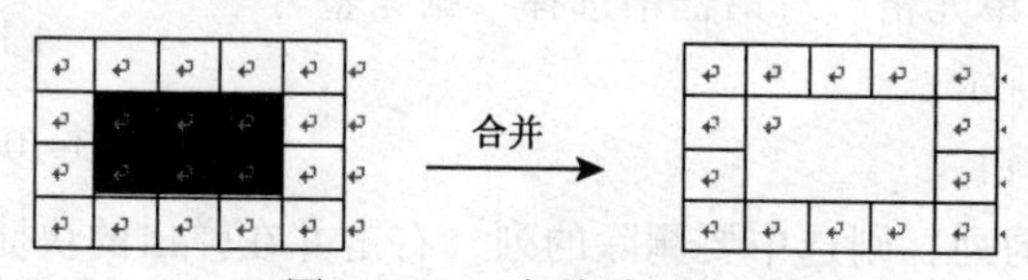

图 3-108　合并单元格

（2）拆分单元格

拆分单元格时，先选定待拆分的单元格，然后单击“表格工具→布局”选项卡的“合并”功能组中的“拆分单元格”按钮；或右击并在弹出的快捷菜单中选择“拆分单元格”命令，弹出“拆分单元格”对话框，在对话框中输入要拆分的行数和列数，然后单击“确定”按钮，如图 3-109 所示，拆分效果如图 3-110 所示。

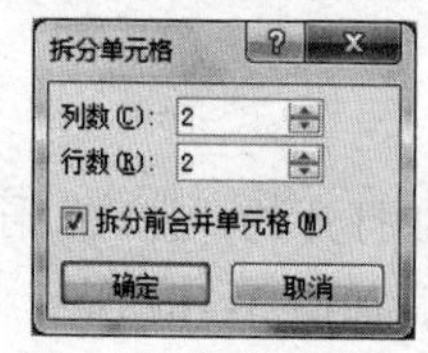

图 3-109　“拆分单元格”对话框

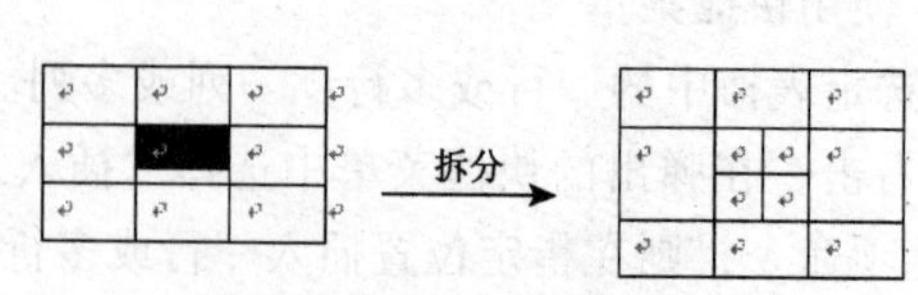

图 3-110　拆分单元格效果

3.6.3　表格格式设置

当创建一个表格后，就要对表格进行格式化。表格格式化操作，仍需要选择“表格工具→设计”或“表格工具→布局”选项卡中的功能组，然后单击相应功能按钮完成，如图 3-97 和图 3-98 所示。

1. 设置单元格对齐方式

单元格对齐方式有 9 种。其设置方法是：先选定待设置对齐方式的单元格或单元区域，再单击“对齐方式”功能组中相应的对齐方式按钮，如图 3-111 所示。或右击并在弹出的快捷菜单中选择“单元格对齐方式”命令，在打开的 9 种选项中选择一种对齐方式即可。

图 3-111　单元格对齐方式

2. 设置边框和底纹

（1）设置表格边框

选定待设置边框的单元格区域或整个表格，再单击“表格工具→设计”选项卡的“绘图边框”功能组中的“笔样式”按钮，即可以设置边框线类型，选择“笔画粗细”，即边框线粗细，选择“笔颜色”，即边框线颜色，如图 3-112 所示，然后单击“边框”按钮右侧的下三角按钮，在打开的下拉列表中选择相应的表格边框线，如图 3-112 所示。当然也可以单击“绘图边框”功能组右侧的对话框启动器按钮，或从“边框”下拉列表中选择“边框和底纹”选项，在弹出的“边框和底纹”对话框中进行设置。

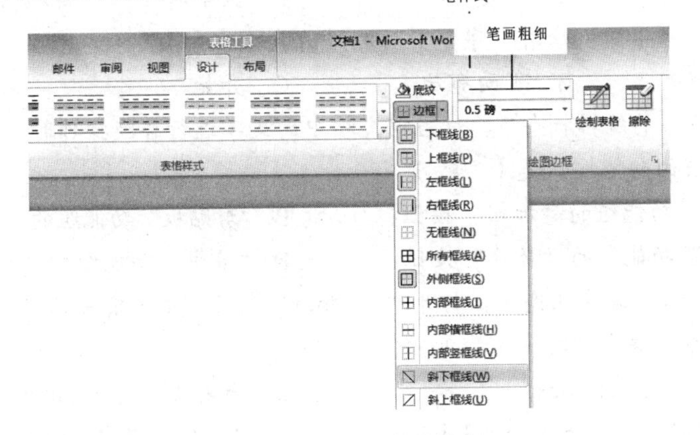

图 3-112　设置表格边框

（2）设置表格底纹

选定待设置底纹的单元格区域或整个表格，再单击“表格工具→设计”选项卡的“表格样式”功能组中的“底纹”按钮，从打开的下拉列表中选择一种颜色即可，如图 3-113 所示。

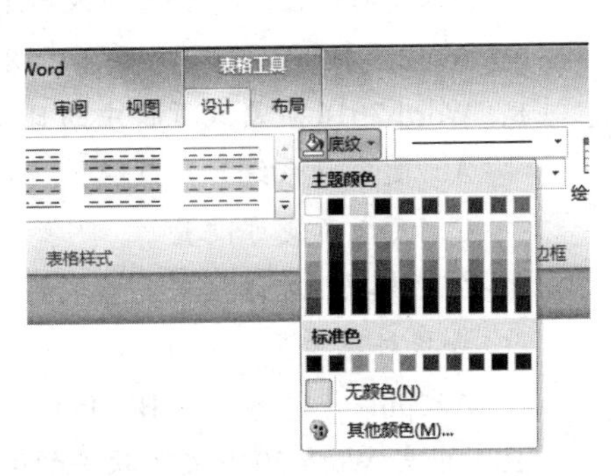

图 3-113　“底纹”下拉列表

3. 设置文字排列方向

单元格中文字的排列方向分横向和纵向两种，其设置方法是：单击“表格工具→布局”选项卡“对齐方式”功能组中的“文字方向”按钮即可实现横向和纵向的相互转换，如图 3-111 所示。

4．设置斜线表头

首先选中待设置斜线表头的单元格，再单击“表格工具→设计”选项卡的“表格样式”功能组中的“边框”按钮右侧的下三角按钮，在打开的下拉列表中选择“斜下框线”或“斜上框线”选项即可，如图 3-112 所示。

习　题

一、单项选择题

1．文本编辑区内有一个跳动的光标，它表示（　　）。

A．插入点，可在该处输入字符　　B．文章结尾符

C．字符选取标志　　D．以上都不是

2．段落标记是在输入（　　）之后产生的。

A．句号　　B．【Shift+Enter】组合键

C．【Enter】键　　D．分页符

3．在 Word 2010 中，当编辑排版完一个文件后要想知道打印效果，可以通过单击“文件”选项卡，在打开的新页面中单击（　　）命令。

A．打印　　B．新建　　C．提前打印　　D．打印预览

4．下列功能选项卡中，含有“字体”功能组的是（　　）。

A．插入　　B．页面布局　　C．开始　　D．视图

5．在 Word 2010 的编辑状态下，对当前文档中的文字进行替换操作时，应当在“开始”选项卡中单击的功能按钮是（　　）。

A．“字体”功能组的“加粗”按钮　　B．“剪贴板”功能组的“格式刷”按钮

C．“编辑”功能组的“替换”按钮　　D．“编辑”功能组的“查找”按钮

6．在 Word 2010 的编辑状态下，打开“A1.docx”文档，把当前文档以“A2.docx”为名执行“另存为”操作，则（　　）。

A．当前文档是 A1.docx　　B．当前文档是 A2.docx

C．当前文档是 A1.docx 与 A2.docx　　D．A1.docx 与 A2.docx 全被关闭

7．如果需打印文档第 2～9 页及第 18 页的内容，在“打印”对话框的页码范围中应输入（　　）。

A．2,9,18　　B．2-9,18　　C．2-9-18　　D．2,9-18

8．Word 2010 页眉或页脚中的日期域代码在打印时（　　）。

A．随实际系统日期改变　　B．固定不变

C．变或不变可设置　　D．无法预见

9．在“查找”对话框中当查找的内容为“Put”，且选中“全字匹配”和“区分大小写”时，查找对象为（　　）。

A．put　　B．Put　　C．Putting　　D．以上都不正确

10．中文 Word 2010 文字软件的运行环境是（　　）。

A．DOS　　B．WPS　　C．Linux　　D．Windows

11. 设定打印纸张的大小时，应当在“页面布局”选项卡中的（　　）功能组进行。

A. 主题　　B. 页面背景　　C. 排列　　D. 页面设置

12. 打开一个已有的文档进行编辑修改后，执行选择（　　）既可以保留编辑修改前的文档，也可以得到修改后的文档。

A.“文件”选项卡中的“保存”命令　　B. 快速访问工具栏中的“保存”按钮

C.“文件”选项卡中的“另存为”命令　　D.“文件”选项卡中的“关闭”命令

13. 当“剪贴板”功能组中的“剪切”和“复制”命令呈浅灰色而不能被选择时，表示的是（　　）。

A. 选定的文档内容太长，剪贴板放不下　　B. 剪贴板里已经有信息了

C. 在文档中没有选定任何信息　　D. 选定的内容是页眉或页脚

14. 下列不能插入 Word 文档的是（　　）。

A. 图片　　B. 文本框　　C. 表格　　D. 文件夹

15. 选取文本便捷的方法是用（　　）进行选取。

A. 拖动　　B. 鼠标移动　　C. 鼠标拖动　　D. 鼠标框选

16. 如果已有页眉或页脚，再次进入页眉页脚区进行编辑，只需双击（　　）。

A. 文本区　　B. 功能区　　C. 功能选项卡　　D. 页眉页脚区

17. 若将文档中选定的文本内容设置为斜体字，应单击“字体”功能组的（　　）。

A.“B”按钮　　B.“U”按钮　　C.“I”按钮　　D.“A”按钮

18. 下列视图中，可以显示页眉、页脚的是（　　）。

A. 草稿视图　　B. 页面视图　　C. 大纲视图　　D. 阅读版式视图

19. 将鼠标指针移动到文档中正文左侧的任意位置，当鼠标指针变成指向右侧斜向上的空心箭头时，（　　）击鼠标左键就可以选定整篇文档。

A. 四　　B. 三　　C. 双　　D. 以上都不对

20. 单击 Word 主窗口标题栏右边显示的“最小化”按钮后（　　）。

A. Word 的窗口被关闭

B. Word 的窗口被关闭，是任务栏上一按钮

C. Word 的窗口关闭，变成窗口图标关闭按钮

D. 被打开的文档窗口未关闭，是任务栏上一按钮

二、判断题

1. Word 2010 表格中的数据，可以进行排序和计算。（　　）

2. Word 2010 的“格式刷”工具，只能进行字符格式的复制，不能进行段落等格式的复制。（　　）

3. Word 2010 的查找替换功能，只能替换文字内容，不能替换格式。（　　）

4. 在 Word 2010 中，若要调用“公式编辑器”，可单击“插入”选项卡，在打开的“文本”功能组中再单击“对象”功能按钮，即可打开公式编辑器。（　　）

5. 在 Word 2010 中，绘制矩形和圆时，当同时按住【Shift】键，可画出正方形和正圆形。（　　）

6. 在 Word 2010 中，设置“首字下沉”应在“插入”选项卡的“文本”功能组中单击“首

字下沉”按钮实现。 ( )

7. Word 2010 的快速访问工具栏，只能固定出现在 Word 窗口的顶部。 ( )

8. Word 2010 的页面，用户可以自己来设置。 ( )

9. Word 2010 的模板主要应用于段落，而不是文档。 ( )

10. 在 Word 2010 的编辑状态下，很多操作都可以用快捷键来完成。 ( )

三、填空题

1. Word 2010 文档的扩展名为__________，Word 2010 模板的扩展名为__________。

2. 在进行 Word 2010 文档编辑时，按__________键，可取消“格式刷”按钮功能。

3. 在 Word 2010 中，查找或替换操作应单击__________选项卡，同时应在__________功能组中单击“查找”或“替换”按钮实现。

4. 在 Word 2010 的编辑状态下，要更改字母的大小写，可通过单击__________选项卡，在__________功能组中单击__________按钮实现。

5. 在 Word 2010 的编辑状态下，要在屏幕上显示“符号”对话框，需选择__________选项卡下的__________功能组，并需单击__________按钮。

6. 在 Word 2010 的编辑状态下，选择整个文档的快捷键是__________。

7. 在 Word 2010 中，设置首字下沉格式，需单击__________选项卡，在__________功能组中单击__________按钮。

8. 在 Word 2010 中，若想删除整个表格，可在选中整个表格后，按__________键或__________键。

9. 在 Word 2010 的编辑状态下，将光标快速移到光标所在行的行首的快捷键是__________；将光标快速移到行尾的快捷键是__________。

10. Word 2010 在输入文本时有两种状态：插入状态和改写状态，这两种状态可通过按__________键进行切换。

Excel 2010 是微软公司 Office 2010 系列办公软件中的重要组成部分，是一款集数据表格、数据库、图表等于一身的优秀电子表格软件。其功能强大，技术先进，使用方便。它不仅具有 Word 表格的数据编排功能，而且提供了丰富的函数和强大的数据分析工具，可以简单快捷地对各种数据进行处理、统计和分析，它具有强大的数据综合管理功能，可以通过各种统计图表的形式把数据形象地表示出来。由于 Excel 2010 可以使用户愉快轻松地组织、计算和分析各种类型的数据，因此它被广泛地应用于财务、行政、金融、统计和审计等众多领域。

通过对本章的学习应理解 Excel 2010 电子表格的基本概念；掌握 Excel 2010 的基本操作，编辑、格式化工作表的方法；掌握公式、函数和图表的使用方法；掌握常用的数据管理与分析方法；熟悉 Excel 2010 的数据综合管理与决策分析功能。

4.1　Excel 2010 概述

Excel 2010 是一款非常出色的电子表格软件，它具有界面友好、操作简便、易学易用等特点，在工作学习中起着越来越重要的作用。

4.1.1　Excel 2010 的基本功能

Excel 2010 到底能够解决我们日常工作中的哪些问题呢？下面简要地从 3 个方面介绍它的实际应用。

1．表格制作

制作或者填写一个表格是经常遇到的工作，手工制作表格不仅效率低，而且格式单调，难以制作出一个好的表格。但是，利用 Excel 2010 提供的丰富的功能，就可以轻松方便地制作出具有较高专业水准的电子表格，以满足用户的各种需要。

2．数据处理与分析

Excel 2010 的电子表格中不仅包含各种数据，还包括计算公式和函数。它们可以在用户输入数据时自动完成所需的计算和分析，极大地提高了数据处理的效率。

在 Excel 2010 中提供了大量的内置函数，包括财务、日期与时间、数学与三角函数、统计、查找与引用、数据库、文本、逻辑、信息、工程和多维数据集 11 类，足以满足各领域的数据处理与分析管理。同时，Excel 2010 还允许用户创建自定义函数，以满足个人的计算需求。

3．建立图表

Excel 2010 提供了十四大类的图表，每一大类又有若干子类。用户只需使用系统提供的图表向导功能和选择表格中的数据，就可方便快捷地建立一个既适用又具有多种风格的图表。使用图表可以直观地表达工作表中的数据，增加数据的可读性。

4.1.2 Excel 2010 的启动与退出

1．Excel 2010 的启动方法

方法 1：通过“开始”菜单启动。选择“开始”→“所有程序”→Microsoft Office→Microsoft Office Excel 2010 命令。

方法 2：利用快捷方式。双击桌面上的快捷图标。

方法 3：通过文件名启动。在“Windows 资源管理器”窗口中，双击要打开的 Excel 文件。

2．Excel 2010 的退出方法

方法 1：单击 Excel 窗口右上角的按钮。

方法 2：右击任务栏上 Excel 的窗口按钮，在弹出的快捷菜单中选择“关闭”命令。

方法 3：选择“文件”选项卡中的“退出”命令。

方法 4：按【Alt+F4】组合键。

4.1.3 Excel 2010 的窗口界面

在默认情况下，启动 Excel 2010 后，其窗口是以普通视图方式显示的，如图 4-1 所示。

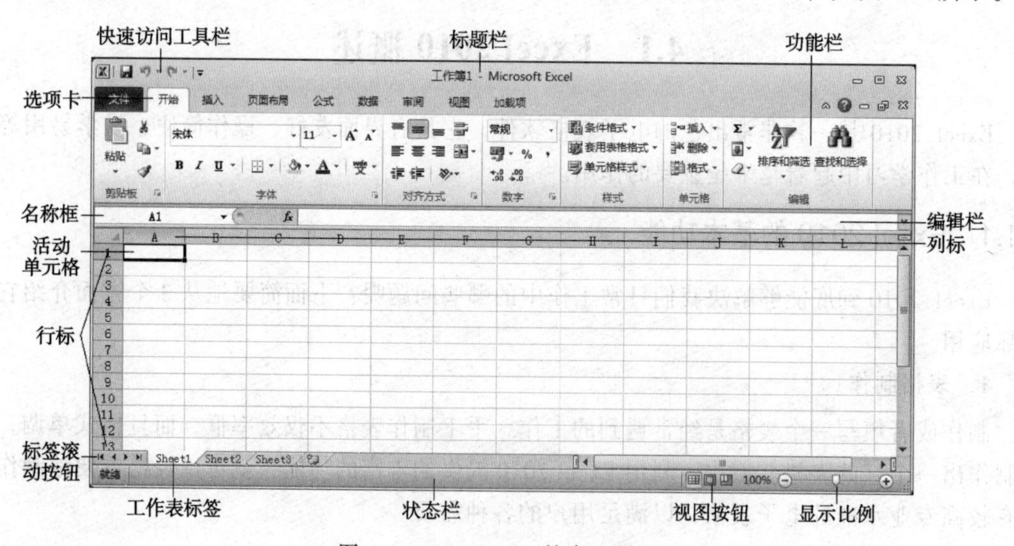

图 4-1　Excel 2010 的窗口界面

（1）标题栏

标题栏用来显示使用的程序窗口名和工作簿文件的标题。默认标题为“工作簿 1-Microsoft Excel”，如果是打开一个已有的文件，该文件的名字就会出现在标题栏上。标题栏左端的图标是窗口控制菜单图标，单击该图标可以打开控制菜单，用来调整窗口大小、移动窗口和关闭窗口；双击该图标即可关闭该窗口。右端是窗口最小化、最大化/还原和关闭按钮。

（2）功能选项卡

功能选项卡（以下简称选项卡）包括文件、开始、插入、页面布局、公式、数据、审阅、视图等，单击选项卡可打开相应的功能区，使用功能区按钮可以实现 Excel 的各种操作。

（3）功能区

每一个选项卡都对应一个功能区，功能区命令按钮按逻辑组的形式分成若干组，目的在于帮助用户快速找到完成某一操作所需的命令。为了使屏幕更为简洁，可使用帮助按钮左侧的功能区控制按钮，打开或关闭功能区。

（4）快速访问工具栏

快速访问工具栏一般位于窗口的左上角，当然用户也可以将其放在功能区的下方，通常放一些做常用的命令按钮，用户可以单击自定义快速访问工具栏右边的下三角按钮，打开下拉列表，根据需要添加或者删除常用选项。

（5）数据编辑区

名称框与编辑栏构成了数据编辑区，位于功能区的下方，如图 4-2 所示。左边是名称框，用来显示当前单元格或单元格区域名称；右边是编辑栏，用来编辑或输入当前单元格的值或公式；中间有 3 个工具按钮“√”“×”和“f_x”，分别表示对输入数据的“确认”“取消”和“插入函数”。

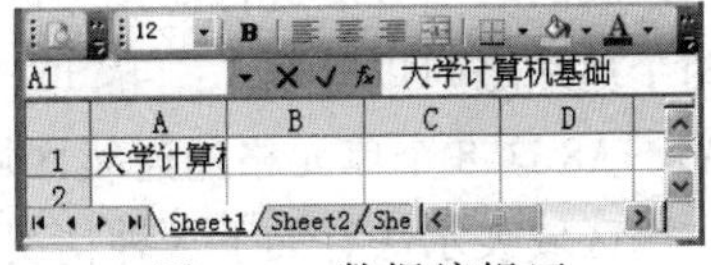

图 4-2　数据编辑区

（6）状态与视图栏

窗口底部一行的左端为状态栏，用于显示当前命令、操作或状态的有关信息。例如，在向单元格输入数据时，状态栏显示“输入”；修改当前单元格数据时，状态栏显示“编辑”；完成输入后，状态栏显示“就绪”。右端为视图栏，分别包括“普通”“页面布局”和“分页预览”3 个视图控制方式按钮以及视图显示比例的调节按钮。

（7）工作簿窗口

编辑栏和状态栏之间的一大片区域，就是工作簿窗口，也就是电子表格的工作区。该窗口由工作表区（若干单元格组成）、水平滚动条、垂直滚动条、工作表滚动按钮和工作表标签区等几个部分组成。

（8）全部选定区

工作簿的左上角（即行标和列标的交叉位置）称为全部选定区，单击该处可以选定所有单元格，即整个工作表。

4.1.4　工作簿、工作表和单元格

下面介绍 Excel 中的几个重要概念。

1．工作簿和工作表

工作簿是指用来存储并处理工作数据的文件，其中可包含多张不同类型的工作表，其扩展名为.xlsx。

工作表是工作簿的一部分，它由排成行或列的单元格组成，是用于存储和处理数据的主要文档，也称为电子表格。在工作表中可以存储字符串、数字、公式、图表、声音等信息。

当启动 Excel 时，系统会自动创建一个新的工作簿，其中包含 3 张工作表(Sheet1、Sheet2、Sheet3)。一个工作簿内工作表的个数受可用内存的限制。单击工作表标签，可在多个工作表之间切换。

2. 单元格

单元格是组成工作表的基本元素，工作表中行列的交叉位置就是一个单元格，单元格的名称由列标和行标组成，如 A1。单元格内输入和保存的数据，既可以包含文字、数字或公式，也可以包含图片和声音等。除此之外，每一个单元格中还可以设置格式，如字体、字号、对齐方式等。所以，一个单元格由数据内容、格式等部分组成。

3. 列标和行标

Excel 的行标用 1、2、3 等表示，共 1 048 576 行；列标用 A、B、C 等表示，共 16 384 列。每个单元格都用地址名称来标识，它是由列标和行标组成的。例如，A1 表示第 1 行第 1 列的单元格，C9 表示第 9 行第 3 列的单元格。

4. 单元格区域

在利用公式或函数的运算中，若参与运算的是由若干相邻单元格组成的连续区域，可以使用区域的表示方法进行简化。区域表示方法：只写出区域的开始和结尾的两个单元格的地址，两个地址之间用冒号“:”隔开，用来表示包括这两个单元格在内的它们之间所有的单元格。如 A1～A8 这 8 个单元格的连续区域可表示为 A1:A8。

区域表示法有如下 3 种情况：

① 一行的连续单元格。如 A1:F1 表示第一行中的第 A 列到第 F 列的 6 个单元格，所有单元格都在同一行。

② 一列的连续单元格。如 A1:A10 表示第 A 列中的第 1 行到第 10 行的 10 个单元格，所有单元格都在同一列。

③ 矩形区域中的连续单元格。如 A1:C4 则表示以 A1 和 C4 作为对角线两端的矩形区域，3 列 4 行共 12 个单元格。如果要对这 12 个单元格的数值求平均值，就可以使用求平均值函数来实现：Average(A1:C4)。

4.2 Excel 2010 的基本操作

对 Excel 文件进行管理，其实就是对工作簿进行管理。例如，打开文件，就是打开该工作簿下所有的工作表。对工作簿的操作与 Word 基本相似，主要有新建、保存、关闭及打开。新建立的工作簿中并没有数据，具体的数据要分别输入到不同的工作表中。因此，建立工作簿后首先要做的就是向工作表中输入数据。

4.2.1 工作簿的基本操作

1. 新建工作簿

Excel 启动后，系统会自动创建一个名为“工作簿 1.xlsx”的新工作簿。用户可以使用该工作簿中的工作表输入数据并进行保存。如果用户还要创建新工作簿，可采用如下方法：

（1）创建空白工作簿

方法 1：选择“文件”选项卡中的“新建”命令，弹出图 4-3 所示的对话框，单击“空白工作簿”→“创建”按钮。

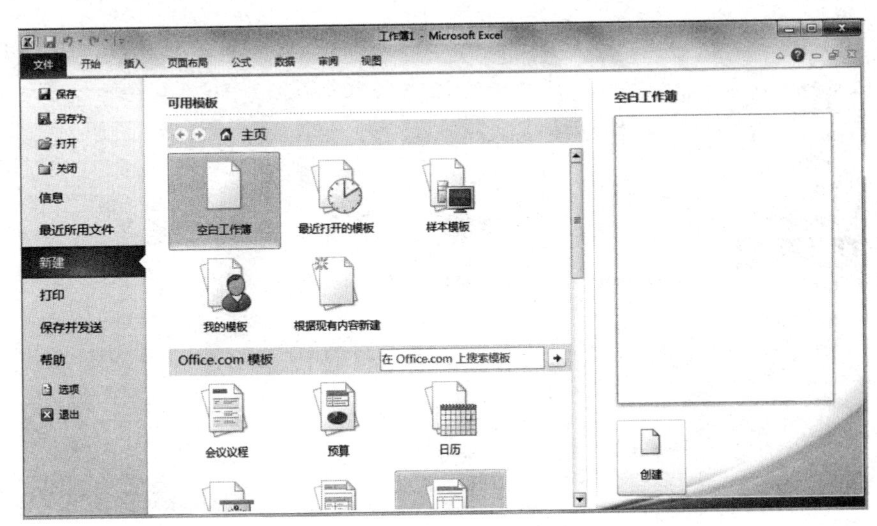

图 4-3 创建空白工作簿

方法 2：单击快速访问工具栏中的按钮（如果没有该按钮，则单击按钮从下拉菜单中选择“新建”命令后，再单击该按钮）。

方法 3：按【Ctrl+N】组合键。

（2）创建专业性工作簿

默认情况下建立的工作簿都是空白工作簿，除此之外 Excel 还提供了大量的、固定的、专业性很强的表格模板，如会议议程、预算、日历等。这些模板对数字、字体、对齐方式、边框、底纹和行高与列宽都做了固定格式的编辑和设置。用户使用这些模板可以轻松地设计出引人注目的、具有专业功能和外观的表格。使用模板创建考勤卡的操作如下：

① 选择“文件”选项卡中的“新建”命令，在弹出的对话框中单击“样本模板”选项，如图 4-4 所示。

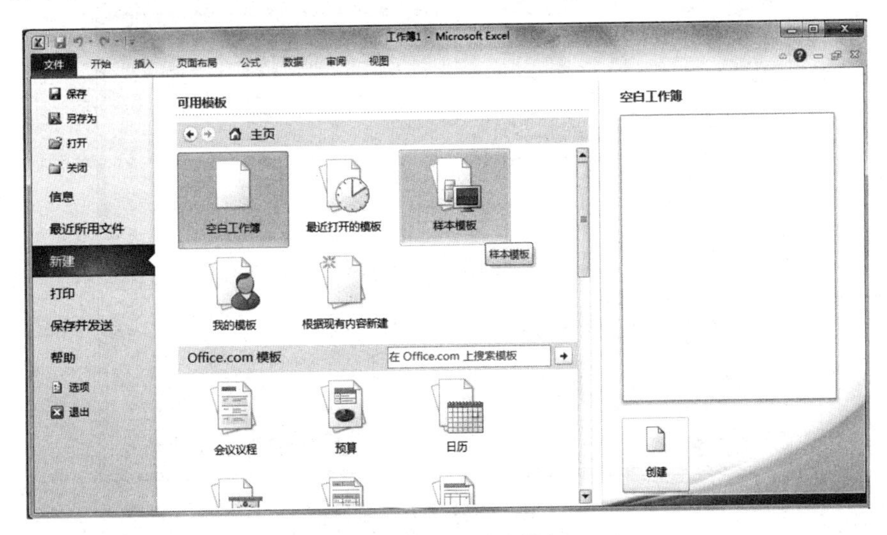

图 4-4 选择样本模板

② 在其中选择“考勤卡”模板，单击“创建”按钮，如图 4-5 所示。

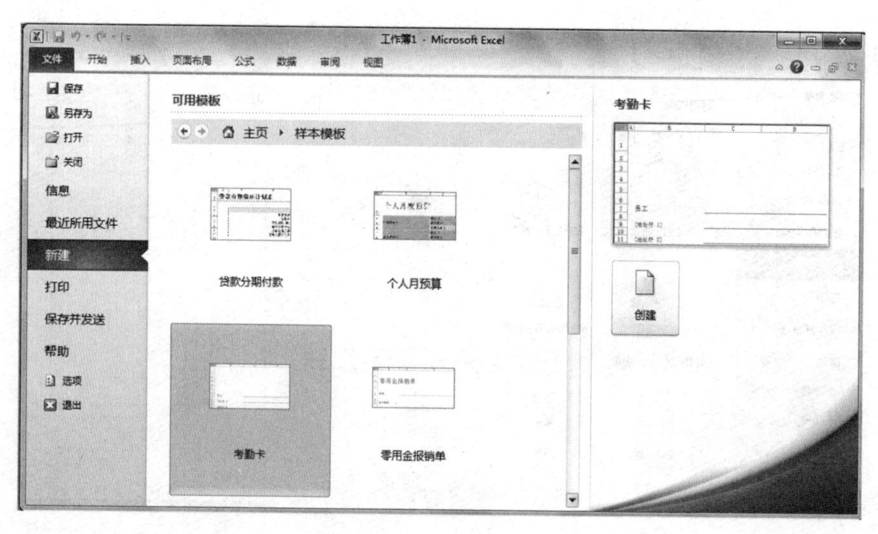

图 4-5　创建考勤卡

2. 保存工作簿

① 选择以下 3 种方法之一，打开“另存为”对话框，如图 4-6 所示。

方法 1：单击快速访问工具栏上的“保存”按钮。

方法 2：选择“文件”选项卡中的“保存”命令。

方法 3：按【Ctrl+S】组合键。

② 选择要保存的位置。

③ 在“文件名”文本框中输入“考勤卡”(此处可以不输入扩展名，因为保存类型已确定为.xlsx)。

④ 单击“保存”按钮。

图 4-6　“另存为”对话框

3. 保存已有的工作簿

保存一个已经保存过的工作簿，方法有以下两种：

方法 1：保存原有的工作簿。单击快速访问工具栏上的按钮。

方法 2：保存工作簿的副本。选择“文件”选项卡中的“另存为”命令。

说明： 如果是第一次保存工作簿或选择“另存为”命令，都会弹出“另存为”对话框，如图 4-6 所示。确定“保存位置”和“文件名”，注意保存类型为“Excel 工作簿(*.xlsx)”。如果是保存已有的工作簿，不一定会弹出“另存为”对话框。

4. 打开工作簿

打开已保存的工作簿常用如下方法：

方法 1：如果在快速访问工具栏定义的有“打开”按钮，则单击“打开”按钮。

方法 2：选择“文件”选项卡中的“打开”命令；或按【Ctrl+O】组合键。

方法 3：找到文件所在的文件夹，双击工作簿名，或右击工作簿名，在弹出的快捷菜单中选择“打开”命令。

说明： 前两种方法都会弹出“打开”对话框，只要在对话框中选择一个工作簿后再单击“打开”按钮，就可以将该工作簿在 Excel 中打开。

5. 关闭工作簿

同时打开的工作簿越多，所占用的内存空间就越大，会直接影响计算机的处理速度。因此，当工作簿操作完成而不再使用时，应及时将其关闭。关闭工作簿常用以下方法：

① 选择“文件”选项卡中的“关闭”命令。

② 单击工作簿窗口右上角的“关闭”按钮。

说明： 如果关闭前进行了修改但没有保存则会弹出是否保存提示对话框，如图 4-7 所示。单击“保存”按钮，则保存文档退出；单击“不保存”按钮，则放弃保存退出；单击“取消”按钮，则放弃本次操作。

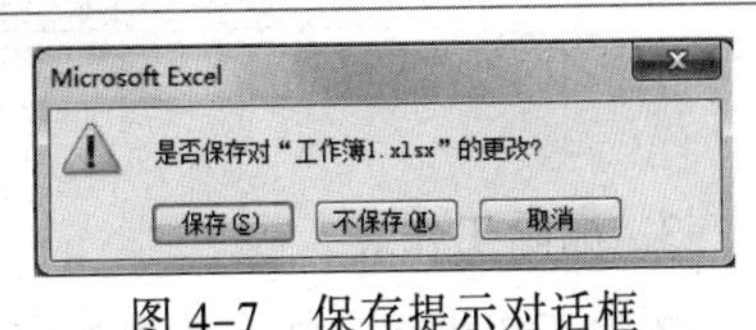

图 4-7　保存提示对话框

4.2.2 工作表的基本操作

新建立的工作簿中只包含 3 张工作表，根据需要还可以添加工作表，如前所述，最多可以增加到 255 张。对工作表的操作是指对工作表进行选择、插入、删除、移动、复制和重命名等。所有这些操作都可以在 Excel 窗口的工作表标签上进行。

1. 选择工作表

方法 1：单击工作表标签可以选定一张工作表。

方法 2：右击标签滚动按钮，从列表中可以选择所需的工作表。

方法 3：按住【Ctrl】键，分别单击工作表标签可以选定多张不连续的工作表。选择连续多张工作表，可先单击第一张工作表的标签，然后按住【Shift】键单击最后一张工作表的标签。

方法 4：右击某张工作表标签，在弹出的快捷菜单中选择“选定全部工作表”命令。

> **说明**：当新创建一个工作簿时，工作表 Sheet1 默认为当前工作表。
> 在移动、复制或删除之前，先要选定一张或多张工作表。
> 选定多张工作表后，可以同时在多个工作表中输入相同的数据。

2．插入工作表

要在工作簿中插入一张新的工作表，采用下面 3 种方法之一：

方法 1：单击工作表标签右侧的“插入工作表”控件，即可在最后一张工作表之后插入一张新工作表。

方法 2：在“开始”选项卡的“单元格”组中，单击“插入”按钮的向下箭头，在下拉菜单中选择“插入工作表”命令，即可在选定的工作表之前插入一张新工作表。

方法 3：右击工作表标签，在弹出的快捷菜单中选择“插入”命令，弹出图 4-8 所示的对话框，选择“常用”选项卡中的“工作表”选项，单击“确定”按钮，即可在选定的工作表之前插入一张新工作表。

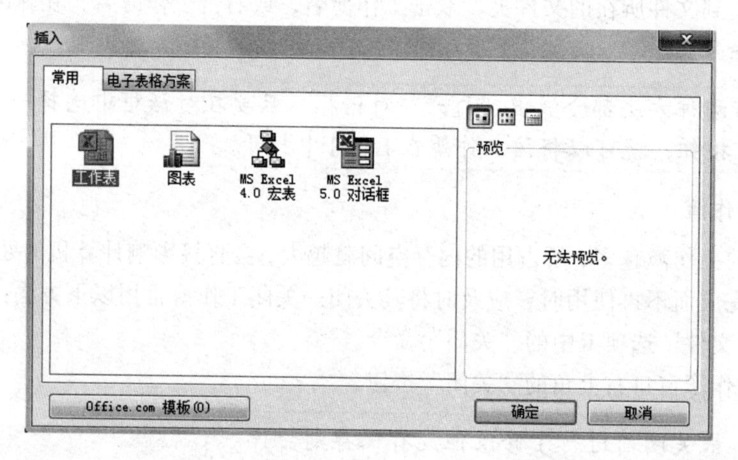

图 4-8　插入工作表

3．删除工作表

删除工作表的方法：首先选定要删除的工作表，然后右击工作表标签，在弹出的快捷菜单中选择“删除”命令。

如果工作表中含有数据，则会弹出确认删除对话框，如图 4-9 所示，单击“删除”按钮后，该工作表被删除，工作表名也从标签中消失。同时被删除的工作表也无法用“撤销”命令来恢复。

如果该工作表中没有数据，则不会弹出确认删除对话框，该工作表将被直接删除。

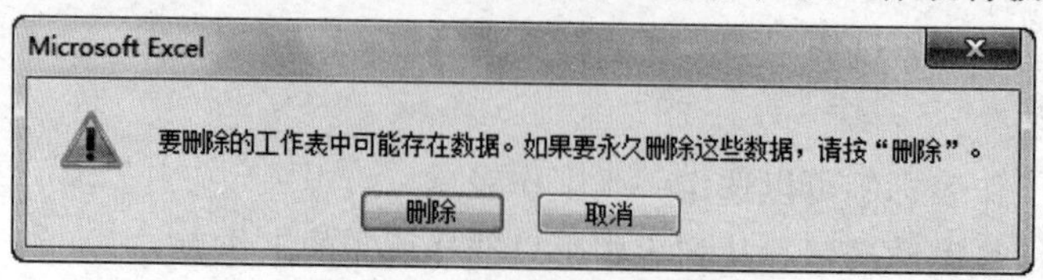

图 4-9　确认删除对话框

4．移动工作表

工作表在工作簿中的顺序并不是固定不变的，可以通过移动来重新安排它们的次序。移动工作表的方法：

① 选定一张工作表标签。

② 用鼠标拖动该工作表标签到目标位置后，松开鼠标按键即可。

5．复制工作表

在同一个工作簿中复制已建立好的工作表，操作步骤如下：

① 选定要复制的工作表标签。

② 按住【Ctrl】键，拖动工作表标签到目标位置后松开鼠标按键，即可复制一份相同的工作表。

说明：在拖动标签过程中，会出现一个向下的箭头指示目标位置，如图 4-10 所示。

Sheet1 Sheet2 Sheet3

图 4-10　拖动工作表标签

6．工作表的重命名

Excel 2010 在建立一个新的工作簿时，所有的工作表都是以 Sheet1、Sheet2、Sheet3、……命名。但在实际工作中，这种命名不便于记忆和进行有效管理，用户可以为工作表重新命名。工作表重新命名的方法：

方法 1：右击工作表标签，在弹出的快捷菜单中选择“重命名”命令，输入新的名称后确认输入即可。

方法 2：直接双击工作表标签，输入新的名称后确认输入即可。

4.2.3　数据输入

1．数据输入的基本方法

数据输入时的一般操作步骤如下：

① 在窗口下方的工作表标签中，单击某个工作表标签选择要输入数据的工作表。

② 单击要输入数据的单元格，使之成为当前单元格，此时，名称框中显示该单元格的名称。

③ 向该单元格直接输入数据，也可以在编辑栏输入数据，输入的数据会同时显示在该单元格和编辑栏。

④ 如果输入的数据有错，可单击编辑栏中的“×”按钮或按【Esc】键将其取消，然后重新输入。如果正确，可单击编辑栏中的“√”按钮或按【Enter】键确认输入的数据并将其存入当前单元格。

⑤ 继续向其他单元格输入数据。选择其他单元格可用如下方法：

- 按方向键：【→】【←】【↓】【↑】。
- 按【Enter】键。
- 直接单击其他单元格。

2．各种类型数据的输入

由于每个单元格中可以输入不同类型的数据，如数值、文本、日期和时间等。不同类型的数据输入时必须使用不同的格式，只有这样 Excel 才能识别输入数据的类型。

（1）文本型数据的输入

文本型数据，即字符型数据，包括英文字母、汉字、数字以及其他字符。显然，文本型数据就是字符串，在单元格中默认的是左对齐。输入文本时，如果输入的是数字字符，则应在数字文本前加上英文输入法下的单撇号（'）再输入数字文本；而输入其他文本时，则可直接输入。

数字字符串是指全由数字字符组成的字符串，如学生学号、身份证号和邮政编码等。这种数字字符串是不能参与诸如求和、求平均值等运算的。所以在此特别强调：输入数字字符串时不能省略单撇号（'），这是因为 Excel 无法判断输入的是数值还是字符串。

（2）数值型数据的输入

数值型数据可直接输入，在单元格中默认的是右对齐。在输入数值型数据时，除了 0～9、正负号和小数点外，还可以使用如下符号：

① E 和 e 用于指数符号的输入，例如，5.28E + 3。

② 以“$”或“￥”开始的数值表示货币格式。

③ 圆括号表示输入的是负数，例如，（735）表示-735。

④ 逗号（,）表示分节符，例如，1,234,567。

⑤ 符号“%”结尾表示输入的是百分数，例如，50%表示 0.5。

如果输入的数值长度超过单元格的宽度时，将会自动转换成科学计数法，即指数法表示。例如，如果输入的数据为 123456789，则在单元格中显示 1.234567E + 8。

（3）日期型数据的输入

日期的输入格式比较多。例如，要输入日期 2014 年 2 月 20 日。

① 如果要求按年月日顺序时，常使用如下 3 种格式输入：

- 14/2/20。
- 2014/2/20。
- 2014-2-20。

上面 3 种格式输入确认后，在单元格中均显示相同格式：2014-2-20。在此要说明的是第 1 种输入格式中年份只用了两位，即 14 表示 2014 年。

② 如果要求按日月年顺序时，常使用如下两种格式输入：

- 8-Jan-14。
- 8/Jan/14。

输入结果，均显示为第一种格式。

如果只输入两个数字，则系统默认为输入的是月和日。例如，如果在单元格中输入 2/3，则表示输入的是 2 月 3 日，年份默认为系统年份。如果要输入当天的日期，可按【Ctrl + ;】组合键。

输入的日期在单元格中默认的是右对齐。

（4）时间型数据的输入

输入时间时，时和分之间、分和秒之间均用冒号“:”隔开，也可以在时间后面加上 A 或 AM、P 或 PM 等分别表示上、下午：

hh:min:ss [a/am/p/pm]，其中秒 ss 和字母之间应该留有空格，例如，7:30 AM。

将日期和时间组合输入，输入时日期和时间之间要留有空格，例如，2014-1-15 10:30。

要输入当前系统时间，可以按【Ctrl + Shift + ;】组合键。

输入的时间和输入的日期一样，在单元格中默认右对齐。

（5）分数的输入

由于分数线、除号和日期分隔符均使用同一个符号“/”，所以为了使系统区分输入的是日期还是分数，规定在输入分数时，要在分数前面加上 0 和空格。例如，输入分数 1/3，则应先在单元格输入 0 和空格，再输入 1/3，即“0 1/3”，这时编辑输入区显示的是 0.333333333333333，而单元格仍显示 1/3。如果要输入 5/3，应向单元格输入“0 5/3”或输入“1 2/3”。

（6）逻辑值的输入

在单元格中对数据进行比较运算时，可得到两种比较结果：True（真）或 False（假），逻辑值在单元格中的对齐方式默认为居中。

3. 数据的自动填充

自动填充就是将选定单元格中的数据按一定的规律复制到与其相邻的其他单元格中去。

在 Excel 2010 中，可以使用“填充”命令将数据填充到工作表单元格中，Excel 可根据用户建立的模式自动继续数字、数字和文本的组合、日期或时间段序列。另外，在 Excel 2010 中，也可以使用填充柄快速填充数据序列。方法是：拖动单元格右下角的填充柄，会出现“自动填充选项”控件，根据单元格中的数据类型不同，该控件的选项也不相同，单击该控件，可从下拉菜单中选择相应的填充方式，如图 4-11 所示。

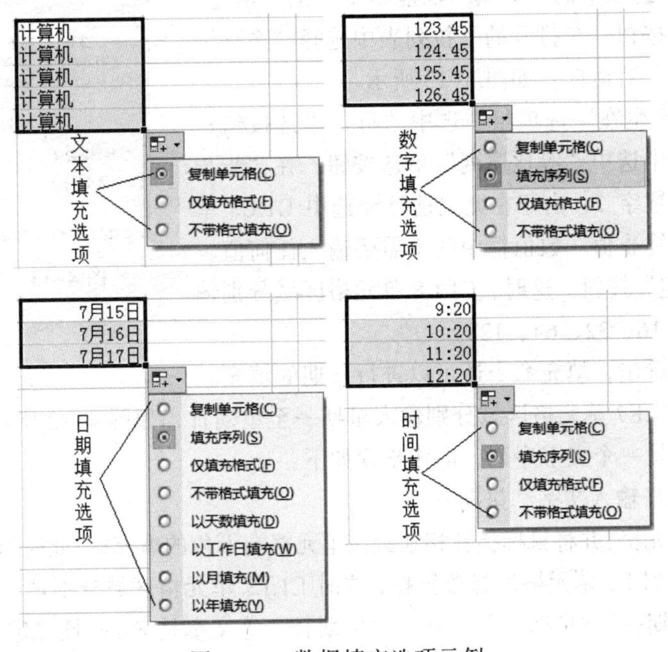

图 4-11　数据填充选项示例

【例 4-1】 在 A1:A8 单元格区域分别输入数字 1、3、5、7、9、11、13、15，如图 4-12 所示。

本例要输入的是一个等差序列，操作步骤如下：

① 在 A1 和 A2 单元格分别输入前两个数字 1 和 3。

② 单击 A1 单元格并拖动到 A2 单元格，这两个单元格被黑框包围。

③ 将鼠标指针移动到 A2 单元格右下角的填充柄，此时指针变为细十字形状“+”。

④ 拖动“+”到 A8 单元格后释放鼠标，这时 A3 到 A8 单元格分别填充了 5、7、9、11、13 和 15。

J13 ▾ fx

	A	B	C	D	E	F
1	1		1		星期一	
2	3		2		星期二	
3	5		4		星期三	
4	7		8		星期四	
5	9		16		星期五	
6	11		32		星期六	
7	13		64		星期日	
8	15		128			
9						
10						

图 4-12　数据的自动填充

说明：用鼠标拖动填充柄填充的数字序列，默认是等差序列，如果要填充等比序列，则要单击“开始”选项卡，在打开的“编辑”功能组中单击“填充”按钮。

【例 4-2】在 C1:C8 单元格区域分别输入数字 1、2、4、8、16、32、64、128，如图 4-12 所示。

本例要输入的是一个等比序列，操作步骤如下：

① 在 C1 单元格输入第一个数据 1。

② 选中 C1:C8 单元格区域。

③ 在“开始”选项卡的“编辑”功能组中单击“填充”按钮右侧的下三角按钮，在打开的下拉列表中选择“系列”选项，弹出“序列”对话框，如图 4-13 所示。

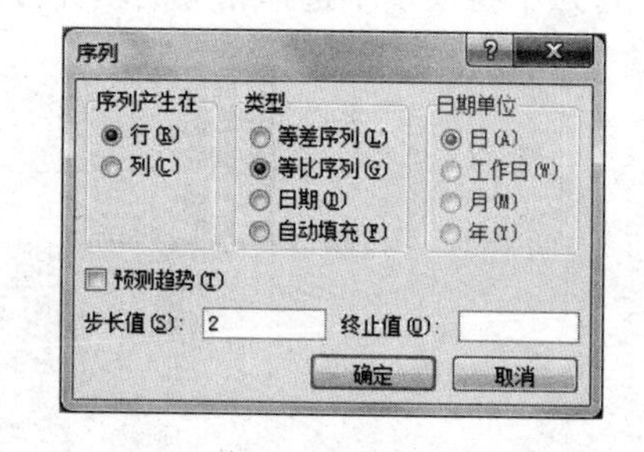

图 4-13　“序列”对话框

④ 在“序列产生在”选项组中选中“行”单选按钮；在“类型”选项组中选中“等比序列”单选按钮；在“步长值”数值框中输入数字 2；由于在此之前已经选中 C1:C8 单元格区域，因此“终止值”数值框中就不需要输入任何值。

⑤ 单击“确定”按钮。这时，C1:C8 单元格区域分别输入了 1、2、4、8、16、32、64、128。

从对话框可以看出，填充命令还可以进行日期的填充。

【例 4-3】在 E1:E7 单元格区域分别输入星期一至星期日，如图 4-12 所示。

本例要输入的是一个文字序列，操作步骤如下：

① 在 E1 单元格输入文字“星期一”。

② 单击 E1 单元格，并将鼠标指针移动到该单元格右下角的填充柄，此时指针变十字形“+”。

③ 拖动“+”到 E7 单元格后释放鼠标，这时 E1:E7 单元格区域分别填充了所要求的文字。

本例中的“星期一”“星期二”、……、“星期日”等文字是 Excel 预先定义好的文字序列，所以，当在 E1 单元格输入了“星期一”后，拖动填充柄时，Excel 就按该序列的内容依次填充“星期二”、……、“星期日”等，如果序列的数据用完，则再使用该序列的开始数据继续填充。

Excel 在系统中已经定义的常用文字序列如下：

- 日、一、二、三、四、五、六。
- Sunday、Monday、Tuesday、Wednesday、Thursday、Friday、Saturday。
- Sun、Mon、Tue、Wed、Thur、Fri、Sat。
- 一月、二月…。

- January、February…。
- Jan、Feb…。

【例 4-4】自定义填充序列，序列中各个填充项的内容分别是“基础学院”“数计学院”“经贸学院”“艺术学院”和“外语学院”。

操作步骤如下：

① 单击“文件”选项卡，选择“选项”命令，弹出“Excel 选项”对话框。

② 在对话框左侧的列项中选择“高级”选项卡，然后拖动垂直滚动条，在右侧列项中找到“Web 选项”选项组，单击“创建于排序和填充序列的列表”左侧的“编辑自定义列表”按钮，弹出“自定义序列”对话框，如图 4-14 所示。

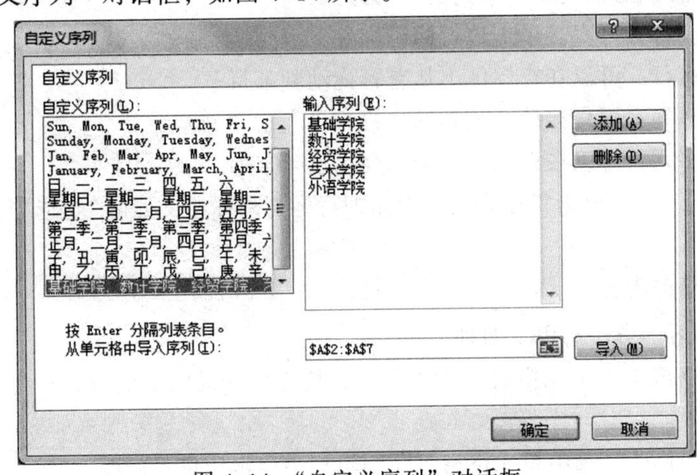

图 4-14 “自定义序列”对话框

③ 在右侧的“输入序列”列表框中输入“基础学院”“数计学院”“经贸学院”“艺术学院”和“外语学院”。输入时需注意，每输入一项后都要按【Enter】键，即每个填充项各占一行，如图 4-14 所示。

④ 各填充项输入完毕后，单击“添加”按钮，这时输入的新内容会显示到左边的“自定义序列”列表框中，如图 4-14 所示。

⑤ 单击“确定”按钮，返回到“Excel 选项”对话框，再单击“确定”按钮，关闭“Excel 选项”对话框。这时新定义的序列即可用来填充。

4.2.4 工作表编辑

已经建立好的工作表，可以进行编辑。编辑工作表的操作主要包括修改、复制、移动和删除内容，增删行列以及对表格的格式进行设置等。在进行编辑之前，首先要选择对象。

1. 选择操作对象

选择操作对象主要包括单个单元格、连续区域、不连续多个单元格或区域以及特殊区域的选择。

（1）单个单元格的选择

选择单个单元格，就是使某个单元格成为“活动单元格”。单击某个单元格，该单元格周围呈黑色方框显示，表示被选中。

（2）连续区域的选择

选择连续区域的方法有如下 3 种（以选择 A1:F5 为例）：

方法 1：单击区域左上角的单元格 A1，然后用鼠标拖动到该区域的右下角单元格 F5。

方法 2：单击区域左上角的单元格 A1，然后按住【Shift】键，单击该区域的右下角单元格 F5。

方法 3：在名称框中输入“A1:F5”，然后按【Enter】键，则选中了 A1:F5 单元格区域。

（3）不连续多个单元格或区域的选择

按住【Ctrl】键后分别选择各个单元格或单元格区域。

（4）特殊区域的选择

特殊区域的选择主要是指以下不同区域的选择：

① 选择某个整行：可直接单击该行的行标。

② 选择连续多行：可以在行标区上从首行拖动到末行。

③ 选择某个整列：可直接单击该列的列标。

④ 选择连续多列：可以在列标区上从首列拖动到末列。

⑤ 选择整个工作表：单击工作表的左上角即行标与列标相交处的“全选”区，或按【Ctrl+A】组合键。

2. 修改单元格的内容

修改单元格内容的方法有以下两种：

① 双击单元格或选中单元格后按【F2】键，使光标变成闪烁的方式，可直接对单元格的内容进行修改。

② 在编辑栏中修改：选中单元格后，在编辑栏中单击后进行修改。

3. 移动单元格内容

将某个单元格或某个区域的内容移动到其他位置上，可以有以下两种方法：

（1）使用鼠标拖动法

首先将鼠标指针移动到所选区域的边框上，然后拖动到目标位置即可。在拖动过程中，边框显示为虚框。

（2）使用剪贴板的方法

操作步骤如下：

① 选定要移动数据的单元格或单元格区域。

② 单击“开始”选项卡，在打开的“剪贴板”功能组中单击“剪切”按钮。

③ 单击目标单元格或目标单元格区域左上角的单元格。

④ 在“剪贴板”功能组中单击“粘贴”按钮。

4. 复制单元格内容

将某个单元格或某个单元格区域的内容复制到其他位置上，同样也有两种方法。

（1）使用鼠标拖动法

首先将鼠标指针移动到所选单元格或单元格区域的边框，然后按住【Ctrl】键后拖动鼠标到目标位置即可，在拖动过程中，边框显示为虚框。同时鼠标指针的右上角有一个小的十字“+”符号。

（2）使用剪贴板的方法

使用剪贴板复制的过程与移动的过程是一样的，只是在第②步时要选择“剪贴板”功能组中的“复制”命令，其他步骤完全一样。

5．清除单元格

清除单元格或某个单元格区域，不会删除单元格本身，而只是删除单元格或单元格区域中的内容、格式等之一，或是均清除，用户可以有选择性的清除。

操作步骤如下：

① 选中要清除的单元格或单元格区域。

② 在“开始”选项卡的“编辑”功能组中单击“清除”按钮，在其下拉列表中选择“全部清除”“清除格式”“清除内容”等选项之一，均可实现相应项的清除，如图 4-15 所示。

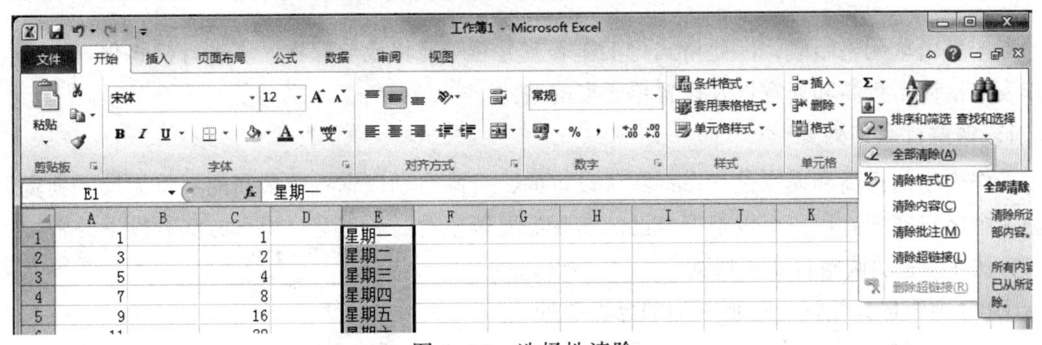

图 4-15　选择性清除

> **说明**：选中某个单元格或某个单元格区域后，再按【Delete】键，只能清除该单元格或单元格区域的内容。

6．行、列、单元格的插入与删除

（1）插入行、列

在“开始”选项卡的“单元格”功能组中单击“插入”按钮，在打开的下拉列表中选择“插入工作表行”或“插入工作表列”选项，则插入的行或列分别显示在当前行或当前列的上端或左端。

（2）删除行、列

方法 1：选定要删除的行或列，单击“开始”选项卡的“单元格”功能组中的“删除”按钮。

方法 2：右击行标或列标，在弹出的快捷菜单中选择“删除”命令。

（3）插入或删除单元格

插入单元格：选中要插入单元格的位置，单击“开始”选项卡“单元格”功能组中的“插入”按钮，在打开的下拉列表中选择“插入单元格”选项，弹出“插入”对话框，如图 4-16 所示。再选中“活动单元格右移”或“活动单元格下移”单选按钮，单击“确定”按钮。新的单元格插入后，原活动单元格会右移或下移。

删除单元格：选中要删除的单元格，单击“开始”选项卡“单元格”功能组中的“删除”按钮，在打开的下拉列表中选择“删除单元格”选项，弹出“删除”对话框，如图 4-17 所示。再选择“右侧单元格左移”或“下方单元格上移”单选按钮，然后单击“确定”按钮，该单元格被删除。如果选中“整行”或“整列”单选按钮，则该单元格所在行或列被删除。

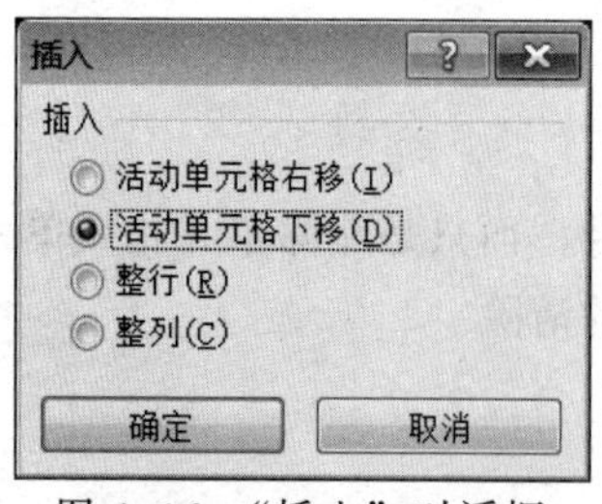

图 4-16 “插入”对话框

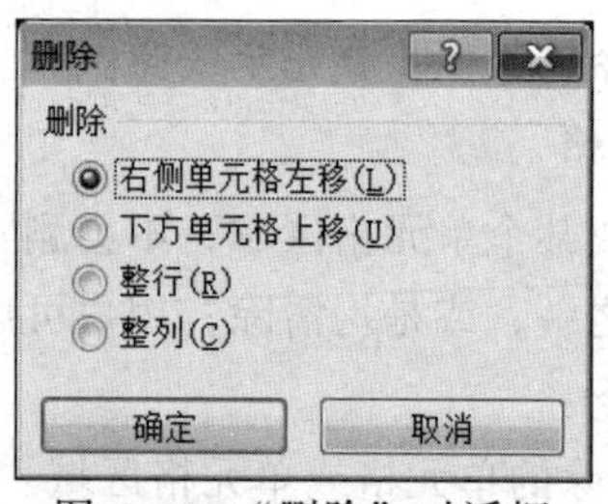

图 4-17 “删除”对话框

4.2.5 工作表格式化

工作表由单元格组成，因此格式化工作表就是对单元格或单元格区域进行格式化。格式化工作表包括调整行高和列宽以及设置单元格的格式。

1. 调整行高和列宽

工作表中的行高和列宽是 Excel 默认设定的，行高自动以本行中最高的字符为准，列宽默认为 8 个字符宽度。用户可以根据自己的实际需要调整行高和列宽。操作方法有以下几种：

方法 1：手动调整行高或列宽。

① 分别将鼠标指向行标或列标的分界线处。

② 当鼠标指针变为╪或╫时，拖动分界线即可调整行高或列宽。

方法 2：自动调整行高和列宽。

① 选定要调整的行或列。

② 单击“开始”选项卡的“单元格”功能组中的“格式”按钮。

③ 在弹出的下拉列表中选择“自动调整行高”或“自动调整列宽”选项。

方法 3：精确设置行高和列宽。

① 选定要调整的行或列。

② 单击“开始”选项卡的“单元格”功能组中的“格式”按钮。

③ 在弹出的下拉列表中选择“行高”或“列宽”选项，弹出图 4-18 所示的对话框。

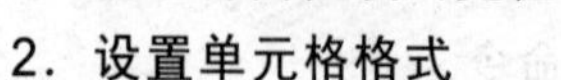

图 4-18 分别精确设置行高和列宽

④ 输入行高值或列宽值，单击“确定”按钮。

2. 设置单元格格式

一个单元格由数据内容和格式等组成，输入了数据内容后，就可以对单元格中的格式进行设置。设置单元格格式可以使用“开始”选项卡中的功能组按钮，如图 4-19 所示。

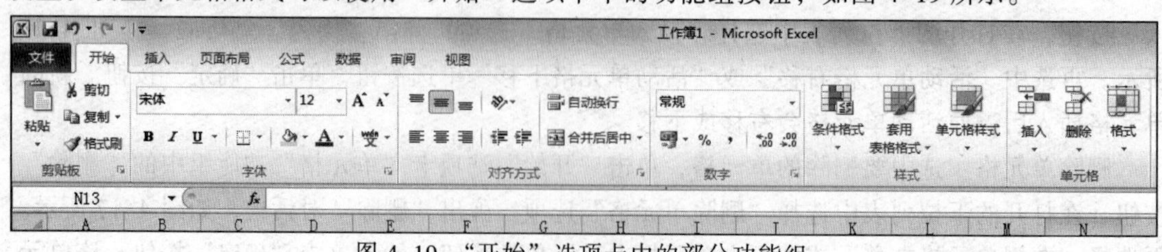

图 4-19 “开始”选项卡中的部分功能组

“开始”选项卡，包括“字体”“对齐方式”“数字”“样式”“单元格”功能组，这 5 个功能组主要用于单元格或单元格区域的格式设置；另外还有“剪贴板”和“编辑”两个功能组，主要用于 Excel 文档的编辑输入、单元格数据的计算等。

也可以单击“单元格”功能组中的“格式”按钮，在其下拉列表中选择“设置单元格格式”选项，弹出“设置单元格格式”对话框，可以设置的格式包括“数字”“对齐”“字体”“边框”“填充”和“保护”6 项，如图 4-20 所示。

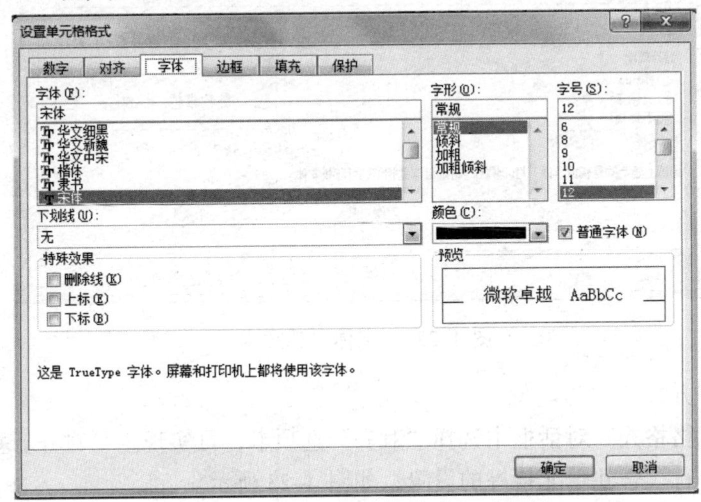

图 4-20　“设置单元格格式”对话框

(1) 设置数字格式

Excel 2010 提供了多种数字格式。在对数字格式化时，可以通过设置小数位数、百分号、货币符号等来表示单元格中的数据。在“设置单元格格式”对话框中选择“数字”选项卡，在“分类”列表框中选择一种分类格式，在对话框的右侧进一步设置小数位数、货币符号等，如图 4-21 所示。

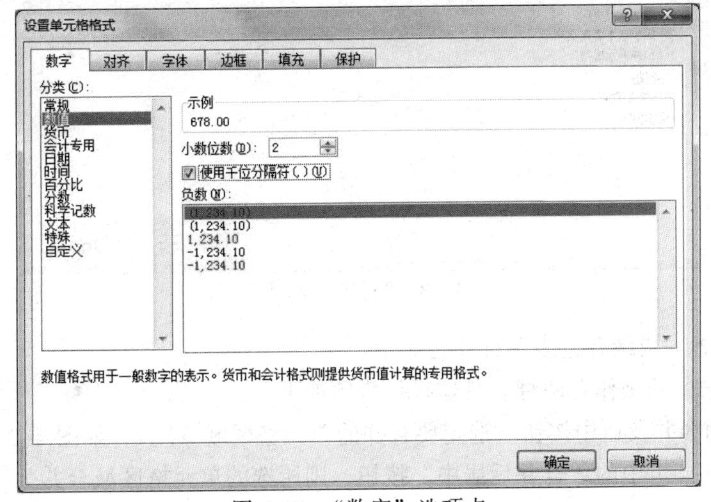

图 4-21　“数字”选项卡

(2) 设置字体格式

在“设置单元格格式”对话框中选择“字体”选项卡，可对字体、字形、字号、颜色、下画线、特殊效果等进行设置，如图 4-22 所示。

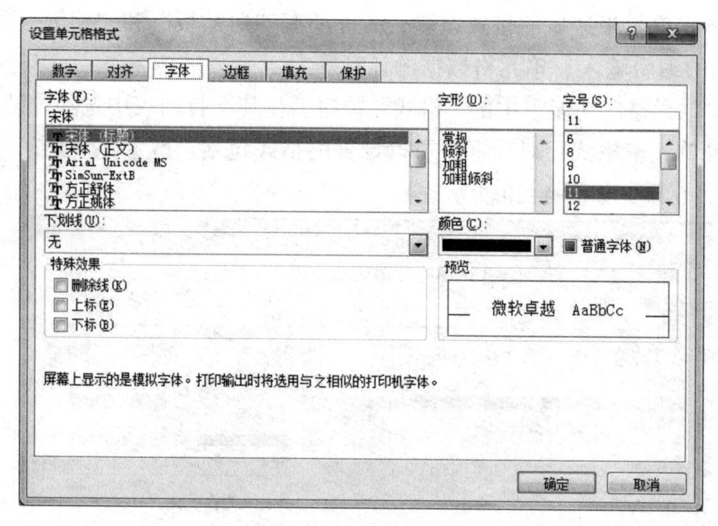

图 4-22 “字体”选项卡

（3）设置对齐方式

在“设置单元格格式”对话框中选择“对齐”选项卡，可实现水平对齐、垂直对齐、改变文本方向、自动换行、合并单元格等的设置，如图 4-23 所示。

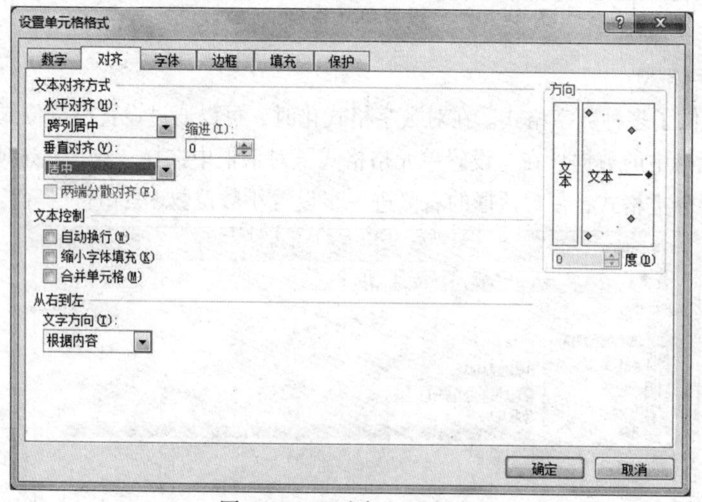

图 4-23 “对齐”选项卡

【例 4-5】设置“成绩登记表”标题行居中。

设置标题行居中的操作有两种。具体操作步骤如下：

方法 1：利用合并及居中按钮。选定要合并的单元格区域 A1:J1，如图 4-24 所示，然后单击“对齐方式”功能组中的“合并后居中”按钮，则所选的单元格区域合并为一个单元格 A1，并且标题居中放置，如图 4-25 所示。

方法 2：利用“对齐”选项卡。选定要跨列的单元格区域 A1:J1，然后选择“设置单元格格式”对话框中的“对齐”选项卡，如图 4-23 所示，在“水平对齐”下拉列表框中选择“跨列居中”选项，在“垂直对齐”下拉列表框中选择“居中”选项，标题仍然居中，但是单元格并没有合并。

A1 成绩登记表

	A	B	C	D	E	F	G	H	I	J
1	成绩登记表									
2	学号	班级	姓名	网页制作	平面设计	影视制作	三维动画	总分	平均成绩	名次
3	0911307147	信管091	陈顺兵	74	55	93	92			
4	0911307148	信管095	单晶晶	84	68	86	90			
5	0911307135	计应091	高　飞	87	78	86	85			
6	0911307138	计应091	黎　丽	83	95	78	89			
7	0911307151	信管095	刘洪梅	77	90	97	85			
8	0911307142	信管095	田　芳	77	56	92	71			
9	0911307145	计应091	田功勋	87	80	67	83			
10	0911307136	信管095	王远炳	69	74	84	70			
11	0911307139	信管095	伍友成	90	89	87	95			
12	0911307146	计应091	武小文	90	92	81	85			

图 4-24　选中合并的单元格 A1:J1

A1 成绩登记表

	A	B	C	D	E	F	G	H	I	J
1	成绩登记表									
2	学号	班级	姓名	网页制作	平面设计	影视制作	三维动画	总分	平均成绩	名次
3	0911307147	信管091	陈顺兵	74	55	93	92			
4	0911307148	信管095	单晶晶	84	68	86	90			
5	0911307135	计应091	高　飞	87	78	86	85			
6	0911307138	计应091	黎　丽	83	95	78	89			
7	0911307151	信管095	刘洪梅	77	90	97	85			
8	0911307142	信管095	田　芳	77	56	92	71			
9	0911307145	计应091	田功勋	87	80	67	83			
10	0911307136	信管095	王远炳	69	74	84	70			
11	0911307139	信管095	伍友成	90	89	87	95			
12	0911307146	计应091	武小文	90	92	81	85			

图 4-25　合并及居中

(4) 设置边框和底纹

在 Excel 工作表中可以看到灰色的网格线，但如果不进行设置，这些网格线在打印时是打印不出来的，为了突出工作表或某些单元格的内容，可以为其添加边框和底纹。设置边框和底纹的方法：首先选定要设置边框和底纹的单元格区域，然后在“设置单元格格式”对话框中选择“边框”或“填充”选项卡，如图 4-26 和图 4-27 所示。

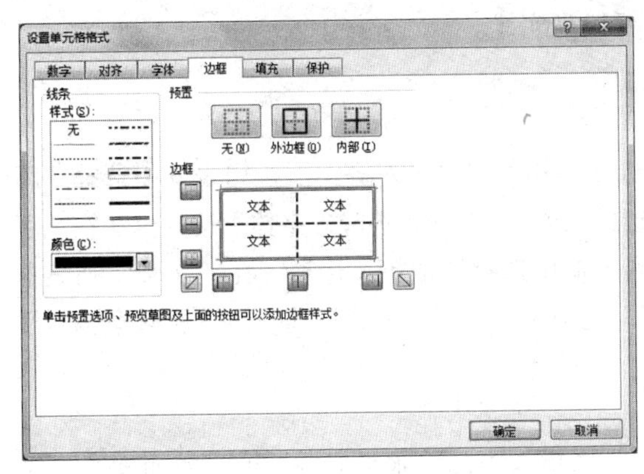

图 4-26　“边框”选项卡

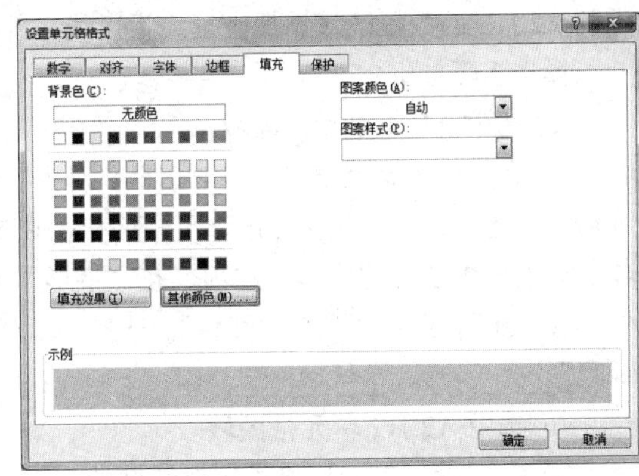

图 4-27　“填充”选项卡

① 设置“边框”：首先选择“线条”的“样式”和“颜色”，然后在“预置”选项组中选择“内部”或“外边框”选项，分别设置内外线条。

② 设置“填充”：设置单元格底纹的“颜色”或“图案”，可以设置选定区域的底纹与填充色。

（5）设置保护

设置单元格保护是为了保护单元格中的数据和公式，其中有两个选项：锁定和隐藏。锁定是防止单元格中的数据更改、移动或删除单元格；而隐藏是为了隐藏公式，使得编辑栏中看不到所应用的公式。

设置单元格保护的方法：首先选定要设置保护的单元格区域，然后在“设置单元格格式”对话框中选择“保护”选项卡，设置其锁定和隐藏，如图 4-28 所示。但是，只有在工作表被保护后，锁定单元格或隐藏公式才生效。

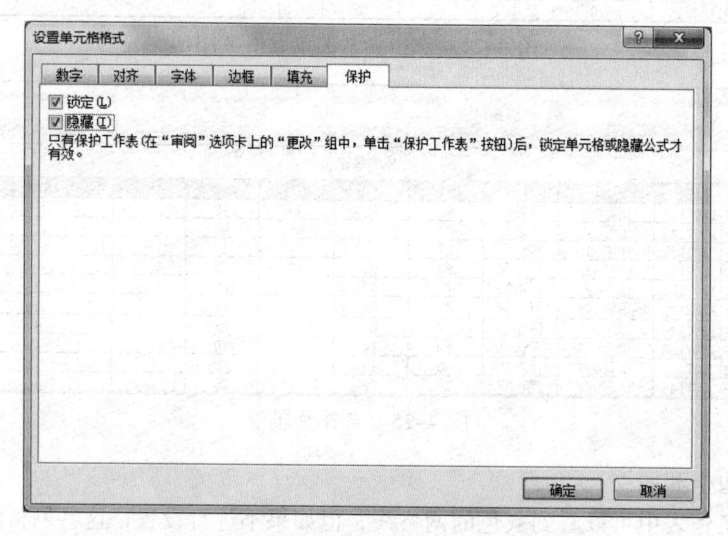

图 4-28 “保护”选项卡

【例 4-6】 工作表格式化。对“成绩登记表”的标题行设置跨列居中、字体设置为黑体、20 磅、加粗、红色，浅绿色底纹；表格中其余数据水平和垂直居中，设置保留 2 位小数；工作表中的 A2:J12 的数据区域添加内框线为虚线，外框线为实线。

操作步骤如下：

① 选中 A1:J1 单元格区域。

② 在“设置单元格格式”对话框“对齐”选项卡中的“水平对齐”下拉列表框中选择“跨列居中”选项，在“垂直对齐”下拉列表框中选择“居中”选项；选择“字体”选项卡，在“字体”列表框中选择“黑体”选项，在“字形”列表框中选择“加粗”选项、在“字号”列表框中选择“20”，设置颜色为“红色”；选择“填充”选项卡，在“背景栏”选项组设置颜色为“浅绿色”。

③ 选中 A2:J12 单元格区域。

④ 在“设置单元格格式”对话框的“对齐”选项卡中的“水平对齐”和“垂直对齐”两个下拉列表框中均选择“居中”选项；选择“数字”选项卡，在“分类”列表框中选择“数值”选项，在“小数位数”数值框中输入“2”或调整为“2”；选择“边框”选项卡，在“线条样式”列表框中选择“实线”选项，然后在“预置”选项组中选择“外边框”选项，在“线条样式”列表框中选择“虚线”选项，然后在“预置”选项组中选择“内部”选项。格式化后的工作表如图 4-29 所示。

学号	班级	姓名	网页制作	平面设计	影视制作	三维动画	总分	平均成绩	名次
0911307147	信管091	陈顺兵	74.00	55.00	93.00	92.00			
0911307148	信管095	单晶晶	84.00	68.00	86.00	90.00			
0911307135	计应091	高　飞	87.00	78.00	86.00	85.00			
0911307138	计应091	黎　丽	83.00	95.00	78.00	89.00			
0911307151	信管095	刘洪梅	77.00	90.00	97.00	85.00			
0911307142	信管095	田　芳	77.00	56.00	92.00	71.00			
0911307145	计应091	田功勋	87.00	80.00	67.00	83.00			
0911307136	信管095	王远炳	69.00	74.00	84.00	70.00			
0911307139	信管095	伍友成	90.00	89.00	87.00	95.00			
0911307146	计应091	武小文	90.00	92.00	81.00	85.00			

图 4-29　格式化工作表示例

3. 设置条件格式

Excel 2010 提供了“条件格式化”功能，可以根据指定的条件设置单元格的格式，如改变字形、颜色、边框和底纹等。从而可以在大量的数据中快速查阅到所需要的数据。

【例 4-7】在 C 班学生成绩表中利用“条件格式化”功能，指定当成绩大于 90 分时，将其字形格式设置为“加粗”、字体颜色设置为“蓝色”，并添加黄色底纹。

操作步骤如下：

① 选定要进行条件格式化的区域。

② 在“开始”选项卡的“样式”功能组中单击“条件格式”按钮，在其下拉列表中选择“突出显示单元格规则”→“大于”选项，弹出“大于”对话框，如图 4-30 所示。在“为大于以下值的单元格设置格式”文本框中输入“90”，在其右边的“设置为”下拉列表框中选择“自定义格式”选项，弹出“设置单元格格式”对话框，如图 4-31 所示。

图 4-30　“大于”对话框

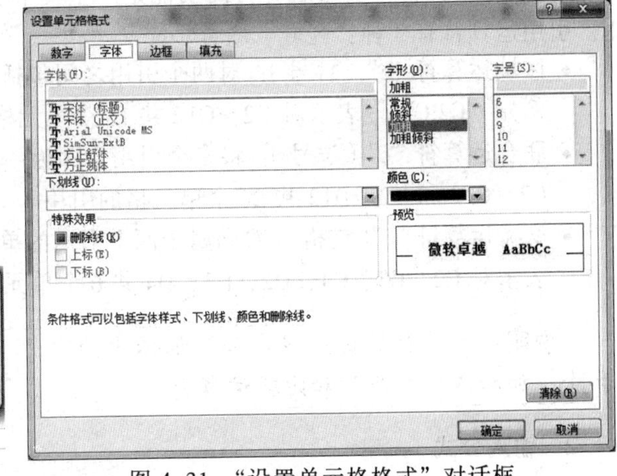

图 4-31　“设置单元格格式”对话框

③ 选择“字体”选项卡，字形设置为“加粗”，字体颜色设置为“蓝色”，选择“图案”选项卡将底纹颜色设置为“黄色”，设置完格式后，单击“确定”按钮，返回“大于”对话框，再单击“确定”按钮即可。设置效果如图 4-32 所示。

④ 如果还需要设置条件，可按照上面的方法步骤继续操作。

C班学生成绩表

学号	姓名	性别	语文	数学	英语
2010001	张　山	男	90	83	68
2010002	罗明丽	女	63	92	83
2010003	李　丽	女	88	82	86
2010004	岳晓华	女	78	58	76
2010005	王克明	男	68	63	89
2010006	苏　姗	女	85	66	90
2010007	李　军	男	95	75	58
2010009	张　虎	男	53	76	92

图 4-32　设置效果图

4.3　Excel 2010 的数据计算

Excel 电子表格系统除了能进行一般的表格处理外，最主要的是它的数据计算功能。在 Excel 中，用户可以在单元格中输入公式或使用 Excel 提供的函数，用来完成对工作表中的数据计算，并且当工作表中的数据发生变化时，计算的结果也会自动更新，从而可以帮助用户快速准确地分析和处理工作表数据。

4.3.1　公式的使用

Excel 中的公式由等号、运算符和运算数 3 部分构成，其中运算数包括常量、单元格引用值、名称和工作表函数等元素构成。使用公式，是实现电子表格数据处理的重要手段，它可以对数据进行加、减、乘、除、比较等多种运算。

1. 运算符

① 算术运算符。算术运算符包括：+（加）、-（减）、*（乘）、/（除）、%（百分号）、^（乘方）。其运算对象是数值，运算结果也是数值。

② 比较运算符。比较运算符包括：=（等号）、>（大于）、<（小于）、>=（大于等于）、<=（小于等于）、<>（不等于）。其运算结果为 True（真）或 False（假）。

③ 文本运算符。文本运算符为&（连接），用于将两个文本连接起来。其运算对象可以是带引号的文本，也可以是单元格地址。

④ 引用运算符。引用运算符的功能是产生一个引用，它可以产生一个包括两个区域的引用。引用运算符有 3 种：区域、联合、交叉。

- 区域运算符“:”（冒号）：对两个引用之间包括这两个引用在内的所有单元格进行引用。例如“C2:C12”表示对 C2～C12 共 13 个单元格的引用。
- 联合运算符“,”（逗号）：将多个引用合并为一个引用。例如“(C2:C12,D2:D12)”表示对 C2～C12 和 D2～D12 共 26 个单元格的引用。
- 交叉运算符“ ”（空格）：对同属于两个引用的单元格区域进行引用。例如“(A1:D4 C2:E5)”表示对 C2、C3、C4、D2、D3、D4 共 6 个单元格的引用。

说明：运算符的优先级由高到低依次为“:”“,”、空格、负号、“%”“^”、乘和除、加和减、“&”和比较运算符。

2. 输入公式

公式可以在单元格中直接输入，也可以在编辑栏中输入，不管是哪一种，都必须先输入“=”号，它表明输入的是公式而不是数据。

操作方法如下：

① 选定单元格。

② 输入“=”，然后输入公式，如图 4-33 所示。

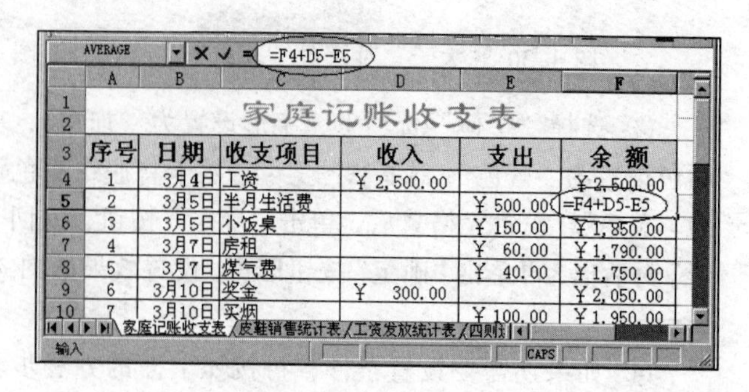

图 4-33　输入公式

③ 按【Enter】键或单击✓按钮。

说明：输入公式时，等号和运算符号必须采用半角英文符号。

3. 复制公式

如果有多个单元格用的是同一种运算公式，可使用复制公式的方法而简化操作。操作方法：选中被复制的公式，先“复制”然后“粘贴”；或者使用公式单元格右下角的填充柄拖动复制；也可以直接双击填充柄实现快速公式自动复制。

【例 4-8】在图 4-29 所示的表格中，计算出各学生的成绩“总分”。

操作步骤如下：

① 选定要输入公式的单元格 H3。

② 输入等号和公式：“ = D3 + E3 + F3 + G3”，这里单元格引用可直接单击单元格，也可以输入相应单元格地址。

③ 按【Enter】键，或单击“√”按钮，计算结果出现在 H3 单元格。

④ 使用 H3 单元格右下角的填充柄，拖至 H12 单元格，完成公式的复制，结果如图 4-34 所示。

剪贴板　字体　对齐方式　数字

H3　=D3+E3+F3+G3

	A	B	C	D	E	F	G	H	I	J
1	成绩登记表									
2	学号	班级	姓名	网页制作	平面设计	影视制作	三维动画	总分	平均成绩	名次
3	0911307147	信管091	陈顺兵	74.00	55.00	93.00	92.00	314.00		
4	0911307148	信管095	单晶晶	84.00	68.00	86.00	90.00	328.00		
5	0911307135	计应091	高　飞	87.00	78.00	86.00	85.00	336.00		
6	0911307138	计应091	黎　丽	83.00	95.00	78.00	89.00	345.00		
7	0911307151	信管095	刘洪梅	77.00	90.00	97.00	85.00	349.00		
8	0911307142	信管095	田　芳	77.00	56.00	92.00	71.00	296.00		
9	0911307145	计应091	田功勋	87.00	80.00	67.00	83.00	317.00		
10	0911307136	信管095	王远炳	69.00	74.00	84.00	70.00	297.00		
11	0911307139	信管095	伍友成	90.00	89.00	87.00	95.00	361.00		
12	0911307146	计应091	武小文	90.00	92.00	81.00	85.00	348.00		

图 4-34　计算结果

4.3.2　函数的使用

使用公式计算虽然很方便，但公式只能完成简单的数据计算，对于复杂的运算就需要使用函数来完成。函数是预先设置好的公式。Excel 提供了几百个内部函数。如常用函数、财务函数、日期与时间函数以及统计类函数等，可以对特定区域的数据实施一系列操作。利用函数进行复杂的运算，比利用等效的公式计算更快、更灵活、效率更高。

1. 函数的组成

函数是公式的特殊形式，其格式为：函数名(参数 1,参数 2,参数 3,…)。

其中函数名是系统保留的名称，圆括号中可以有一个或多个参数，参数之间用逗号隔开，也可以没有参数，当没有参数时，函数名后的圆括号是不能省略的。

参数是用来执行操作或计算的数据，可以是数值或含有数值的单元格引用。

函数 SUM(A1,B1,D2)表示对 A1、B1、D2 这 3 个单元格的数值求和，其中 SUM 是函数名，A1、B1、D2 为 3 个单元格引用，它们是函数的参数。

函数 SUM(A1,B1:B3,C4)中有 3 个参数，分别是单元格 A1、区域 B1:B3 和单元格 C4。

而函数 PI()则没有参数，它的作用是返回圆周率 π 的值。

2. 输入函数的方法

（1）利用“插入函数”按钮插入函数

下面通过例题说明函数的使用方法。

【例 4-9】在上个例题中同样可以使用函数来求学生成绩的总分，如图 4-35 所示。

H3　　f_x　=SUM(D3:G3)

	A	B	C	D	E	F	G	H	I	J
1	成绩登记表									
2	学号	班级	姓名	网页制作	平面设计	影视制作	三维动画	总分	平均成绩	名次
3	0911307147	信管091	陈顺兵	74.00	55.00	93.00	92.00	314.00		
4	0911307148	信管095	单晶晶	84.00	68.00	86.00	90.00	328.00		
5	0911307135	计应091	高　飞	87.00	78.00	86.00	85.00	336.00		
6	0911307138	计应091	黎　丽	83.00	95.00	78.00	89.00	345.00		
7	0911307151	信管095	刘洪梅	77.00	90.00	97.00	85.00	349.00		
8	0911307142	信管095	田　芳	77.00	56.00	92.00	71.00	296.00		
9	0911307145	计应091	田功勋	87.00	80.00	67.00	83.00	317.00		
10	0911307136	信管095	王远炳	69.00	74.00	84.00	70.00	297.00		
11	0911307139	信管095	伍友成	90.00	89.00	87.00	95.00	361.00		
12	0911307146	计应091	武小文	90.00	92.00	81.00	85.00	348.00		

图 4-35　插入函数求总成绩

操作步骤如下：

① 选定要存放结果的单元格 H3。

② 单击“公式”选项卡，在打开的“函数库”功能组中单击“插入函数”按钮或单击编辑栏左侧的 f_x 按钮，弹出“插入函数”对话框，如图 4-36 所示。

③ 在“或选择类别”下拉列表框中选择“常用函数”选项，在“选择函数”列表框中选择 SUM 选项，单击“确定”按钮，弹出“函数参数”对话框，如图 4-37 所示。

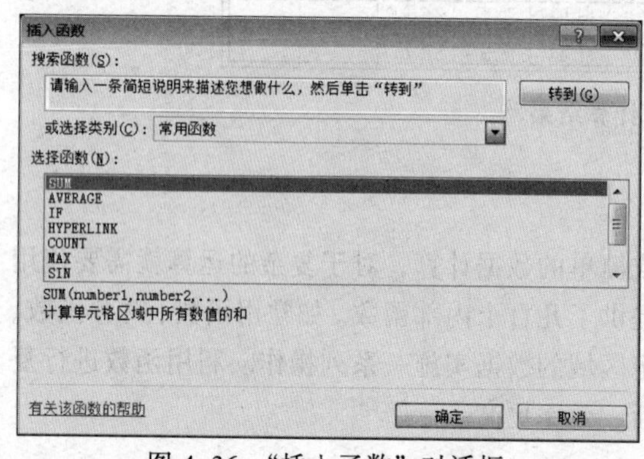

图 4-36　“插入函数”对话框

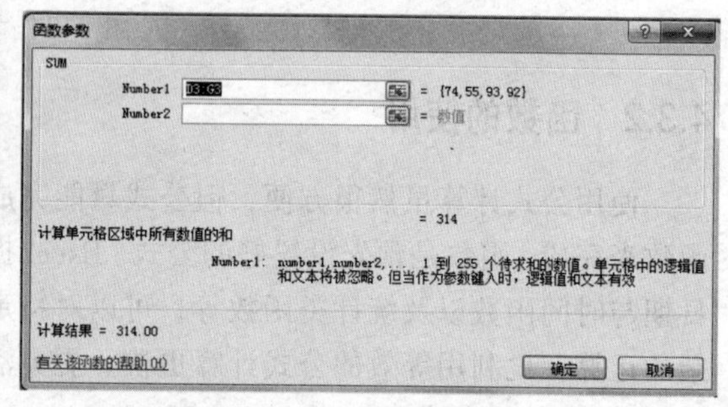

图 4-37　“函数参数”对话框

④ 在 Number1 中输入函数的正确参数，如 D3:G3。在参数 Number1 文本框后面有一个数据拾取按钮，当用户想用鼠标选取单元格区域作为参数时，可以单击此按钮，则“函数参数”对话框缩小成一个横条，如图 4-38 所示。这时可以用鼠标选取数据区域，然后按【Enter】键或再次单击拾取按钮，返回“函数参数”对话框。最后单击“确定”按钮。

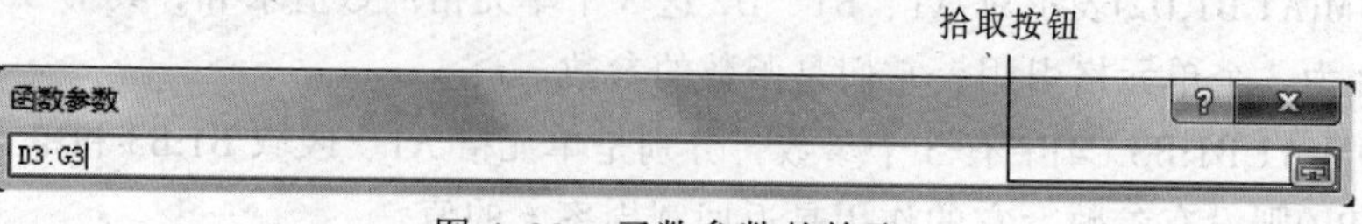

图 4-38　函数参数的拾取

⑤ 拖移 H3 单元格右下角的填充柄到 H12 单元格。这时在 H3～H12 单元格分别计算出了10个学生的总成绩。

（2）利用编辑栏中的公式选项板插入函数

如图 4-35 所示，选定要存放结果的单元格 H3，然后输入“=”，单击“名称框”右边的下三角按钮，在打开的下拉列表中选择相应的函数，其后面的操作同利用功能按钮插入函数的方式完全相同。

（3）使用“自动求和”按钮

如图 4-35 所示，选定要存放结果的单元格 H3，单击“函数库”中的“自动求和”下三角按钮，打开下拉列表选项。然后选择相应函数，如本例选择总和，再单击编辑栏中的“确认”按钮√或按【Enter】键即可。其他学生的总成绩可通过拖移 H3 单元格右下角的填充柄复制函数实现。

3. 常用的函数介绍

Excel 提供的函数有很多，下面介绍几个较为常用的函数。

（1）求和函数 SUM

该函数计算各参数的和，参数可以是数值或含有数值的单元格的引用。

（2）求平均值函数 AVERAGE

该函数计算各参数的平均值，参数可以是数值或含有数值的单元格的引用。

（3）求最大值函数 MAX

该函数计算各参数中的最大值。

（4）求最小值函数 MIN

该函数计算各参数中的最小值。

（5）计数函数 COUNT

该函数统计各参数中数值型数据的个数。

（6）条件函数

该函数的格式是 IF(P,T,F)。

函数有 3 个参数，第 1 个 P 是可以产生逻辑值的表达式，如果 P 的值为真，则函数的值为表达式 T 的值；如果 P 的值为假，则函数的值为表达式 F 的值。

例如，IF(5>4,"A","B")的结果为"A"。

IF 函数可以嵌套使用，最多可以嵌套 7 层。

【例 4-10】在图 4-39 所示的工作表中，按英语成绩所在的不同分数段计算对应的等级。

等级标准的划分原则是：90～100 为优，80～89 为良，70～79 为中，60～69 为及格，60分以下为不及格。

操作步骤如下：

① 选择 D3 单元格，向该单元格中输入如下的公式：

=IF(C3>=90, "优",IF(C3>=80, "良",IF(C3>=70, "中",IF(C3>=60, "及格","不及格")

该公式中使用的 IF 函数嵌套了 4 层。

② 单击编辑栏中的“确认”按钮“√”或按【Enter】键，这时，D3 单元格显示结果为“中”。

③ 拖动 D3 单元格边框右下角的填充柄到 D7 单元格，在 D4:D7 单元格区域进行公式复制。

计算后的结果如图 4-40 所示。

	A	B	C	D
1	A班英语成绩统计表			
2	学号	姓名	英语	等级
3	201001	陈卫东	75	
4	201002	黎明	86	
5	201003	汪洋	54	
6	201004	李一兵	65	
7	201005	肖前卫	94	

图 4-39　英语成绩

	A	B	C	D
1	A班英语成绩统计表			
2	学号	姓名	英语	等级
3	201001	陈卫东	75	中
4	201002	黎明	86	良
5	201003	汪洋	54	不及格
6	201004	李一兵	65	及格
7	201005	肖前卫	94	优

图 4-40　计算后的结果

（7）条件计数函数 COUNTIF

函数格式：COUNTIF(Range,Criteria)

条件计数函数计算某个区域中满足给定条件的单元格个数。其中，Range 为要计算其中非空单元格数目的区域；Criteria 为以数字、表达式或文本形式定义的条件。

（8）条件求和函数 SUMIF

函数格式：SUMIF(Range,Criteria,Sum_range)

条件求和函数根据指定条件对若干单元格求和。其中，Range 为用于条件判断的单元格区域；Criteria 为以数字、表达式或文本形式定义的条件；Sum_range 为需要求和的实际单元格。

（9）排位函数 RANK

函数格式：RANK(Number,Ref,Order)

排位函数返回某数字在一列数字中相对于其他数值的大小排位。其中，Number 为指定的数字；Ref 为一组数或对一个数据列表的引用（绝对地址引用）；Order 为指定排位的方式，0 值或忽略表示降序，非 0 值表示升序。

4.3.3　单元格引用

在前面例 4-9 中，进行公式复制时，Excel 并不是简单地将公式复制下来，而是根据公式原来位置和目标位置计算出单元格地址的变化。

例如，原来在 H3 单元格插入的函数是“=SUM(D3:G3)”，当复制到 H4 单元格时，由于目标单元格的行标发生了变化，这样，复制的函数中引用的单元格的行标也相应地发生变化，复制到 H4 单元格后的函数变成了“=SUM(D4:G4)”。这实际上是 Excel 中单元格的一种引用方式，称为相对引用，除此之外，还有绝对引用和混合引用。

1．相对引用

Excel 2010 默认的单元格引用为相对引用。相对引用是指在公式或者函数复制、移动时，公式或函数中单元格的行标、列标会根据目标单元格所在的行标、列标的变化自动进行调整。

相对引用的表示方法是直接使用单元格的地址，即表示为“列标行标”的方法，如单元格 A1、单元格区域 B2:E6 等，这些写法都是相对引用。

2．绝对引用

绝对引用是指在公式复制、移动时，不论目标单元格在什么位置，公式中单元格的行标和列标均保持不变。

绝对引用的表示方法是在列标和行标前面加上符号“$”，即表示为“$列标$行标”的方法，如单元格$A$1、单元格区域$B$2:$E$6 的表示都是绝对引用的写法。下面举例说明单元格的绝对引用。

【例 4-11】在图 4-41 所示的工作表中，计算出各种书籍的销售比例。

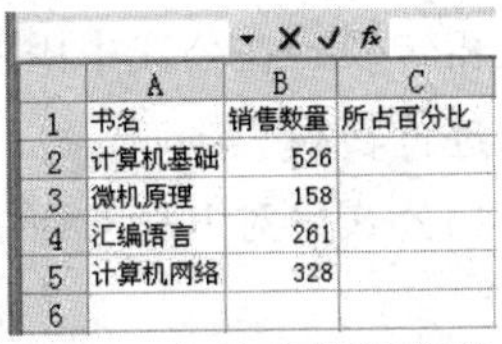

操作步骤如下：

① 向 A6 单元格输入“合计”文字，向 C1 单元格输入“所占百分比”文字。

② 计算销售总计。先选择单元格 B6，然后单击“自动求和”按钮，或者向该单元格输入公式“=B2+B3+B4+B5”，最后单击编辑栏中的“确认”按钮“√”或按【Enter】键，这时，B6 单元格显示总计结果为 1273。

	A	B	C
1	书名	销售数量	所占百分比
2	计算机基础	526	
3	微机原理	158	
4	汇编语言	261	
5	计算机网络	328	
6			

图 4-41　各种书籍销售数量

③ 选中单元格 C2，向 C2 单元格输入公式“=B2/$B$6”，然后单击编辑栏中的“确认”按钮“√”或按【Enter】键。

④ 选中单元格 C2，设置其百分数格式：单击“开始”选项卡，在打开的“数字”功能组中单击“百分比”按钮右侧的下三角按钮，打开其下拉列表，如图 4-42 所示，选择百分比选项；或在“设置单元格格式”对话框中选择“数字”选项卡，在“分类”列表框中选择“百分比”选项，并调整小数位数，然后单击“确定”按钮。

⑤ 再次选中单元格 C2，拖动其右下角的填充柄到 C5 单元格后释放。这样在 C2 到 C5 单元格就存放了各种书所占百分比。

分析一下此例，百分比为每一种书的销售量除以销售总计，由于每一种书的销售量在单元格区域 B2:B5 中，是相对可变的，因此，分子部分的单元格引用应为相对引用；而销售总计的值是固定的且存放在 B6 单元格，因此，公式中的分母部分的单元格引用应为绝对引用。因此，应向单元格 C2 输入公式“=B2/$B$6”。这样得到的结果是小数，然后通过第④步将小数转换成百分数。第⑤步则是完成公式的复制。计算的结果如图 4-43 所示。

常规 无特定格式
数字 0.41
货币 ¥0.41
会计专用 ¥0.41
短日期 1900/1/0
长日期 1900年1月0日
时间 9:55:00
百分比 41.32%

图 4-42　“百分比”下拉列表

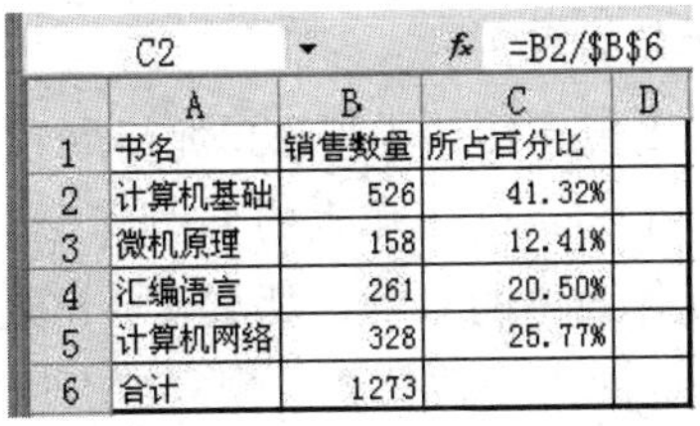

C2　=B2/$B$6

	A	B	C	D
1	书名	销售数量	所占百分比	
2	计算机基础	526	41.32%	
3	微机原理	158	12.41%	
4	汇编语言	261	20.50%	
5	计算机网络	328	25.77%	
6	合计	1273		

图 4-43　计算各种书的销售比例

3. 混合引用

在公式复制、移动时，公式中单元格的行标或列标只有一个要进行自动调整，而另一个保持不变，这种引用方式称为混合引用。

混合引用的表示方法是在行标或列标其中的一个前面加上符号“$”，即表示为“列标$行标”或“$列标行标”的方法，如 A$1、B$5:E$8、$A1、$B5:$E8 等都是混合引用的方法。

在例 4-11 的公式复制时，由于目标单元格 C3、C4、C5 的行标有变化而列标不变，因此在

C2 单元格输入的公式中，分母部分也可以使用混合引用的方法，即输入“=B2/B$6”。

这样，一个单元格的地址引用时就有 3 种方式 4 种表示方法，这 4 种表示方法在输入时可以互相转换，在公式中用鼠标选定引用单元格的部分，反复按【F4】键，可在这 4 种表示方法之间进行转换。

如公式中对 B2 单元的引用，反复按【F4】键时，引用方法按下列顺序变化：

B2→$B$2→B$2→$B2

最后又返回 B2。

4.3.4 常见的出错信息及解决方法

在使用 Excel 公式计算时，有时不能正确地计算出结果，并且在单元格内会显示出各种错误信息。下面介绍几种常见的错误信息，并提出处理的方法。

1．####错误

这种错误常见于列宽不够。

解决方法：调整列宽。

2．#DIV/0！错误

这种错误表示除数为 0。常见于公式中除数为 0 或在公式中除数使用了空单元格。

解决方法：修改单元格的引用，用非零数字填充。如果必须使用“0”或引用空单元格，那么也可以用 IF 函数使该错误信息不再显示。例如，该单元格的公式原本是“=A5/B5”，若 B5 可能为零或空单元格，那么可将该公式修改为“=IF(B5=0,"",A5/B5)”，这样，当 B5 为零或为空时，就不显示任何内容，否则显示 A5/B5 的结果。

3．#N/A 错误

这种错误通常出现在数值或公式不可用时。例如，想在 F2 单元格使用函数“=RANK(E2,$E$2:$E$96)”，求 E2 单元格数据在 E2:E96 单元格区域中的名次，但 E2 单元格中却没有输入数据时，则会出现此类错误信息。

解决方法：在单元格 E2 中输入新的数值。

4．#REF！错误

这种错误出现在移动或删除单元格导致了无效的单元格引用，或者是函数返回了引用错误信息。例如，在 Sheet2 工作表的 C 列单元格引用了 Sheet1 工作表的 C 列单元格数据，后来删除了 Sheet1 工作表中的 C 列，那么就会出现此类错误。

解决方法：重新更改公式，恢复被引用的单元格范围或重新设定引用范围。

5．#！错误

这种错误常出现在公式使用的参数错误。例如，要使用公式“=A7+A8”以计算 A7 与 A8 两个单元格的数字之和，但是 A7 或 A8 单元格中存放的数据是姓名不是数字，这时就会出现此类错误。

解决方法：确认所用的公式参数没有错误，并且公式引用的单元格中包含有效的数据。

6．#NUM！错误

这种错误出现在当公式或函数中使用无效的参数。公式计算的结果过大或过小，超出了

Excel 的范围（$-10^{307} \sim 10^{307}$）。例如，在单元格中输入公式“=10^300*100^50”，按【Enter】键后，即会出现此错误。

解决方法：确认函数中使用的参数正确。

7. #NULL！错误

这种错误出现在试图为两个并不相交的区域指定交叉点。例如，使用 SUM 函数对 A1:A5 和 B1:B5 两个区域求和，使用公式“=SUM(A1:A5　B1:B5)”（注意：A5～B1 之间有空格），会因为对并不相交的两个区域使用交叉运算符（空格）而出现此错误。

解决方法：取消两个范围之间的空格，用逗号来分隔不相交的区域。

8. #NAME？错误

这种错误出现在当 Excel 不能识别公式中的文本。例如，函数拼写错误、公式中引用某区域时没有使用冒号、在公式中的文本没有用双引号等。

解决方法：尽量使用 Excel 所提供的各种向导完成某些输入。比如使用插入函数的方法来插入各种函数、用鼠标拖动的方法来完成各种数据区域的输入等。

另外，在某些情况下不可避免地会产生错误。如果为了打印时不打印那些错误信息，可以单击“文件”选项卡，在打开的菜单中选择“打印”命令，再选择“页面设置”超链接，弹出“页面设置”对话框，选择“工作表”选项卡，在“错误单元格打印为”右侧的下拉列表框中选择“空白”选项，确定后将不会打印出这些错误信息。

4.4　Excel 2010 的图表

Excel 可将工作表中的数据以图表方式表示，这样可使数据更直观、更易于理解，同时也可以帮助用户分析数据、比较不同数据之间的差异。当数据源发生变化时，图表中对应的数据也会自动更新。Excel 的图表类型有包括二维和三维图表在内的十多类，每一类又有若干子类型。

根据图表显示的位置不同可以将图表分为两种，一种是嵌入式图表，它和创建图表使用的数据源放在同一张工作表中；另一种是独立图表，即创建的图表另存为一张工作表。

4.4.1　图表概述

要建立 Excel 图表，首先需要对待建立图表的 Excel 工作表进行认真分析，一要考虑选取工作表中的哪些数据，即创建图表的可用数据；二要考虑用什么类型的图表；三要考虑对图表的内部元素，如何进行编辑和格式设置。只有这样，才能使创建的图表形象、直观，具有专业化和可视化效果。

创建一个专业化的 Excel 图表一般采用如下步骤：

① 选择数据源：从工作表中选择创建图表的可用数据。

② 选择合适的图表类型及其子类型：单击“插入”选项卡，打开“图表”功能组，如图 4-44 所示。

“图表”功能组主要用于创建各种类型的图表。创建方法分 3 种：

- 如果已经确定需要创建某种类型的“图表”，如“饼图”，则单击“饼图”的下三角按钮，打开其下拉列表，选择一个子类型，如图 4-45 所示。

图 4-44 “图表”功能组

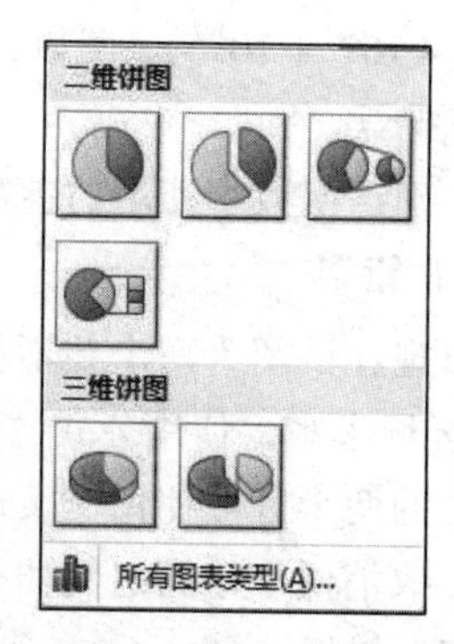

图 4-45 “饼图”下拉列表

- 如果创建的图表不在“图表”功能组前 6 种：柱形图、折线图、饼图、条形图、面积图、散点图，则可单击“其他图表”按钮，从其下拉列表中选择某种图表类型及其子类型。
- 单击“图表”功能组右下角的对话框启动器按钮，或通过单击某图表按钮，从其下拉列表中选择“所有图表类型”选项，则弹出“插入图表”对话框，如图 4-46 所示。然后在对话框中选择某种图表类型及其子类型，最后单击“确定”按钮。

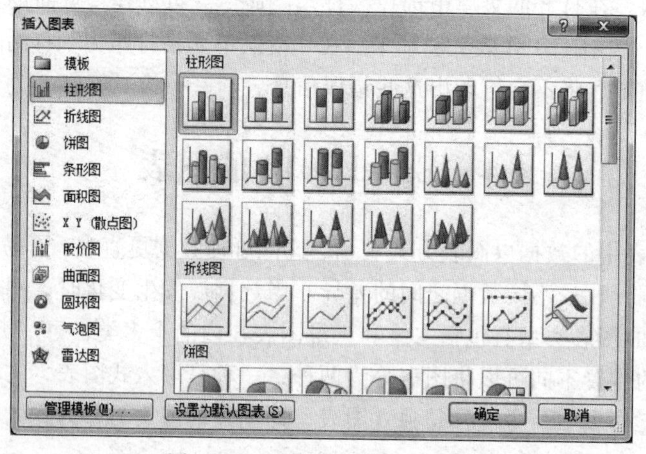

图 4-46 “插入图表”对话框

通过如上 3 种方法创建的图表仅为一个没有经过编辑和格式设置的初始化图表。

③ 对如上第②步创建的初始化图表进行编辑和格式化设置以满足自己的需要。

如图 4-46 所示，Excel 2010 中提供了 11 种图表类型，每一种图表类型中又包含了少到几种多到十几种不等的若干子图表类型，我们在创建图表时需要针对不同的应用场合和不同的使用范围，选择不同的图表类型及其子类型。为了便于大家创建不同类型的图表，以满足不同场合的需要，下面对 11 种图表类型及其用途作简要说明。

- 柱形图：用于比较一段时间中两个或多个项目的相对大小。
- 折线图：按类别显示一段时间内数据的变化趋势。
- 饼图：在单组中描述部分与整体的关系。
- 条形图：在水平方向上比较不同类型的数据。
- 面积图：强调一段时间内数值的相对重要性。
- XY（散点图）：描述两种相关数据的关系。

- 股价图：综合了柱形图的折线图，专门设计用来跟踪股票价格。
- 曲面图：当第3个变量变化时，跟踪另外两个变量的变化，是一个三维图。
- 圆环图：以一个或多个数据类别来对比部分与整体的关系，在中间有一个更灵活的饼状图。
- 气泡图：突出显示值的聚合，类似于散点图。
- 雷达图：表明数据或数据频率相对于中心点的变化。

4.4.2 图表创建及初始化

下面举例说明创建初始化图表的过程。

【例 4-12】根据图 4-47 所示的皮鞋销售情况统计表，创建四城市皮鞋销售情况的三维簇状柱形图表。

操作步骤如下：

① 选定要创建图表的数据区域，如图 4-47 所示，所选区域为 A3:E7。

② 单击“插入”选项卡，在“图表”功能组中单击“柱形图”下三角按钮，从其下拉列表的子类型中选择“三维簇状柱形图”选项，生成的图表如图 4-48 所示。

	A	B	C	D	E
1					
2		皮鞋销售情况统计表			
3	地区	北京	上海	重庆	天津
4	春季	1800	2700	3400	1500
5	夏季	2900	3500	5500	3000
6	秋季	2300	1200	2500	980
7	冬季	880	590	900	1000
8					

图 4-47 皮鞋销售情况统计表

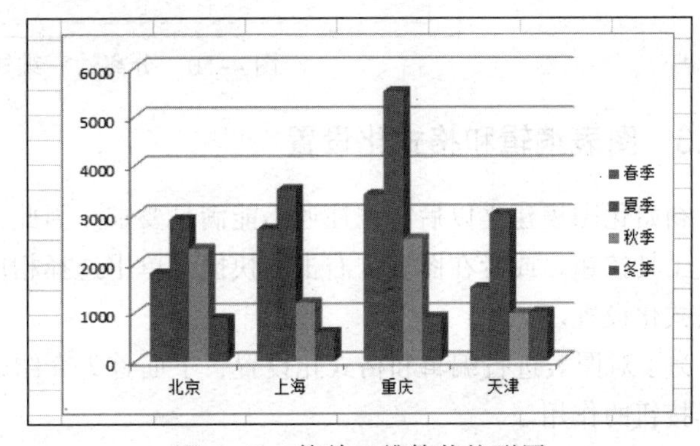

图 4-48 简单三维簇状柱形图

为了对图表中各元素作说明，我们对图 4-48 稍做编辑和格式设置，则生成图 4-49 所示的三维簇状柱形图。

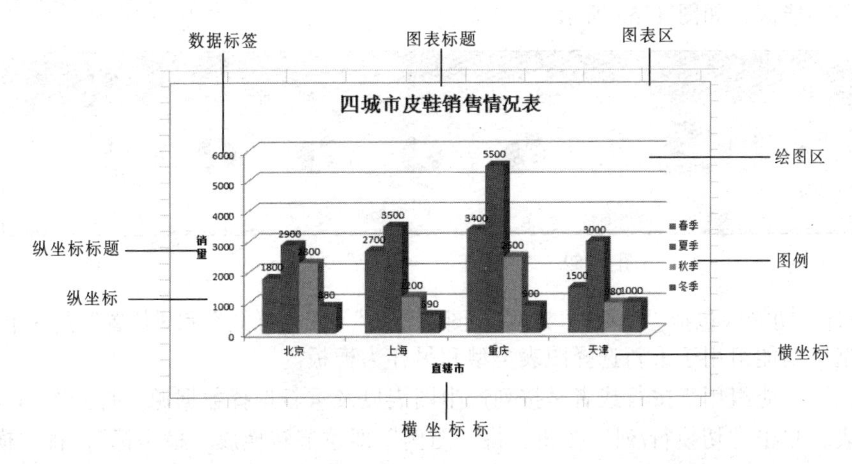

图 4-49 三维簇状柱形图及图表中各元素名称说明

【例 4-13】根据图 4-47 所示的皮鞋销售情况统计表，创建北京地区 4 个季节皮鞋销售情况的分离型三维饼图。

操作步骤如下：

① 选择数据源：按照题目要求只需选择地区和北京两列的记录，即选择 A3:B7 单元格区域。

② 选择图表类型及其子类型：在“图表”功能组单击“饼图”下三角按钮，打开其下拉列表，如图 4-45 所示，再选择“分离型三维饼图”选项。生成的图表如图 4-50 所示。

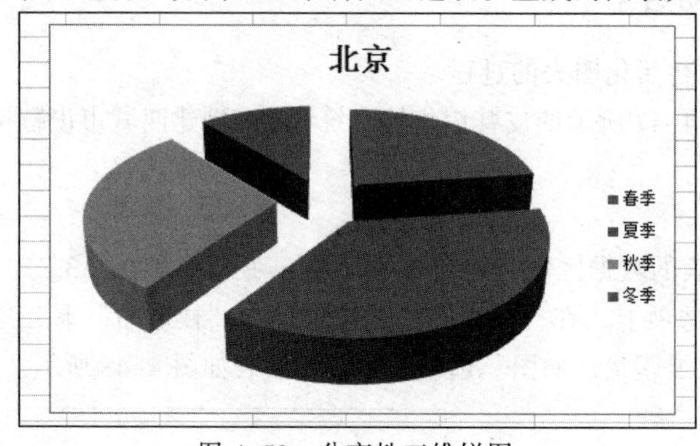

图 4-50　分离性三维饼图

4.4.3　图表编辑和格式化设置

初始化图表建立以后，往往还不能满足要求，因此常常还需要使用“图表工具”功能区的相应工具按钮，或者在图表区右击的快捷菜单中选择相应的命令，从而对初始化图表进行编辑和格式化设置。

为了对图表进行编辑和格式化设置，下面首先介绍“图表工具”功能区如何打开以及常用工具按钮的作用。

只要单击选中图表或图表区的任何位置，则立即激活“图表工具”选项卡，如图 4-51 所示。

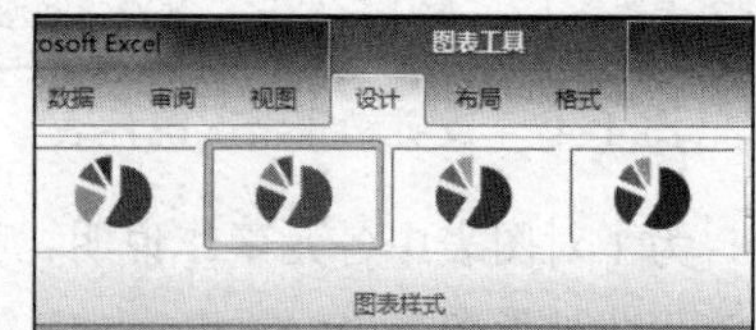

图 4-51　“图表工具”选项卡

① 单击“图表工具→设计”选项卡，则打开“图表工具→设计”功能区，如图 4-52 所示。

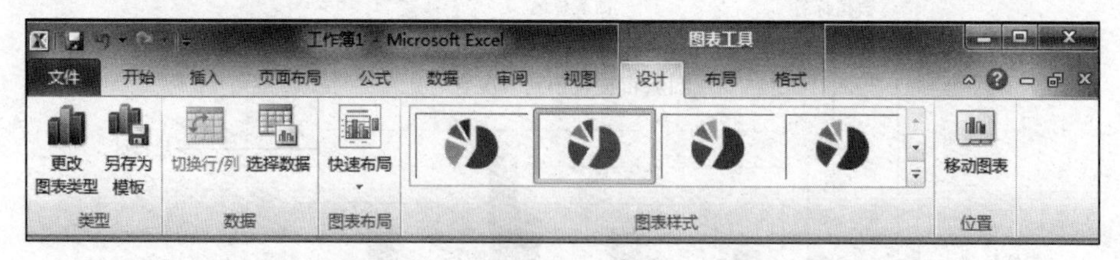

图 4-52　“图表工具→设计”功能区

“图表设计”功能区包括“类型”“数据”“图表布局”“图表样式”和“位置”共 5 个功能组。

- “类型”功能组用于重新选择图表类型和另存为模板。
- “数据”功能组用于按行或者是按列产生图表以及重新选择数据源。打开图 4-49 所示的图表，单击“切换行/列”按钮，将“图例”即季节转换成“横坐标”，将“横坐标”即城市转换成“纵坐标”，在此为“图例”，转换后的图表如图 4-53 所示。

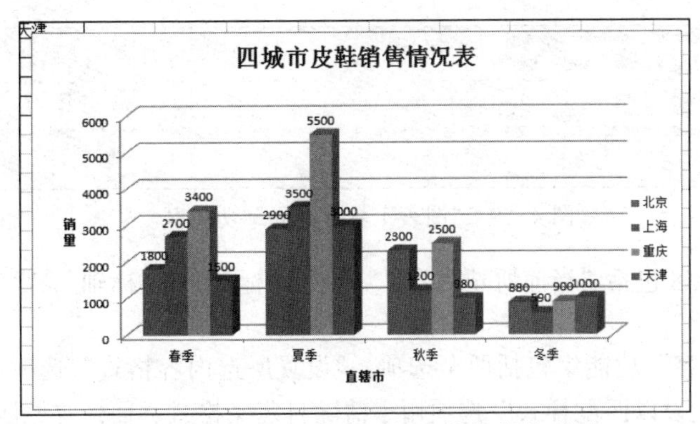

图 4–53 按行/列转换后的三维簇状柱形图

- “图表布局”功能组用于图表中各元素的相对位置调整，图表中各元素名称说明如图 4–49 所示。图 4–54 和图 4–55 分别是选择“布局 2”和“布局 3”选项设计的图表。

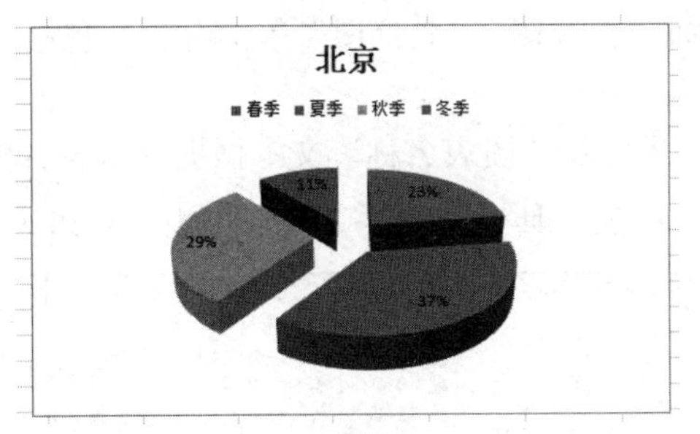

图 4–54 选择“布局 2”设计的图表

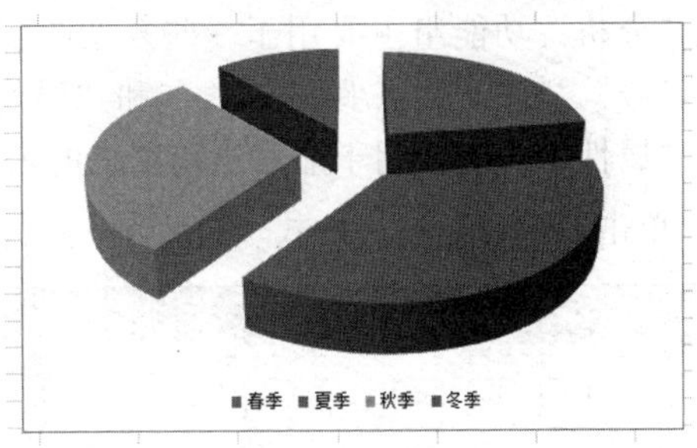

图 4–55 选择“布局 3”设计的图表

- “图表样式”功能组用于图表样式的选择，图表样式主要是指图表颜色和图表区背景色的配搭。图 4–56 和图 4–57 分别是选择“样式 8”和“样式 42”设计的图表。

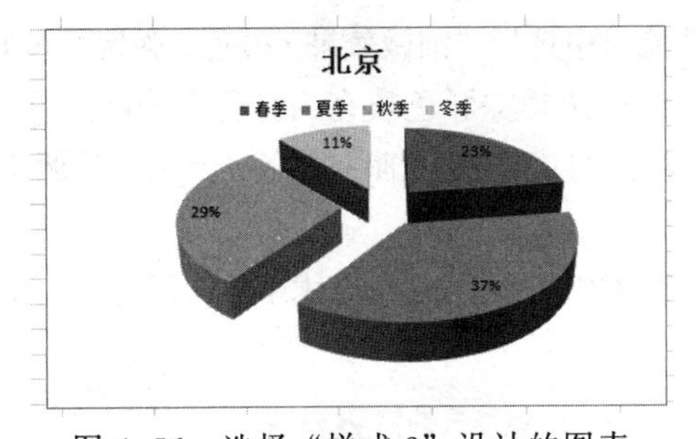

图 4–56 选择“样式 8”设计的图表

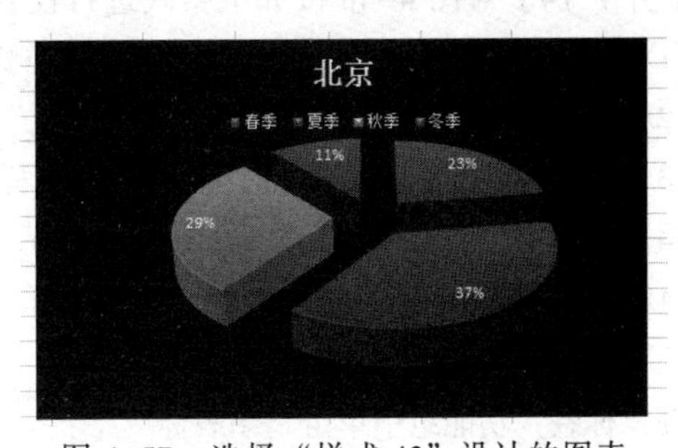

图 4–57 选择“样式 42”设计的图表

- “位置”功能组用于设置“嵌入式图表”或“独立式图表”，单击“位置”功能组的“移动图表”按钮，弹出“移动图表”对话框，如图 4–58 所示。如选中“对象位于”单选按钮，则创建的图表与工作表放置在一起，称“嵌入式图表”；如选中“新工作表”单选按钮，则创建的图表单独放置，而且如果是第一次创建，则其图表默认名字为 Chart1。

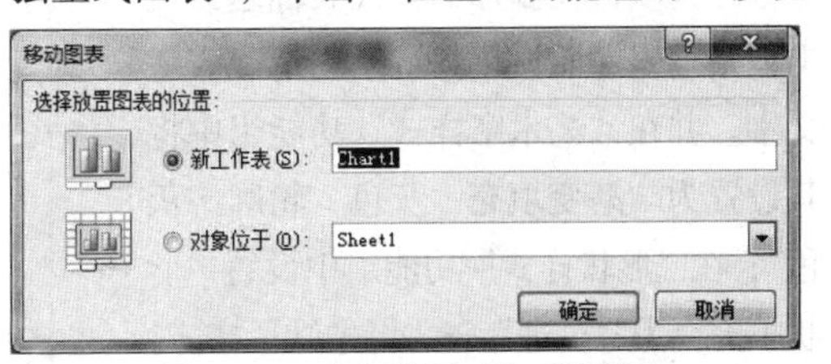

图 4–58 “移动图表”对话框

② 单击“图表工具→布局”选项卡，则打开“图表工具→布局”功能区，如图 4–59 所示。

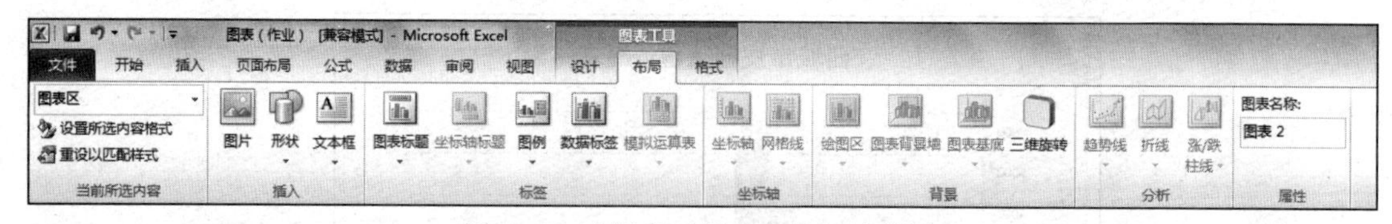

图 4-59 “图表工具→布局”功能区

“图表布局”功能区包括“当前所选内容”“插入”“标签”“坐标轴”“背景”“分析”和“属性”共 7 个功能组。

- “当前所选内容”功能组包括两个选项，“设置所选内容格式”选项用于对选定对象的格式设置；“重设以匹配样式”选项用于清除自定义格式，而恢复原匹配格式。
- “插入”功能组用于插入图片、形状和文本框等对象。
- “标签”功能组用于对图表标题、坐标轴标题、图例和数据标签等的设置。
- “背景”功能组用于“图表背景墙”“图表基底”和“三维旋转”的设计。
- “分析”功能组主要用于一些复杂图表，如“折线图”“股价图”等的分析，包括“趋势线”“折线”“涨/跌→柱线”和“误差线”等选项。
- “属性”功能组用于显示当前图表的名称，还可在“图表名称”文本框更改图表名称。

③ 单击“图表工具→格式”选项卡，则打开“图表工具→格式”功能区，如图 4-60 所示。

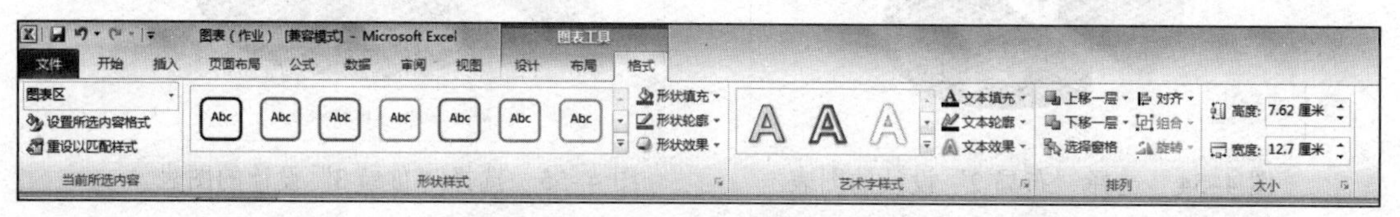

图 4-60 “图表工具→格式”功能区

【例 4-14】对图 4-48 按如下格式进行设置：

① 选择“图表区”任意位置，在“形状样式”功能组中选择“细微效果 · 橙色，强调颜色 6”。

② 选中“图例”文本框，在“形状样式”功能组中选择“彩色填充 · 红色，强调颜色 2”。

③ 选中“横坐标”文本框，在“艺术字样式”功能组中选择“渐变填充 · 紫色，强调文字颜色 4，映像”。

④ 选中“纵坐标轴”文本框，在“艺术字样式”功能组中选择与横坐标艺术字样式相同的艺术字。

⑤ 单击“图表工具→布局”选项卡，在“标签”功能组中单击“图表标题”按钮，在其下拉列表中选择“图表上方”选项，在添加的“图表标题”文本框中输入“四城市皮鞋销售情况表”文字。并在“艺术字样式”功能组中将其设置为“渐变填充 · 灰色，轮廓 · 灰色”；在“形状样式”功能组中设置“形状填充”为“纹理”→“再生纸”样式。

经过如上格式设置后的图表如图 4-61 所示。

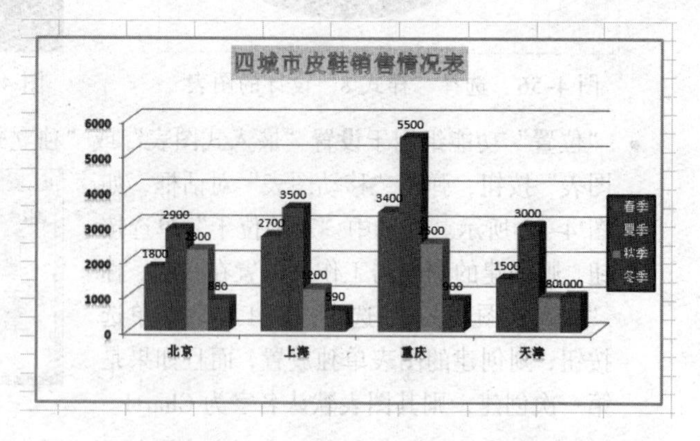

图 4-61 经格式化设置后的图表

4.5 Excel 2010 的数据处理

Excel 数据处理内容包括数据查询、排序、筛选、分类汇总等。另外，还有专门用于数据库计算的函数。

Excel 数据处理采用数据库表的方式，所谓数据库表方式，是指工作表中数据的组织方式与二维表相似。一个工作表由若干行和若干列构成，表中的第 1 行是每一列的标题，如“学号”“姓名”等，从第 2 行开始是具体的数据，表中的列相当于数据库中的字段，如“学号”字段，“姓名”字段等，列标题相当于字段名称，如“学号”为“学号字段”的名称，每一行数据称为一条记录。所以，一个工作表可以看作是一个数据库表。Excel 中的数据库表又称数据清单或数据列表。工作表作为数据库表，在输入信息时必须遵守以下规定：

① 字段名称：必须在数据库的第 1 行输入字段名称（即列标题），例如，“学号”“姓名”等。字段名称一般用大写字母或汉字。

② 记录：每一个记录必须占据一行。同一列数据必须包含同一类型的信息。

4.5.1 数据清单

数据清单是包含相关数据的一系列工作表数据行，数据清单可以像数据库表一样使用，单独的一行称为一条记录，单独的一列称为一个字段。

为了利于 Excel 检测数据清单，不影响排序与搜索，创建数据清单时要注意以下规则：

① 每张工作表仅使用一个数据清单。

② 不要在数据清单中放置空行和空列。

③ 单元格开头和末尾不要插入多余的空格。

数据清单是指工作表中包含相关数据的一系列数据行，可以理解成工作表中的一张二维表格。

在执行数据库操作，如排序、筛选或分类汇总等时，Excel 会自动将数据清单视为数据库表，并使用下列数据清单元素来组织数据：

① 数据清单中的列是数据库表中的字段。

② 数据清单中的列标题是数据库表中的字段名称。

③ 数据清单中的每一行对应数据库表中的一条记录。

数据清单应该尽量满足下列条件：

① 每一列必须要有列名，而且每一列中的数据必须是相同类型的。

② 避免在一个工作表中有多个数据清单。

③ 数据清单与其他数据之间至少留出一个空白列和一个空白行。

4.5.2 数据排序

数据排序是指按一定规则对数据进行整理、排列。数据表中的记录按用户输入的先后顺序排列以后，在阅读数据时，往往需要按照某一属性（列）顺序显示。例如，在学生成绩表中，统计成绩时，常常需要按成绩从高到低或从低到高显示，这就需要对成绩进行排序。用户可对数据清单中一列或多列数据按升序或降序排序。数据排序分为简单排序和多重排序。

1. 简单排序

简单排序是使用“数据”选项卡中的“排序和筛选”功能组的相应功能按钮来实现的。

【例 4-15】 在员工工资表中要求按工资由高到低进行降序排序。

操作方法如下：

① 首先单击员工工资表中“工资”所在列的任一个单元格，如图 4-62（a）所示。

② 单击“数据”选项卡，打开“排序和筛选”功能组。

③ 在“排序和筛选”功能组，单击“Z→A”按钮即为降序。排序结果如图 4-62（b）所示。

	A	B	C	D	E	F	G	H	I
1	员工工资表								
2									制表日期：2014-3-11
3	编号	姓名	性别	出生日期	学历	参加工作时间	部门	职务	工资
4	003101	刘一飞	男	1992/12/12	硕士	2003/7/20	销售部	员工	1000.00
5	003102	秦民明	男	1980/3/4	硕士	2002/7/4	销售部	副主管	1200.00
6	003103	张小珍	女	1980/12/5	本科	2002/7/5	研发部	员工	1000.00
7	003104	何远强	女	1978/6/1	本科	2002/7/6	人事部	主管	980.00
8	003105	王丽	女	1980/4/16	本科	2002/7/7	人事部	员工	960.00
9	003106	杨子峰	男	1980/7/8	博士	2002/7/8	研发部	主管	1600.00
10	003107	陈中华	男	1979/12/25	本科	2001/9/9	销售部	员工	960.00
11	003108	包青青	女	1980/1/6	硕士	2001/8/5	研发部	主管	1500.00
12	003109	刘红微	女	1980/8/9	本科	2003/3/2	财务部	员工	950.00
13	003110	李超	男	1982/7/16	硕士	2002/7/4	研发部	员工	970.00
14	003111	郑元	男	1983/7/5	本科	2001/7/10	销售部	员工	940.00
15	003112	钱亮	男	1980/8/8	本科	2001/7/5	人事部	员工	960.00
16	003113	黄泽宗	男	1981/3/29	硕士	2002/7/4	销售部	员工	970.00
17	003114	唐子涵	女	1978/5/31	本科	2000/7/15	研发部	副主管	1300.00

（a）简单排序前的工作表

	A	B	C	D	E	F	G	H	I
1	员工工资表								
2									制表日期：2014-3-11
3	编号	姓名	性别	出生日期	学历	参加工作时间	部门	职务	工资
4	003106	杨子峰	男	1980/7/8	博士	2002/7/8	研发部	主管	1600.00
5	003108	包青青	女	1980/1/6	硕士	2001/8/5	研发部	主管	1500.00
6	003114	唐子涵	女	1978/5/31	本科	2000/7/15	研发部	副主管	1300.00
7	003102	秦民明	男	1980/3/4	硕士	2002/7/4	销售部	副主管	1200.00
8	003101	刘一飞	男	1992/12/12	硕士	2003/7/20	销售部	员工	1000.00
9	003103	张小珍	女	1980/12/5	本科	2002/7/5	研发部	员工	1000.00
10	003104	何远强	女	1978/6/1	本科	2002/7/6	人事部	主管	980.00
11	003110	李超	男	1982/7/16	硕士	2002/7/4	研发部	员工	970.00
12	003113	黄泽宗	男	1981/3/29	硕士	2002/7/4	销售部	员工	970.00
13	003105	王丽	女	1980/4/16	本科	2002/7/7	人事部	员工	960.00
14	003107	陈中华	男	1979/12/25	本科	2001/9/9	销售部	员工	960.00
15	003112	钱亮	男	1980/8/8	本科	2001/7/5	人事部	员工	960.00
16	003109	刘红微	女	1980/8/9	本科	2003/3/2	财务部	员工	950.00
17	003111	郑元	男	1983/7/5	本科	2001/7/10	销售部	员工	940.00

（b）简单排序后的工作表

图 4-62　简单排序

2. 多重排序

使用“排序和筛选”功能组的“A→Z”按钮或“Z→A”按钮只能按一个字段进行简单排序。有时排序的字段会出现相同数据项，这时就必须要按多个字段进行排序，即多重排序。多重排序就一定要使用对话框来完成。在 Excel 2010 中，为用户提供了多级排序：主要关键字、次要关键字、次要关键字等，每个关键字就是一个字段，每一个字段均可按“升序”即递增方式，或“降序”即递减方式进行排序。

【例 4-16】 在员工工资表中，要求先按部门进行排序，若部门相同时再按参加工作时间的先后进行排序。

操作步骤如下：

① 选定员工工资表中的 A3:I17 单元格。

② 单击“数据”选项卡，打开“排序和筛选”功能组。

③ 单击“排序”按钮，弹出“排序”对话框，如图 4-63 所示。

④ 在“主要关键字”下拉列表框中选择排序的主关键字“部门”，再在右边选中“升序”或“降序”单选按钮，此处均可。

⑤ 在“次要关键字”下拉列表框中选择排序的次要关键字“参加工作时间”，并指定排序方式为“升序”单选按钮。

⑥ 用户还可以根据自己的需要再指定“次要关键字”，本例无须再选择次要关键字。设置完成后，单击“确定”按钮。排序结果如图 4-64 所示。

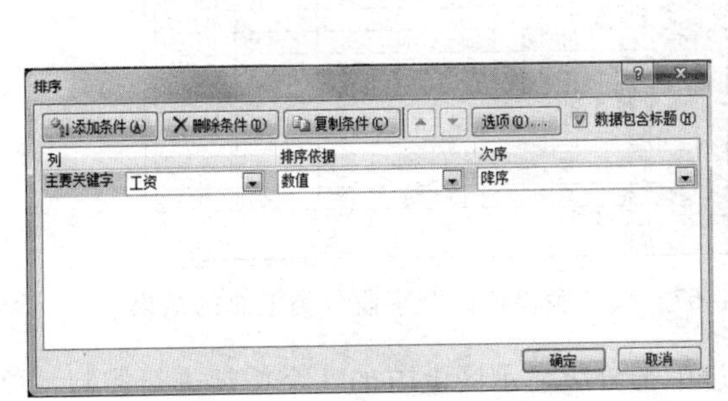

图 4-63 “排序”对话框

员工工资表

制表日期：2014-3-11

编号	姓名	性别	出生日期	学历	参加工作时间	部门	职务	工资
003114	唐子涵	女	1978/5/31	本科	2000/7/15	研发部	副主管	1300.00
003108	包青青	女	1980/1/6	硕士	2001/8/5	研发部	主管	1500.00
003110	李超	男	1982/7/16	硕士	2002/7/4	研发部	员工	970.00
003103	张小珍	女	1980/12/5	本科	2002/7/5	研发部	员工	1000.00
003106	杨子峰	男	1980/7/8	博士	2002/7/8	研发部	主管	1600.00
003111	郑元	男	1983/7/5	本科	2001/7/10	销售部	员工	940.00
003107	陈中华	男	1979/12/25	本科	2001/9/9	销售部	员工	960.00
003102	秦民明	男	1980/3/4	硕士	2002/7/4	销售部	副主管	1200.00
003113	黄泽宗	男	1981/3/29	硕士	2002/7/4	销售部	员工	970.00
003101	刘一飞	男	1992/12/12	硕士	2003/7/20	销售部	员工	1000.00
003112	钱亮	男	1980/8/8	本科	2001/7/5	人事部	员工	960.00
003104	何远强	女	1978/6/1	本科	2002/7/6	人事部	主管	980.00
003105	王丽	女	1980/4/16	本科	2002/7/7	人事部	员工	960.00
003109	刘红微	女	1980/8/9	本科	2003/3/2	财务部	员工	950.00

图 4-64 多重排序结果

4.5.3 数据分类汇总

数据的分类汇总是指对数据清单中的某个字段中的数据进行分类，并对各类数据快速进行统计计算。Excel 提供了 11 种汇总类型，包括求和、计数、统计、最大、最小、平均值等，默认的汇总方式为求和。在实际工作中，常常需要对一系列数据进行小计和合计，这时可以使用 Excel 提供的分类汇总功能。

需要特别指出的是，在分类汇总之前，必须先对需要分类的数据项进行排序，然后再按该字段进行分类，并分别为各类数据的数据项进行统计汇总。

【例 4-17】对图 4-65 所示的某企业产品销售统计表分别计算各个销售地区的销售总金额。

操作步骤如下：

① 首先对需要分类汇总的字段进行排序。在本例中需要对“销售地区”字段进行排序。

② 单击“分级显示”功能组的“分类汇总”按钮，弹出“分类汇总”对话框，如图 4-66 所示。

③ 在“分类字段”下拉列表框中选择“销售地区”选项。

④ 在“汇总方式”下拉列表框中有求和、计数、平均值、最大、最小等，这里选择“求和”选项。

⑤ 在“选定汇总项”列表框中选中“金额”复选框，并同时取消其余默认的汇总项，如“总分”。

⑥ 单击“确定”按钮，完成分类汇总。结果

某企业产品销售统计表

销售地区	产品名称	销售日期	销售单价	销售数量	金额
北京	电风扇	2009/3/19	298	124	36952
重庆	空调机	2009/3/19	1880	130	244400
深圳	洗衣机	2009/3/19	2150	140	301000
北京	空调机	2009/4/27	1880	231	434280
广州	电风扇	2009/6/16	298	235	70030
广州	空调机	2009/5/5	1880	270	507600
北京	电冰箱	2009/6/16	2560	320	819200
深圳	电风扇	2009/3/19	298	350	104300
北京	电视机	2009/3/19	1870	359	671330
天津	电风扇	2009/7/9	298	360	107280
重庆	电冰箱	2009/7/9	2560	375	960000
深圳	空调机	2009/6/16	1880	380	714400
天津	电视机	2009/4/27	1870	385	719950
广州	空调机	2009/6/16	1880	425	799000
天津	空调机	2009/5/5	1880	425	799000
上海	洗衣机	2009/6/16	2150	450	967500
重庆	洗衣机	2009/5/5	2150	450	967500
上海	电冰箱	2009/4/27	2560	458	1172480
上海	电视机	2009/3/19	1870	560	1047200

图 4-65 某企业产品销售统计表

显示如图 4-67 所示。

	A	B	C	D	E	F
1	某企业产品销售统计表					
2	销售地区	产品名称	销售日期	销售单价	销售数量	金额
3	重庆	空调机	2009/3/19	1880	130	244400
4	重庆	电冰箱	2009/7/9	2560	375	960000
5	重庆	洗衣机	2009/5/5	2150	450	967500
6	重庆 汇总					2171900
7	天津	电风扇	2009/7/9	298	360	107280
8	天津	电视机	2009/4/27	1870	385	719950
9	天津	空调机	2009/5/5	1880	425	799000
10	天津 汇总					1626230
11	深圳	洗衣机	2009/3/19	2150	140	301000
12	深圳	电风扇	2009/3/19	298	350	104300
13	深圳	空调机	2009/6/16	1880	380	714400
14	深圳 汇总					1119700
15	上海	洗衣机	2009/6/16	2150	450	967500
16	上海	电冰箱	2009/4/27	2560	458	1172480
17	上海	电视机	2009/3/19	1870	560	1047200
18	上海 汇总					3187180
19	广州	电风扇	2009/6/16	298	235	70030
20	广州	空调机	2009/5/5	1880	270	507600
21	广州	空调机	2009/6/16	1880	425	799000
22	广州 汇总					1376630
23	北京	电风扇	2009/3/19	298	124	36952
24	北京	空调机	2009/4/27	1880	231	434280
25	北京	电冰箱	2009/6/16	2560	320	819200
26	北京	电视机	2009/3/19	1870	359	671330
27	北京 汇总					1961762
28	总计					11443402

图 4-66 “分类汇总”对话框

图 4-67 按“销售地区”字段分类汇总的结果

分类汇总的结果通常按三级显示，可以通过单击分级显示区上方的 3 个按钮进行控制，单击“1”按钮只显示列表中的列标题和总的汇总结果；单击“2”按钮显示各个分类汇总的结果和总的汇总结果；单击“3”按钮显示全部数据和所有的汇总结果。

在分级显示区中还有“+”“-”等分级显示符号，其中“+”号按钮表示将高一级展开为低一级数据，“-”号按钮表示将低一级折叠为高一级的数据。

如果要取消分类汇总，可以在“分级显示”功能组中再次单击“分类汇总”按钮，在弹出的“分类汇总”对话框中单击“全部删除”按钮，如图 4-66 所示。

4.5.4 数据筛选

筛选是指从数据清单中找出符合特定条件的数据记录。也就是把符合条件的记录显示出来，而把其他不符合条件的记录暂时隐藏起来。在 Excel 2010 中，提供了两种筛选方法：自动筛选和高级筛选。一般情况下，自动筛选就能够满足大部分的需要。但是，当需要利用复杂的条件来筛选数据时，就必须使用高级筛选才能达到目的。

1. 自动筛选

自动筛选给用户提供了快速访问大数据清单的方法。

【例 4-18】在成绩登记表中显示“网页设计”成绩排在前三位的记录。

操作步骤如下：

① 选定数据清单中的任意一个单元格，如图 4-68 所示。

② 单击“数据”选项卡，在打开的“排序和筛选”功能组中单击“筛选”按钮，这时在数据清单的每个字段名旁边显示出下三角箭头，此为筛选器箭头，如图 4-69 所示。

③ 单击“网页设计”字段名旁边的筛选器箭头，在打开的下拉列表中选择“数字筛选”→“10 个最大的值”选项，弹出“自动筛选前 10 个”对话框，如图 4-70 所示。

④ 在“自动筛选前 10 个”对话框中指定“显示”的条件为“最大”“3”“项”。

	A	B	C	D	E	F	G
1	成绩登记表						
2	学号	班级	姓名	网页制作	平面设计	影视制作	三维动画
3	0911307147	信管091	陈顺兵	74	55	93	92
4	0911307148	信管095	单晶晶	84	68	86	90
5	0911307135	计应091	高　飞	87	78	86	85
6	0911307138	计应091	黎　丽	83	95	78	89
7	0911307151	信管095	刘洪梅	77	90	97	85
8	0911307142	信管095	田　芳	77	56	92	71
9	0911307145	计应091	田功勋	87	80	67	83
10	0911307136	信管095	王远炳	69	74	84	70

图 4-68　成绩登记表（数据清单）

	A	B	C	D	E	F	G
1	成绩登记表						
2	学号	班级	姓名	网页制	平面设	影视制	三维动
3	0911307147	信管091	陈顺兵	74	55	93	92
4	0911307148	信管095	单晶晶	84	68	86	90
5	0911307135	计应091	高　飞	87	78	86	85
6	0911307138	计应091	黎　丽	83	95	78	89
7	0911307151	信管095	刘洪梅	77	90	97	85
8	0911307142	信管095	田　芳	77	56	92	71
9	0911307145	计应091	田功勋	87	80	67	83
10	0911307136	信管095	王远炳	69	74	84	70

图 4-69　含有筛选器箭头的数据清单

⑤ 单击“确定”按钮，在数据清单中显示出网页设计成绩最高的 3 条记录，其他记录被暂时隐藏起来。被筛选出来的记录行号显示为蓝色，该列的列号右边的筛选器箭头也变成蓝色，筛选结果如图 4-71 所示。

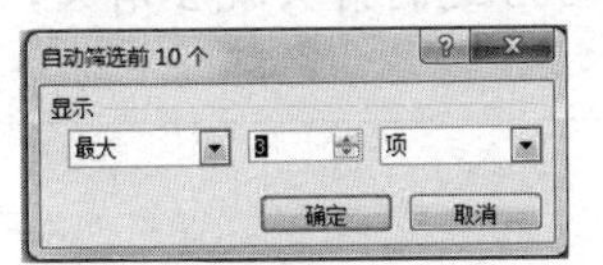

图 4-70　“自动筛选前 10 个”对话框

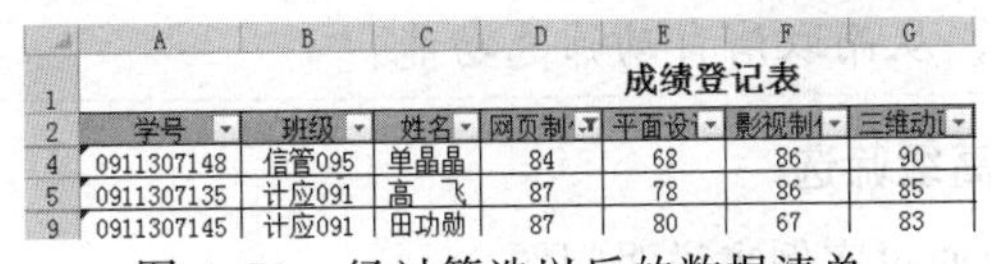

	A	B	C	D	E	F	G
1	成绩登记表						
2	学号	班级	姓名	网页制	平面设	影视制	三维动
4	0911307148	信管095	单晶晶	84	68	86	90
5	0911307135	计应091	高　飞	87	78	86	85
9	0911307145	计应091	田功勋	87	80	67	83

图 4-71　经过筛选以后的数据清单

【例 4-19】在成绩登记表中筛选出“平面设计”成绩大于 90 分并且小于 100 分的记录。

操作步骤如下：

① 选定数据清单中的任一单元格，如图 4-68 所示。

② 按例 4-18 第②步操作，将数据清单置于筛选界面。

③ 单击“平面设计”字段名旁边的筛选器箭头，从打开的下拉列表中选择“数字筛选”→“自定义筛选”选项，弹出“自定义自动筛选方式”对话框，在其中的一个输入条件中选择“大于”选项，在其文本框中输入“90”；另一个条件中选择“小于”选项，在其文本框中输入“100”，两个条件之间的关系选项中选中“与”单选按钮，如图 4-72 所示。

④ 单击“确定”按钮，筛选出“平面设计”成绩满足条件的记录，如图 4-73 所示。

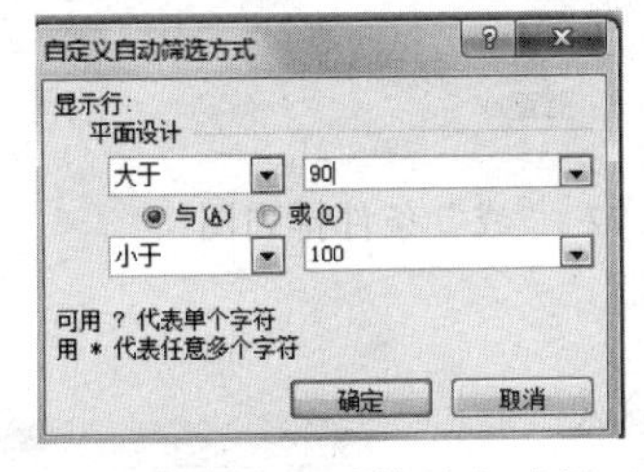

图 4-72　“自定义自动筛选方式”对话框

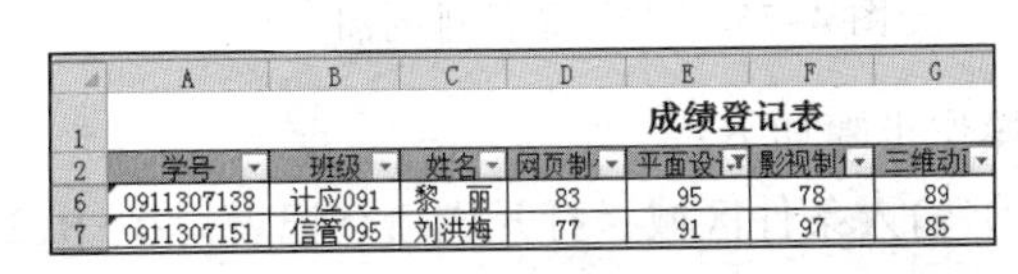

	A	B	C	D	E	F	G
1	成绩登记表						
2	学号	班级	姓名	网页制	平面设	影视制	三维动
6	0911307138	计应091	黎　丽	83	95	78	89
7	0911307151	信管095	刘洪梅	77	91	97	85

图 4-73　筛选出“平面设计”成绩满足条件的记录

【例 4-20】在成绩登记表中，筛选出“信管 095”班中“影视制作”成绩大于 90 分的记录。

不难看出这是一个双重筛选的问题，首先通过班级字段筛选出“信管 095”班的记录，再通过“影视制作”字段筛选出成绩在 90 分以上的记录。其方法步骤如下：

① 单击“班级”字段名旁边的筛选器箭头，从其下拉列表中选择“文本筛选”→“等于”选项，弹出“自定义自动筛选方式”对话框，如图 4-74 所示。

② 在条件下拉列表框中选择“等于”选项，在其文本框中输入文字“信管 095”。

③ 单击“确定”按钮，筛选出信管 095 班的记录。

④ 在此基础上单击“影视制作”字段名旁边的筛选器箭头，用同样的方法筛选出成绩大

于 90 分的记录，最终筛选结果如图 4-75 所示。

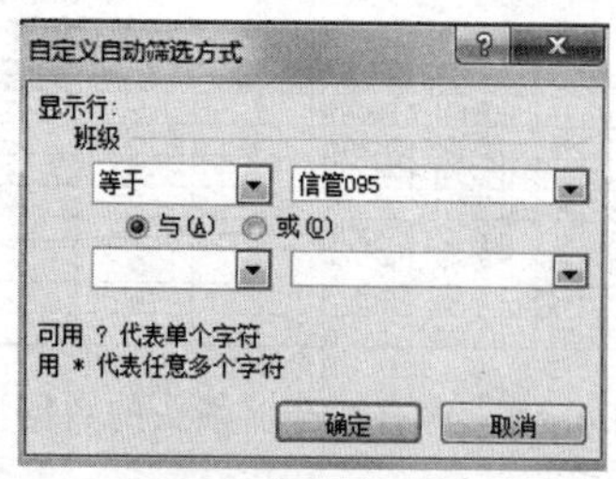

图 4-74 “自定义自动筛选方式”对话框

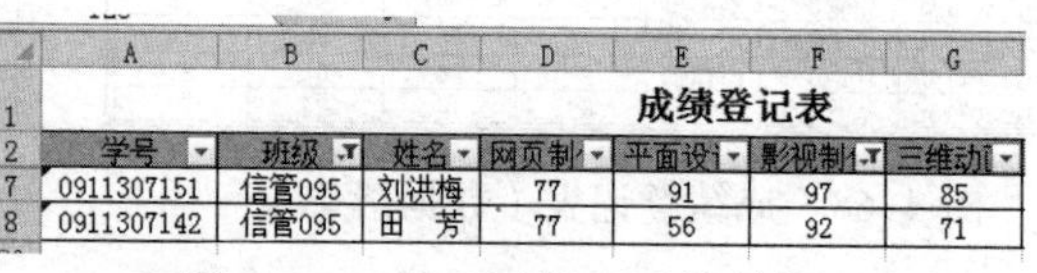

	A	B	C	D	E	F	G
1	成绩登记表						
2	学号	班级	姓名	网页制作	平面设计	影视制作	三维动画
7	0911307151	信管095	刘洪梅	77	91	97	85
8	0911307142	信管095	田 芳	77	56	92	71

图 4-75 经双重筛选后的数据

> **说明**：如果要取消自动筛选功能，只需再次单击“数据”选项卡，在打开的“排序和筛选”功能组中单击“筛选”按钮，则数据表中字段名右边的箭头就会消失，数据表被还原，从而取消自动筛选功能。

2. 高级筛选

下面通过实例来说明问题。

【例 4-21】 在成绩登记表中，筛选出“信管 095”班中“影视制作”成绩大于 90 分的记录。

【分析】本例和上例的要求一样，在上例中已经使用双重筛选得到了结果。本例将用高级筛选来完成。

如果使用“高级筛选”的方法来完成，则必须在工作表的一个区域设置“条件”，即“条件区域”。两个条件的逻辑关系有“与”和“或”的关系，在条件区域“与”和“或”的关系表达式是不同的，其表达方式如下：

①“与”条件：将两个条件放在同一行，表示的是信管 095 班影视制作成绩大于 90 分的学生，如图 4-76 所示。

②“或”条件：将两个条件放在不同行，表示的是影视制作成绩大于 90 分或者是信管 095 班的学生，如图 4-77 所示。

班级	影视制作
信管095	>90

图 4-76 “与”条件排列图

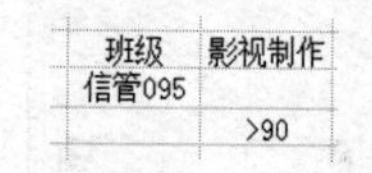

班级	影视制作
信管095	
	>90

图 4-77 “或”条件排列图

操作步骤如下：

① 输入条件区域：打开成绩登记表，在 B12 单元格输入“班级”，在 C12 单元格输入“影视制作”，在下一行的 B13 单元格输入“信管 095”，在 C13 单元格输入“>90”，如图 4-76 所示。

② 选中 A2:G10 单元格区域或其中的任意一个单元格。

③ 单击“数据”选项卡，在“排序与筛选”功能组中单击“高级”按钮，弹出“高级筛选”对话框，如图 4-78 所示。

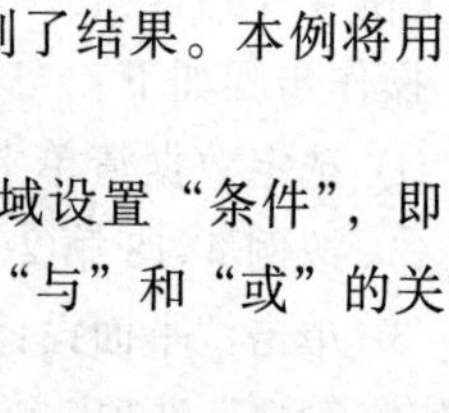

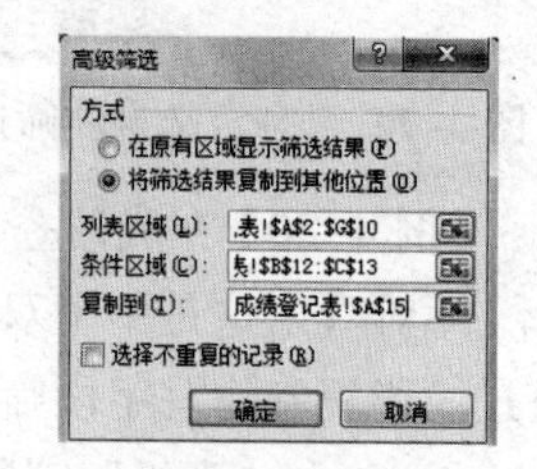

图 4-78 “高级筛选”对话框

④ 在“高级筛选”对话框中选中“将筛选结果复制到其他位置”单选按钮。

⑤ 如果列表区为空白，可单击“列表区域”右边的拾取按钮，用鼠标从列表区域的 A2 单元格拖动到 G10 单元格，输入框中出现“$A$2:$G$10”。

⑥ 单击“条件区域”右边的拾取按钮，用鼠标从条件区域的 B12 拖动到 C13，输入框中出现“$B$12:$C$13”。

⑦ 单击“复制到”右边的拾取按钮，选择筛选结果显示区域的第一个单元格 A15。

⑧ 单击“确定”按钮，筛选结果如图 4-79 所示。

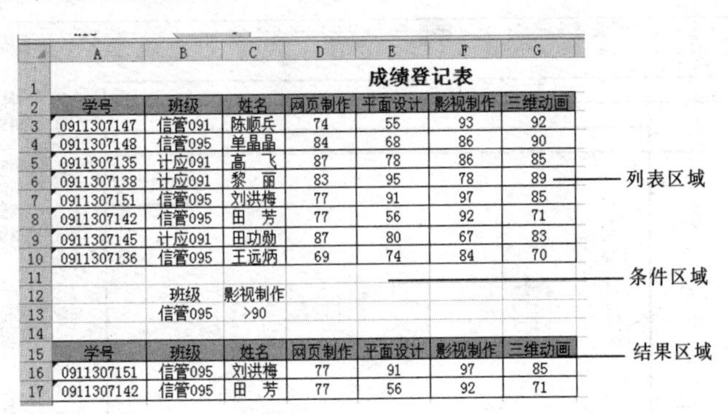

	A	B	C	D	E	F	G
1					成绩登记表		
2	学号	班级	姓名	网页制作	平面设计	影视制作	三维动画
3	0911307147	信管091	陈顺兵	74	55	93	92
4	0911307148	信管095	单晶晶	84	68	86	90
5	0911307135	计应091	高　飞	87	78	86	85
6	0911307138	计应091	黎　丽	83	95	78	89
7	0911307151	信管095	刘洪梅	77	91	97	85
8	0911307142	信管095	田　芳	77	56	92	71
9	0911307145	计应091	田功勋	87	80	67	83
10	0911307136	信管095	王远炳	69	74	84	70
11							
12		班级	影视制作				
13		信管095	>90				
14							
15	学号	班级	姓名	网页制作	平面设计	影视制作	三维动画
16	0911307151	信管095	刘洪梅	77	91	97	85
17	0911307142	信管095	田　芳	77	56	92	71

图 4-79 “高级筛选”3 个单元格区域

4.5.5 数据透视表

数据透视表是比“分类汇总”更为灵活的一种数据统计和分析方法。它可以同时灵活变换多个需要统计的字段，这样来对一组数值进行统计分析，统计可以是求和、计数、最大值、最小值、平均值、数值计数、标准偏差、方差等。利用数据透视表可以从不同方面对数据进行分类汇总。

1. 创建数据透视表

下面通过实例来说明如何创建数据透视表。

【例 4-22】在图 4-80 所示的产品销售表中，对产品销售金额按照产品名称和销售地区进行分类汇总。

操作步骤如下：

① 首先选定销售表 A2:F21 区域中的任意一个单元格。

② 单击“插入”选项卡，在打开的“表格”功能组中单击“数据透视表”按钮，弹出“创建数据透视表”对话框，如图 4-81 所示。

	A	B	C	D	E	F
1	宏星企业产品销售统计表					
2	销售地区	产品名称	销售日期	销售单价	销售数量	销售金额
3	北京	电风扇	2009/3/19	298	124	36952
4	重庆	空调机	2009/3/19	1880	130	244400
5	深圳	洗衣机	2009/3/19	2150	140	301000
6	北京	空调机	2009/4/27	1880	231	434280
7	广州	电风扇	2009/6/16	298	235	70030
8	广州	空调机	2009/5/5	1880	270	507600
9	北京	电冰箱	2009/6/16	2560	320	819200
10	深圳	电风扇	2009/3/19	298	350	104300
11	北京	电视机	2009/3/19	1870	359	671330
12	天津	电风扇	2009/7/9	298	360	107280
13	重庆	电冰箱	2009/7/9	2560	375	960000
14	深圳	空调机	2009/6/16	1880	380	714400
15	天津	电视机	2009/4/27	1870	385	719950
16	广州	空调机	2009/6/16	1880	425	799000
17	天津	空调机	2009/5/5	1880	425	799000
18	上海	洗衣机	2009/6/16	2150	450	967500
19	重庆	洗衣机	2009/5/5	2150	450	967500
20	上海	电冰箱	2009/4/27	2560	458	1172480
21	上海	电视机	2009/3/19	1870	560	1047200

图 4-80　产品销售表

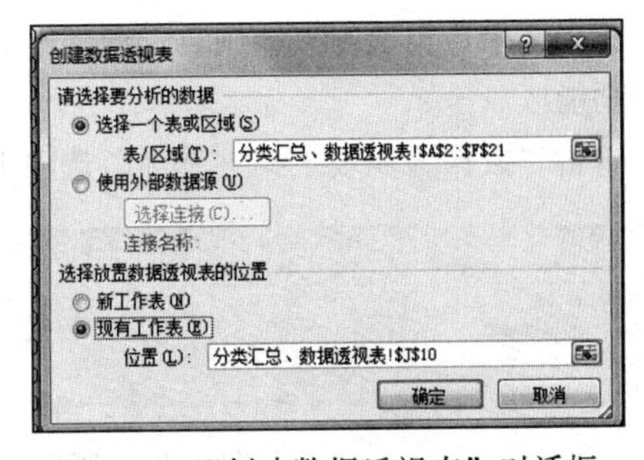

图 4-81 “创建数据透视表”对话框

③ 对要分析的数据，可以是当前工作簿中的一个数据表，或者是一个数据表中的部分数据区域；甚至还可以是外部数据源。数据透视表的存放位置可以是现有工作表，也可以用新建一个工作表来单独存放。本例按图 4-81 所示设置后，单击“确定”按钮，打开图 4-82 所示的布局窗口。

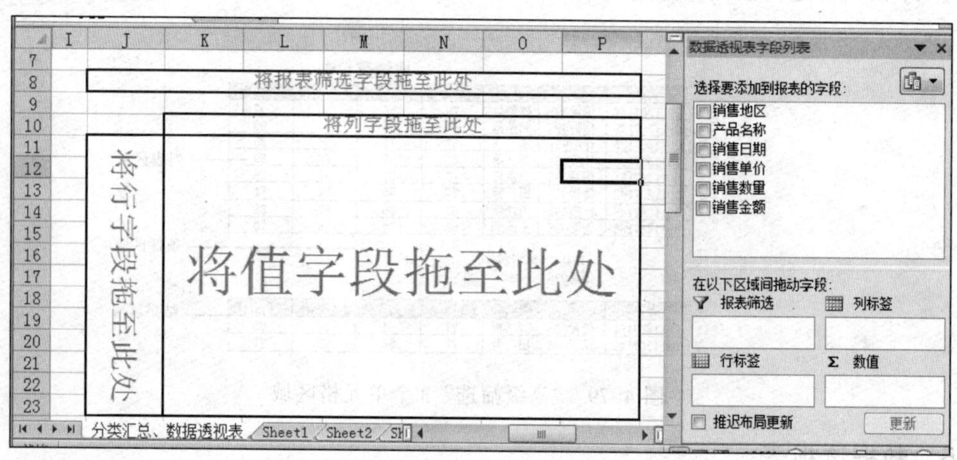

图 4-82　数据透视表布局窗口

④ 拖动右侧“选择要添加到报表的字段”选项组中的按钮到“行”字段区上侧、“列”字段区上侧以及“数值区”上侧。本例将“产品名称”拖动到“行”字段区，“销售地区”拖动到“列”字段区，“销售金额”拖动到“数值区”，结果示例如图 4-83 所示。

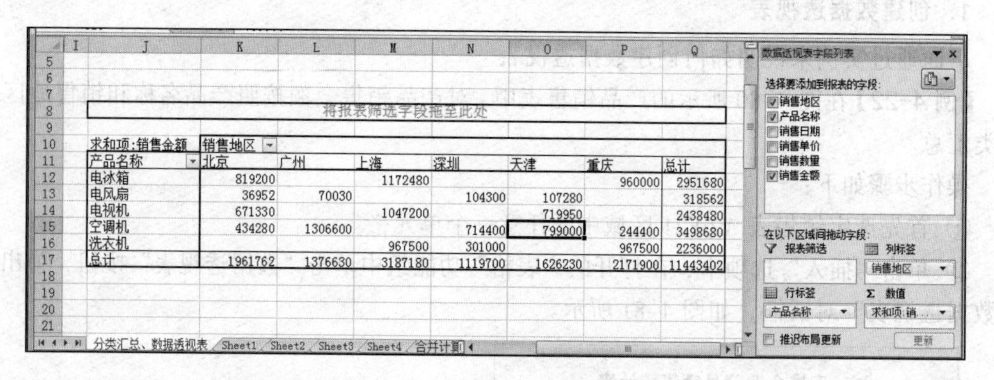

求和项:销售金额	销售地区						
产品名称	北京	广州	上海	深圳	天津	重庆	总计
电冰箱	819200		1172480			960000	2951680
电风扇	36952	70030		104300	107280		318562
电视机	671330		1047200		719950		2438480
空调机	434280	1306600		714400	799000	244400	3498680
洗衣机			967500	301000		967500	2236000
总计	1961762	1376630	3187180	1119700	1626230	2171900	11443402

图 4-83　数据透视表操作结果

2. 数据透视表的编辑和格式化

只要选中数据透视表，则自动激活“数据透视表工具”选项卡，包含“选项”和“设计”两个功能区。

单击“数据透视表工具→选项”选项卡，如图 4-84 所示。

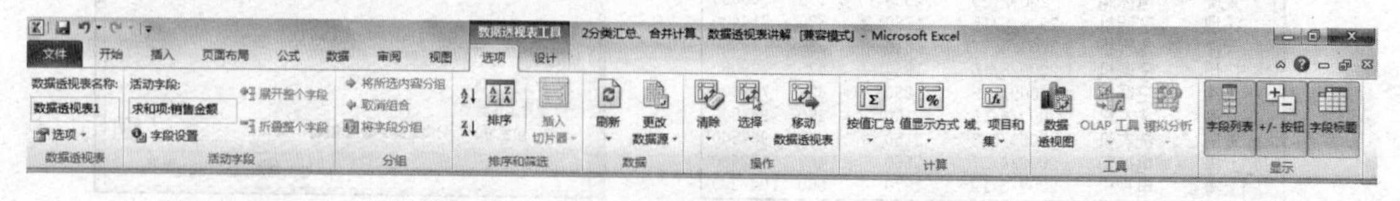

图 4-84　“数据透视表工具→选项”选项卡

单击“数据透视表工具→设计”选项卡，如图 4-85 所示。

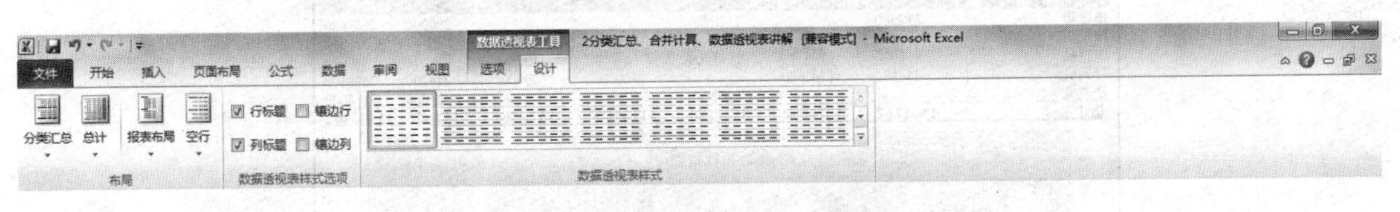

图 4-85 “数据透视表工具→设计”选项卡

数据透视表的编辑和格式设置，主要是通过这两个功能区的相应功能按钮进行设置，当然通过快捷菜单也可以完成相应的一些操作。

对图 4-83 所示的数据透视表进行如下编辑和格式设置操作：

① 选中图 4-83 的数据透视表，在“数据透视表工具→设计”选项卡的“数据透视表样式”功能组中选择“数据透视表样式中等深浅 10”选项。

② 选中图 4-83 的数据透视表，在“数据透视表工具→选项”选项卡的“工具”功能组中单击“数据透视图”按钮，弹出“插入图表”对话框，选择“柱形图”→“三维簇状柱形图”选项，单击“确定”按钮。

③ 单击选中数据透视图，弹出“数据透视图工具”选项卡，其下包括“设计”“布局”“格式”和“分析”共 4 个选项卡。在“数据透视表工具→设计”选项卡的“图表样式”功能组中选择“样式 2”选项。

④ 在“布局”选项卡的“背景”功能组中单击“图表背景墙”按钮，在其下拉列表中选择“其他背景墙选项”选项，弹出“设置背景墙格式”对话框，然后选择“图片或纹理填充”→“纹理”→“鱼类化石”选项；单击“图表基底”按钮，在其下拉列表中选择“其他基底选项”选项，弹出“设置基底格式”对话框，然后选择“图片或纹理填充”→“纹理”→“绿色大理石”选项。

⑤ 在“布局”选项卡中单击“标签”功能组中的“图表标题”按钮，在其下拉列表中选择“居中覆盖标题”选项，在弹出的文本框中输入文字“商品销售数量统计图”，文字设置适当大小；转入“格式”选项卡的“艺术字样式”功能组中选择“渐变填充-紫色，强调文字颜色 4，映像”选项。

⑥ 分别选中“横坐标轴标题”文本框和“纵坐标轴刻度标识”文本框，文字设置适当大小；转入“格式”选项卡的“艺术字样式”功能组中选择“和图表标题”相同的艺术字样式。

⑦ 选中“图例”，文字设置适当大小，在“格式”选项卡的“艺术字样式”功能组中选择“填充-无，轮廓-强调文本颜色 2”选项。

⑧ 选中图表区，单击“当前所选内容”功能组中的“设置所选内容格式”按钮，弹出“设置图表区格式”对话框，然后选择“图片或纹理填充”→“纹理”→“花束”选项。

⑨ 通过“开始”选项卡的“单元格”功能组，对单元格的“字体”“对齐方式”和“填充”等格式进行设置。

⑩ 调整数据透视表和数据透视图的相对位置和大小。最后生成的数据透视表和数据透视图如图 4-86 所示。

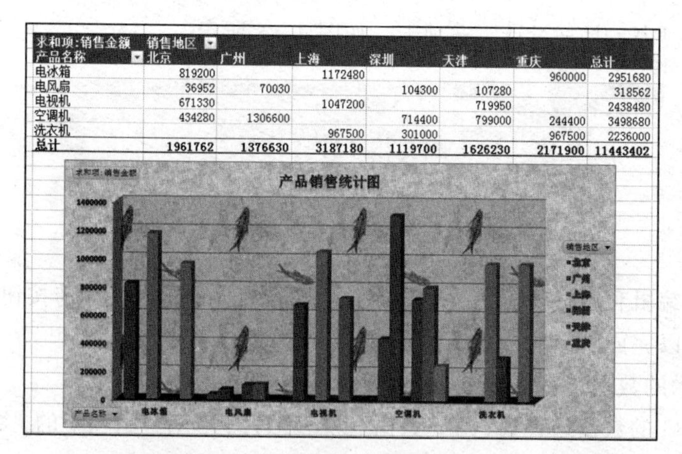

求和项:销售金额	销售地区						
产品名称	北京	广州	上海	深圳	天津	重庆	总计
电冰箱	819200		1172480			960000	2951680
电风扇	36952	70030		104300	107280		318562
电视机	671330		1047200		719950		2438480
空调机	434280	1306600		714400	799000	244400	3498680
洗衣机			967500	301000		967500	2236000
总计	1961762	1376630	3187180	1119700	1626230	2171900	11443402

图 4-86　经过编辑和格式设置后的数据透视表和数据透视图

4.6　Excel 2010 的其他操作

下面介绍 Excel 2010 的其他操作，主要包括保护工作簿和工作表、拆分和冻结工作表以及打印工作表。

4.6.1　保护工作簿和工作表

在工作中，经常用到 Excel 表格，这往往会涉及统计数据等问题。为了防止其他人随意更改工作簿和工作表，用户可以对工作簿和工作表实施保护。

1. 保护工作簿

保护工作簿不仅可以禁止用户添加、删除、重命名、移动或复制工作表，而且可以禁止用户更改工作表窗口的大小或位置。具体操作步骤如下：

① 打开需要保护的工作簿。

② 单击“审阅”选项卡，在打开的“更改”功能组中单击“保护工作簿”按钮，弹出“保护结构和窗口”对话框，如图 4-87 所示。

③ 如果要保护工作簿的结构，可选中“结构”复选框，这样工作簿中的工作表将不能进行移动、删除、隐藏、取消隐藏或重新命名，而且也不能插入新的工作表。如果要保护窗口以便在每次打开工作簿时使其具有固定的位置和大小，可选中“窗口”复选框。如果要禁止其他用户删除工作簿保护，请输入密码。设置密码是一项限制访问工作簿、工作表或部分工作表的方法。

④ 最后单击“确定”按钮即可。

2. 保护工作表

工作表是工作簿中存放数据的区域。保护工作表可以禁止未授权用户在工作表中输入、修改、删除数据等操作。具体操作步骤如下：

① 选中需要实施保护的工作表。

② 单击“审阅”选项卡，在打开的“更改”功能组中单击“保护工作表”按钮，弹出“保护工作表”对话框，如图 4-88 所示。

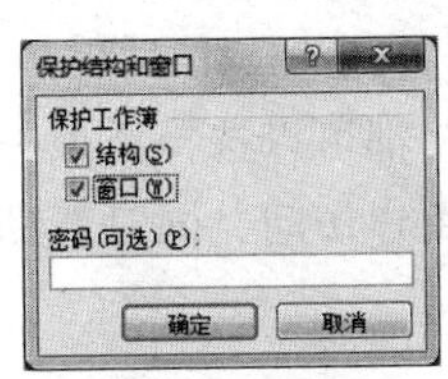
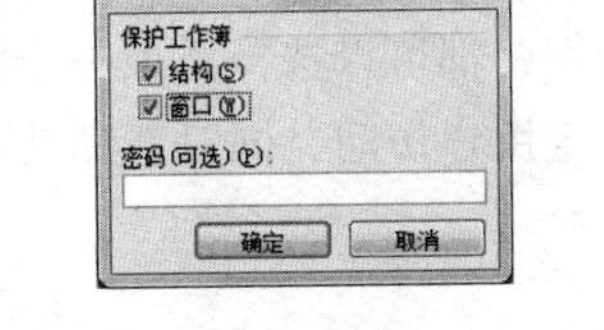

图 4-87 “保护结构和窗口”对话框

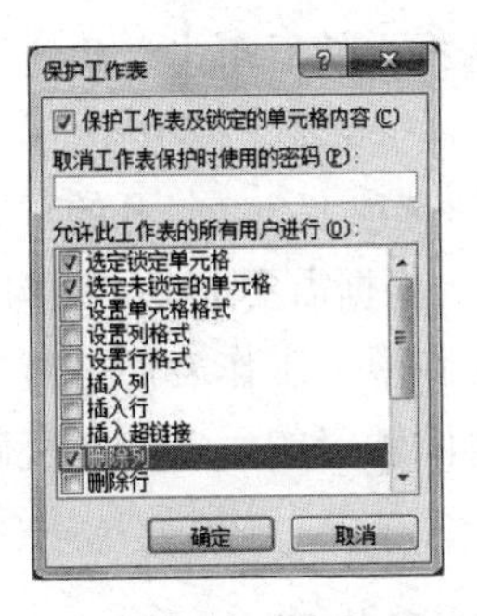

图 4-88 “保护工作表”对话框

③ 在“允许此工作表的所有用户进行”列表框中选取保护的项目，为工作表输入密码，单击“确定”按钮即可。

说明： 密码是可选的，但是，如果没有使用密码，则任何用户都可以取消对工作表的保护并更改受保护的元素。请切记所设置的密码，如果丢失了密码，就不能访问工作表上受保护的元素。

3. 保护单元格和单元格区域

默认情况下，保护工作表时，该工作表的所有元素都会被锁定和隐藏，用户不能对锁定的单元格进行任何更改。也就是说，用户不能在锁定的单元格区域中插入、修改、删除数据或设置数据格式。但是在很多情况下，用户并不希望保护所有的区域。

（1）设置不受保护的区域

设置不受保护的区域，即用户可以更改的区域，操作步骤如下：

① 选中要解除锁定或隐藏的单元格或单元格区域。

② 单击“开始”选项卡，在打开的“单元格”功能组中单击“格式”按钮，在打开的下拉列表中选择“设置单元格格式”选项，弹出“设置单元格格式”对话框。

③ 在“设置单元格格式”对话框中选择“保护”选项卡，根据需要取消选中“锁定”复选框或“隐藏”复选框，然后单击“确定”按钮。

④ 单击“审阅”选项卡，在打开的“更改”功能组中单击“保护工作表”按钮。

设置不受保护区域，还可以通过单击“允许用户编辑区域”按钮来设置选择希望用户能够更改的元素。

（2）设置受保护的区域

设置受保护的区域，即用户不可以更改的区域，操作步骤如下：

① 选中整个工作表中的所有单元格。

② 单击“开始”选项卡，在打开的“单元格”功能组中单击“格式”按钮，在打开的下拉列表中选择“设置单元格格式”选项，弹出“设置单元格格式”对话框。

③ 单击“保护”选项卡，根据需要取消选中“锁定”复选框或者“隐藏”复选框，然后单击“确定”按钮。则此状态下该工作表中所有的单元格都处于未被保护的状态。

④ 选中需要保护的单元格区域，如 C4:K18.

⑤ 再次在“设置单元格格式”对话框中选择“保护”选项卡，根据需要选中“锁定”复

选框或“隐藏”复选框，然后单击“确定”按钮。则在该工作表中，只有 C4:K18 单元格区域处于被保护的状态。

⑥ 单击“审阅”选项卡，在打开的“更改”功能组中单击“保护工作簿”按钮，弹出“保护结构和窗口”对话框，根据需要选中“结构”复选框或“窗口”复选框，然后单击“确定”按钮。

以上无论是对工作簿、工作表还是对单元格区域的操作，都可以选择添加一个密码，使用这个密码可以编辑解除锁定的元素。此密码仅用于允许特定用户访问，同时帮助禁止其他用户进行更改。

4.6.2 拆分和冻结工作表

对于有些包含大量记录的工作表，有时用户希望同时查看工作表的不同部分。为了浏览方便，可以把工作表中的标题总显示在工作表的最上方，即不管表中的数据如何移动，总能看到标题。也可以拆分工作表，将工作表进行横向或者纵向分割，这样能够观察或编辑同一张表格的不同部分。

1. 拆分工作表

工作表窗口的拆分有水平拆分、垂直拆分和水平垂直同时拆分 3 种，即在工作表窗口中加上水平拆分线、垂直拆分线或同时加上水平拆分线和垂直拆分线。

进行水平拆分时，先单击水平拆分线下一行的行标或下一行的第 1 列单元格，然后单击“视图”选项卡，在打开的“窗口”功能组中单击“拆分”按钮，这时，在所选行的上方出现水平拆分线。

在工作表窗口的垂直滚动条的向上箭头的上方有一个“水平拆分”按钮，拖动该按钮也可以直接通过移动水平拆分线进行水平拆分。

进行垂直拆分时，先单击垂直拆分线右边一列的列标或右一列的第 1 行单元格，然后单击“视图”选项卡，在打开的“窗口”功能组中单击“拆分”按钮，这时，在所选列的左侧出现垂直拆分线。

在工作表窗口的水平滚动条的向右箭头的右方有一个“垂直拆分”按钮，拖动该按钮也可以直接通过移动垂直拆分线进行垂直拆分。

图 4-89 所示的是经过水平垂直拆分后的工作表窗口。可以看出，工作表窗口中有两组水平滚动条和垂直滚动条，被拆分的每个部分都可以用滚动条来移动显示工作表的不同部分。这样，就可以在窗口中对比显示工作表中相距较远的数据。

取消拆分时，可以单击“视图”选项卡，在打开的“窗口”功能组中单击“拆分”按钮或直接双击拆分线。

2. 冻结工作表

工作表的冻结分为首行冻结、首列冻结和冻结拆分窗格 3 种。操作方法如下：

① 首行冻结：单击“视图”选项卡，在打开的“窗口”功能组中单击“冻结窗格”按钮，在打开的下拉列表中选择“冻结首行”选项即可。

② 首列冻结：单击“视图”选项卡，在打开的“窗口”功能组中单击“冻结窗格”按钮，在打开的下拉列表中选择“冻结首列”选项即可。

③ 冻结拆分窗格：选中某单元格，如 D6 单元格，然后单击“视图”选项卡，在打开的“窗口”功能组中单击“冻结窗格”按钮，在打开的下拉列表中选择“冻结拆分窗格”选项，经冻结拆分后的工作表如图 4-90 所示。

	A	B	C	D	E	F	G
1	姓　名	性别	语文	政治	计算机	高等数学	英语
2	李芳芳	女	89	80	78	89	86
3	王　丽	女	59	84	86	75	75
4	吴月华	女	88	85	63	57	86
5	张　杰	男	75	90	69	68	63
6	万　福	男	86	67	71	80	69
7	王健康	男	63	75	82	84	71
5	张　杰	男	75	90	69	68	63
6	万　福	男	86	67	71	80	69
7	王健康	男	63	75	82	84	71
8	陈　雨	女	69	57	52	85	82
9	杨　晨	男	71	68	91	90	52
10	韩冬生	男	82	80	87	67	91
11	彭兰花	女	52	84	63	75	87

图 4-89　经水平和垂直拆分后的工作表窗口

	A	B	C	D	E	F	G
1	姓　名	性别	语文	政治	计算机	高等数学	英语
2	李芳芳	女	89	80	78	89	86
3	王　丽	女	59	84	86	75	75
4	吴月华	女	88	85	63	57	86
5	张　杰	男	75	90	69	68	63
6	万　福	男	86	67	71	80	69
7	王健康	男	63	75	82	84	71
8	陈　雨	女	69	57	52	85	82
9	杨　晨	男	71	68	91	90	52
10	韩冬生	男	82	80	87	67	91
11	彭兰花	女	52	84	63	75	87

图 4-90　冻结拆分窗格

取消冻结，单击“视图”选项卡，在打开的“窗口”功能组中单击“冻结窗格”按钮，在打开的下拉列表中选择“取消冻结窗格”选项即可。

4.6.3 打印工作表

对工作表的数据输入、编辑和格式化工作完成后，为了提交阅读方便和以备用户存档，常常需要将它们打印出来。在打印之前，可以对打印的内容先进行预览或进行一些必要的设置。所以，打印工作表一般可分为两个步骤：打印预览和打印输出。另外，还可以对工作表进行页面设置，以便使工作表有更好的打印输出效果。

Excel 2010 提供了打印预览功能，打印预览可以在屏幕上显示工作表的实际打印效果，如页面设置，纸张、页边距、分页符效果等。如果用户不满意可及时调整，以避免打印后不符合要求而造成不必要的浪费。

要对工作表打印预览，只需将工作表打开，单击“文件”选项卡，在打开的新页面中选择“打印”命令，这时在窗口的右侧将显示工作表的预览效果，如图 4-91 所示。

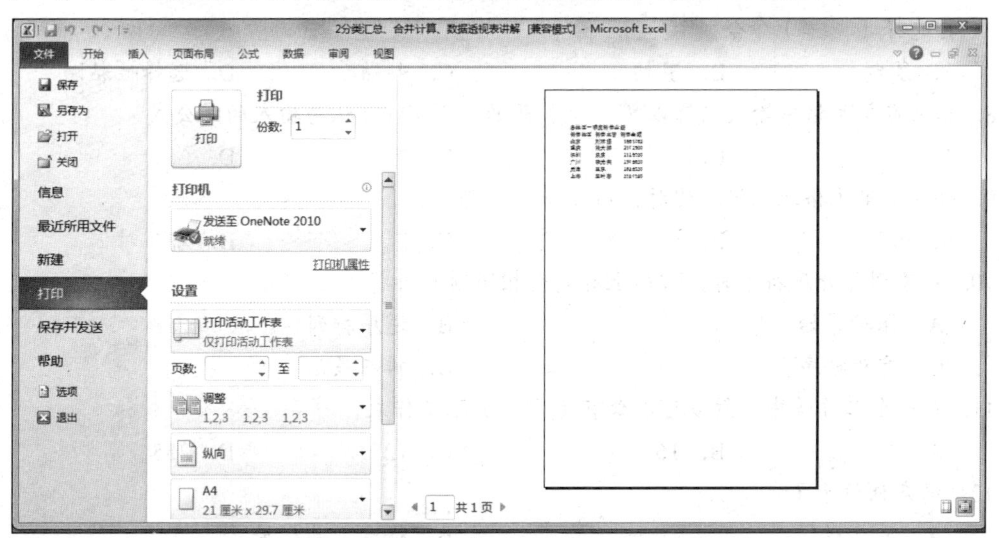

图 4-91　工作表的打印预览效果

如果用户对工作表的预览结果十分满意就可以立即打印输出。在打印之前，可在页面的中间区域对各项打印属性进行设置，包括打印的份数、页边距、纸型、纸张方向、页码范围等。全部设置完成后，只需单击“打印”按钮，即可打印出用户所需的工作表。

习　题

一、单项选择题

1. Excel 工作簿文件的扩展名约定为（　　）。

A. .docx　　B. .txt　　C. .xlsx　　D. .pptx

2. 以下（　　）可以作为有效的数字输入到工作表中。

A. 1.234　　B. 8%　　C. ￥35　　D. 以上都是

3. 要使 Excel 把所输入的数字当成文本，所输入的数字应当以（　　）开头。

A. 等号　　B. 一个字母　　C. 星号　　D. 单引号

4. Excel 使用（　　）来定义一个区域。

A. ()　　B. :　　C. ;　　D. |

5. 如果在工作簿中既有工作表又有图表，当单击快速访问工具栏上的“保存”按钮后，Excel 将（　　）。

A. 只保存其中的工作表　　B. 把工作表和图表保存到一个文件中

C. 只保存其中的图表　　D. 把工作表和图表分别保存到两个文件中

6. 设区域 A1:A8 的各单元格中的数值均为 1，A9 为空白单元格，A10 单元格中为一字符串，则函数=AVERAGE(A1:A10)的结果与公式（　　）的结果相同。

A. =8/10　　B. =8/9　　C. =8/8　　D. =9/10

7. 当仅需要将当前单元格中的公式复制到另一单元格，而不需要复制该单元格的格式时，应先单击“开始”选项卡“剪贴板”组中的（　　）按钮，然后在选定目标单元格后再选择（　　）命令。

A. 复制　　B. 剪切　　C. 粘贴　　D. 选择性粘贴

8. 如果在单元格中输入内容以（　　）开始，则 Excel 认为输入的是公式。

A. =　　B. !　　C. *　　D. ^

9. 公式中单元格地址绝对化时使用（　　）符号。

A. %　　B. $　　C. !　　D. 都不对

10. 对某列作升序排序时，该列上有完全相同项的行将（　　）。

A. 保持原始次序　　B. 逆序排列

C. 重新排序　　D. 排在最后

11. 在一个工作簿中，最多可以含有（　　）张工作表。

A. 3　　B. 16　　C. 127　　D. 255

12. 填充柄位于（　　）。

A. 菜单栏　　B. 标准工具栏里

C. 当前单元格的右下角　　D. 状态栏中

13. 要在单元格内进行编辑，只需要（　　）。

A. 单击该单元格　　B. 双击该单元格

C. 用快速访问工具栏按钮　　D. 用光标选择该单元格

14. 函数参数可以是（　　）。

A. 单元格　　B. 区域　　C. 数　　D. 3个都可以

15. Excel最多能对一个字段设置（　　）自动筛选条件。

A. 2个　　B. 3个　　C. 4个　　D. 5个

二、多项选择题

1. 在Excel 2010的窗口中应该有（　　）。

A. 名称框　　B. 状态栏　　C. 编辑栏

D. 工作表标签　　E. 功能选项卡

2. 下列（　　）所使用的单元格地址中有混合地址。

A. G18　　B. $B10　　C. A10+C$12

D. $B$14+C$15　　E. $D$2

3. Excel 2010的序列填充的类型有（　　）。

A. 时间　　B. 日期　　C. 等差序列

D. 等比序列　　E. 自动填充

4. 工作簿与工作表之间的正确关系是（　　）

A. 一个工作表中可以有多个工作簿　　B. 一个工作簿里只能有一个工作表

C. 一个工作簿最多有255列　　D. 一个工作簿里可以有多个工作表

E. 一个工作簿里至少有一个工作表

5. 在Excel中，单元格的删除与清除的区别有（　　）。

A. 删除单元格后不能撤销，清除后可以撤销

B. 删除单元格后会改变其他单元格的位置，而清除不会

C. 清除是只清除单元格中的内容和格式等，而删除将连同单元格本身一起删除

D. 清除单元格是按【Delete】键，删除单元格是在右键快捷菜单中选择“删除”命令

E. 单元格中包含有公式时不能清除，但可以删除

6. 在Excel工作表单元格中，输入下列表达式，正确的有（　　）。

A. = (25 - A2)/3　　B. = G5/A6　　C. SUM(D5:D9)

D. = B3 + C5 - A1　　E. = 'A3*H8'

7. 以下关于保存Excel工作簿的叙述，其中错误的是（　　）。

A. 工作簿中的每个工作表将作为一个单独的文件保存

B. 工作簿中无论有多少张工作表，总是将整个工作簿作为一个文件保存

C. 用户可以选择是以工作表为单位还是以工作簿为单位保存

D. 工作簿中仅当前选定的工作表才能被保存，其他工作表不会被保存

E. 一个工作簿文件建立后，只能以.xlsx为扩展名保存

8. Excel中合法的数值型数据包括（　　）。

A. ￥2569.89　　B. 3.1416　　C. '1258

D. 1.23E+08　　　　E. "256.84"

9. 要在Excel的D5单元格中放置求A1、A2、B1、B2单元格的平均值，正确的写法是(　　)。

A. =AVERAGE(A1:B2)　　　　B. =AVERAGE(A1,B2)

C. AVERAGE(A1:B2)　　　　D. =(A1+A2+B1+B2)/4

E. =AVERAGE(A1,A2,B1,B2)

10. Excel具有自动填充功能，可以自动填充（　　）。

A. 时间　　B. 日期　　C. 数值

D. 任意序列　　E. 公式

三、判断题

1. 删除工作表中的某一数据系列时，图表中的数据也同时被删除。(　　)
2. 清除是指对选定的单元格和区域内的内容作删除。(　　)
3. 工作表是用来存储和处理工作数据的文件。(　　)
4. 在Excel中不能同时对多个工作表进行数据输入。(　　)
5. 选取不连续的单元格，需要用【Alt】键配合。(　　)
6. 远距离移动单元格的数据时，用鼠标拖动的方法比较简单方便。(　　)
7. 正在处理的单元格称为活动单元格。(　　)
8. 在Excel中，公式都是以“=”开始的，后面由操作数和函数构成。(　　)
9. 要在公式栏修改某一单元格的数据，需要双击该单元格。(　　)
10. 删除是指将选定的单元格和单元格内的内容一起删除。(　　)

四、填空题

1. 在Excel中，数字格式默认__________对齐，文本数据格式默认__________对齐。
2. Excel工作表的行或列的隐藏，其实质是__________设置。
3. 在Excel的单元格中输入公式时，应先输入__________。
4. 在Excel中，单元格的引用分为__________引用、__________引用和__________引用。
5. 对数据清单进行分类汇总前，必须首先对数据清单中的分类字段进行__________操作。
6. Excel工作簿是由__________组成的，Excel工作表是由__________组成的。
7. 当Excel工作表数据区域的数据变化时，相应的图表将会__________。
8. Excel提供了两种筛选方式：__________和__________。
9. 要在D5单元格放置A1至A10单元格的最大值，应在D5单元格插入的函数是__________。
10. 要将单元格或单元格区域中的数据清除，首先应选中单元格或单元格区域，然后单击__________选项卡，在打开的__________功能组中单击__________按钮，在其下拉列表中选择“清除”选项，或按__________键。

PowerPoint 2010 是微软公司 Microsoft Office 2010 的常用组件之一，是一款优秀的演示文稿制作软件。能将文本、图形、图表、声音、动画等多媒体信息有机结合，将演说者的思想意图生动明快地展现出来。PowerPoint 2010 不仅功能强大而且易学易用、兼容性好、应用面广，是多媒体教学、演说答辩、会议报告、广告宣传、商务演说经常使用的辅助工具。

通过本章的学习应了解 PowerPoint 2010 的基本功能；熟悉 PowerPoint 2010 的窗口组成；熟悉制作演示文稿的流程；熟练掌握创建、编辑、放映演示文稿的基本方法；会设计动画效果和幻灯片切换效果；掌握设置超链接的方法；会套用设计模板、使用主题、母版；了解打印和打包演示文稿的方法。

5.1 PowerPoint 2010 概述

采用 PowerPoint 制作的文档称为演示文稿，扩展名为.pptx。一个演示文稿由若干张幻灯片组成，因此演示文稿又称幻灯片。幻灯片里可以插入文字、表格、图形、影片、声音等多媒体信息。演示文稿制作好后可将幻灯片以事先安排好的顺序播放，放映时可以配上旁白、辅以动画效果。

5.1.1 PowerPoint 2010 的基本功能及特点

1. 方便快捷的文本编辑功能

在幻灯片的占位符中输入的文本，PowerPoint 会自动添加各级项目符号，层次关系分明，逻辑性强。

2. 多媒体信息集成

PowerPoint 2010 支持文本、图形、表格、艺术字、影片、声音等多种媒体信息，而且排版灵活。

3. 强大的模板、母版功能

使用模板和母版能快速生成风格统一，独具特色的演示文稿。模板提供了样式文稿的格式、配色方案、母版样式及产生特效的字体样式等。PowerPoint 2010 提供了多种美观大方的模板，也允许用户创建和使用自己的模板。使用母版可以设置演示文稿中各张幻灯片的共有信息，如日期、文本格式等。

4．灵活的放映形式

PowerPoint 提供了多样的放映形式。既可以由演说者一边演说一边操控放映，又可以应用于自动服务终端由观众操控放映流程，也可以按事先“排练”的模式在无人值守的展台放映。PowerPoint 2010 还可以录制旁白，在放映幻灯片时播放。

5．动态演绎信息

PowerPoint 2010 可以设置幻灯片内各对象的动画以及幻灯片的切换动画，还可以为动画编排顺序设置动画路径等。

6．多种形式的共享方式

PowerPoint 2010 提供多种演示文稿共享方式，如“使用电子邮件发送”“以 PDF/XPS 形式发送”“创建为讲义”“广播幻灯片”“打包到 CD”等功能。

7．良好的兼容性

PowerPoint 2010 向下兼容 PowerPoint 97-2003 版本，保存的格式也更加丰富。

5.1.2　PowerPoint 2010 工作界面

1．PowerPoint 2010 的启动与退出

（1）启动 PowerPoint 2010

启动 PowerPoint 2010 常用以下几种方法:

① 单击“开始”按钮，选择“所有程序”→Microsoft Office→Microsoft Office PowerPoint 2010 命令。

② 若桌面上有 PowerPoint 2010 的快捷方式，则双击该快捷图标。

③ 双击一个已有的 PowerPoint 文件。

（2）PowerPoint 2010 的退出

退出 PowerPoint 2010 有以下几种方法:

① 单击 PowerPoint 2010 窗口右上角的“关闭”按钮。

② 单击 PowerPoint 2010 窗口左上角的“文件”选项卡，在打开的菜单中选择“退出”命令。

③ 单击 PowerPoint 2010 窗口左上角的控制图标，在弹出的控制菜单中选择“关闭”命令，或者直接双击该控制图标。

④ 按【Alt+F4】组合键。

2．PowerPoint 2010 的窗口组成

PowerPoint 2010 的窗口如图 5-1 所示，这里介绍一些常用的或者 PowerPoint 特有窗口组成单元。

（1）标题栏

标题栏位于窗口上方正中间，用于显示正在编辑的文档的名字和软件名，如果打开了一个已有的文件，该文件的名字就会出现在标题栏上。

（2）窗口控制按钮

窗口控制按钮位于窗口右上角，有“最小化”“最大化/还原”和“关闭”3 个按钮。

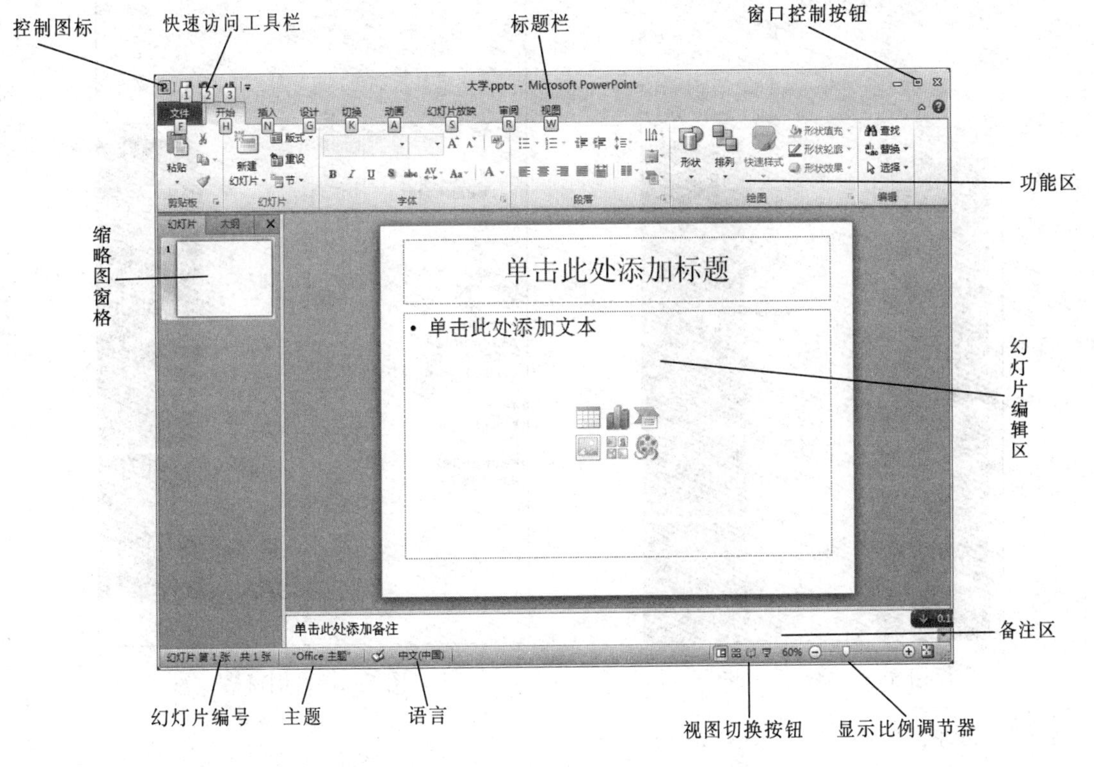

图 5-1 PowerPoint 2010 窗口组成

（3）快速访问工具栏

快速访问工具栏一般位于窗口左上角。通常放一些常用的命令按钮如“保存”“撤销”，单击右边的下三角按钮，在打开的下拉列表中可以根据需要添加或者删除常用命令按钮。最左边红色图标为窗口控制图标。

（4）功能区与选项卡

功能区在“文件”“开始”“插入”等选项卡的下方，单击不同选项卡，功能区将展示不同功能按钮。有时为了扩大幻灯片的编辑区域，可使用功能区右上方的上/下箭头标志的按钮（帮助按钮左侧），展开或关闭功能区。

（5）幻灯片编辑区

幻灯片编辑区又称“工作区”，在此区域可以对幻灯片进行各种操作，如添加文字、图形、影片、声音，创建超链接，设置动画效果等。工作区只能显示一张幻灯片的内容。

（6）缩略图窗格

缩略图窗格又称“大纲空格”，显示幻灯片的排列结构，每张幻灯片前会显示对应编号，常在此区域编排幻灯片顺序。单击此区域中不同幻灯片，可以实现工作区内幻灯片的切换。

该窗格有“大纲”选项卡和“幻灯片”选项卡。单击“幻灯片”选项卡，各幻灯片以缩略图的形式呈现，如图 5-2 所示；单击“大纲”选项卡，大纲窗格仅显示各张幻灯片的文本内容，如图 5-3 所示，可以在此区域对文本进行编辑。

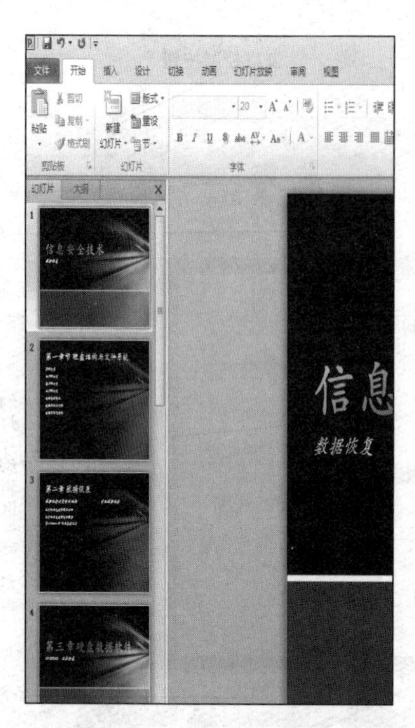

图 5-2　缩略图窗格

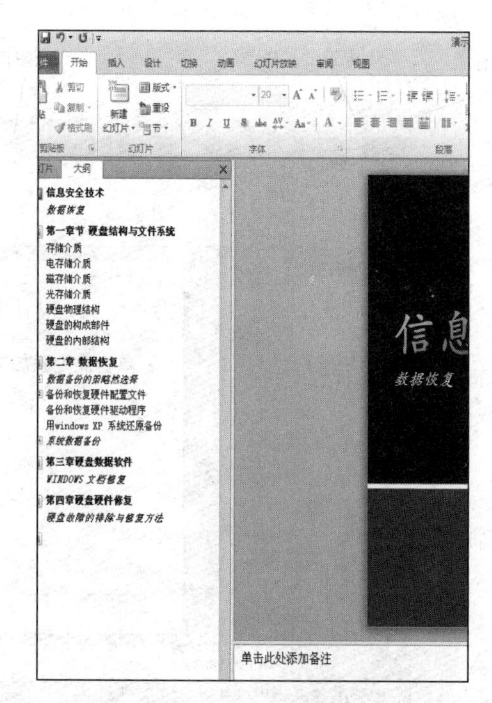

图 5-3　大纲窗格

（7）备注窗格

备注窗格又称备注区，可以添加演说者与观众共享的信息或者供以后查询的信息。若需要向备注中加入图形，必须切换到备注页视图下操作。

（8）视图切换按钮

通过单击视图切换按钮能方便快捷地实现不同视图方式的切换，从左至右依次是“普通视图”“幻灯片浏览视图”“阅读视图”“幻灯片放映”按钮。

（9）显示比例调节器

通过拉动滑块或者单击左右两侧的加、减按钮来调节编辑区幻灯片的大小。建议单击右边的“使幻灯片适应当前窗口”按钮，系统会自动设置幻灯片的最佳比例。

3. PowerPoint 2010 文件的打开与关闭

演示文稿的打开与关闭见 PowerPoint 2010 的启动与退出，这里不再赘述。

5.1.3　PowerPoint 2010 视图

PowerPoint 视图即幻灯片呈现在用户面前的方式。PowerPoint 2010 提供了常用的普通视图、幻灯片浏览视图、阅读视图、幻灯片放映视图 4 种视图，可以通过单击 PowerPoint 程序窗口右下方的视图切换按钮进行切换，而切换到“备注页视图”需要单击“视图”选项卡，在“演示文稿视图”功能组单击“备注页”按钮来打开。

1. 普通视图

普通视图是制作演示文稿的默认视图，也是最常用的视图方式，如图 5-1 所示。几乎所有的编辑操作都可以在普通视图下进行，包括“幻灯片编辑区”“大纲窗格”“备注窗格”，拖动各窗格间的分隔边框可以调节各窗格的大小。

2．幻灯片浏览视图

幻灯片浏览视图占据整个 PowerPoint 文档窗口，如图 5-4 所示，演示文稿的所有幻灯片以缩略图方式显示。可以方便地完成以整张幻灯片为单位的操作，如复制、删除、移动、隐藏幻灯片、设置幻灯片切换效果等，这些操作只需要选中要编辑的幻灯片后右击，在弹出的快捷菜单中选择相应命令即可。幻灯片浏览视图不能针对幻灯片内部的具体对象进行操作，例如不能插入或编辑文字、图形，自定义动画等。

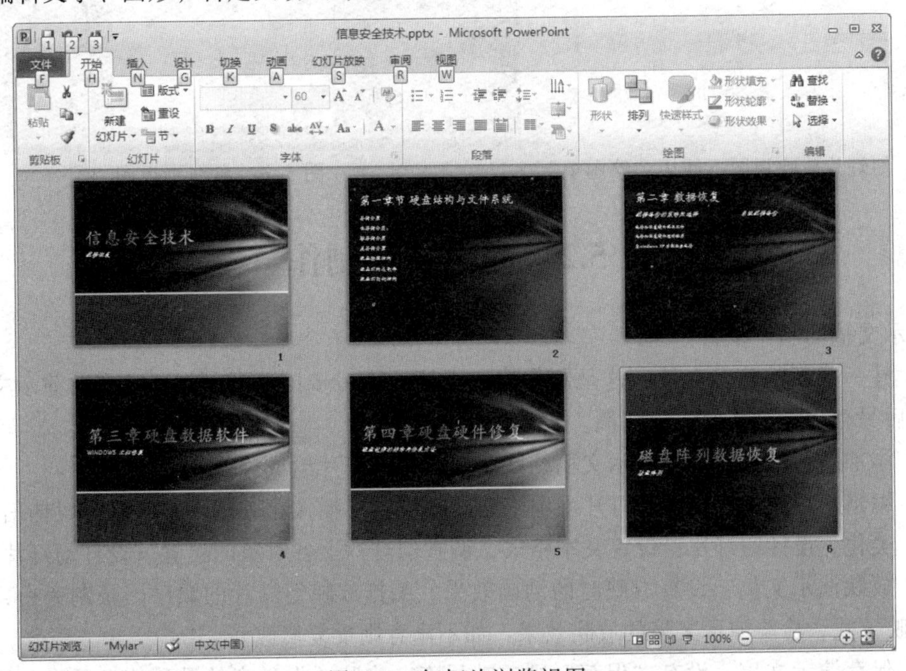

图 5-4　幻灯片浏览视图

3．幻灯片放映视图

幻灯片放映视图向观众展示演示文稿的各张幻灯片，放映时幻灯片布满整个计算机屏幕，幻灯片的内容、动画效果等都将体现出来，但是不能修改幻灯片的内容。放映过程中按【Esc】键可立刻退出放映视图。

在放映视图下右击，在弹出的快捷菜单中选择“指针选项”→“笔”命令，如图 5-5 所示。指针形状改变，切换成“绘画笔”形式，这时按住鼠标左键可以在屏幕上写字、做标记。在快捷菜单中还可以设置墨迹颜色，也可以用“橡皮擦”命令擦除标记。退出放映视图时，系统会弹出对话框，询问“是否保留墨迹注释”。

4．备注页视图

备注页视图用于显示和编辑备注页内容，程序窗口没有对应的视图切换按钮，需要通过单击“视图”选项卡，在打开的“演示文稿视图”功能组中单击“备注页”按钮实现。备注页视图如图 5-6 所示，上方显示幻灯片，下方显示该幻灯片的备注信息。

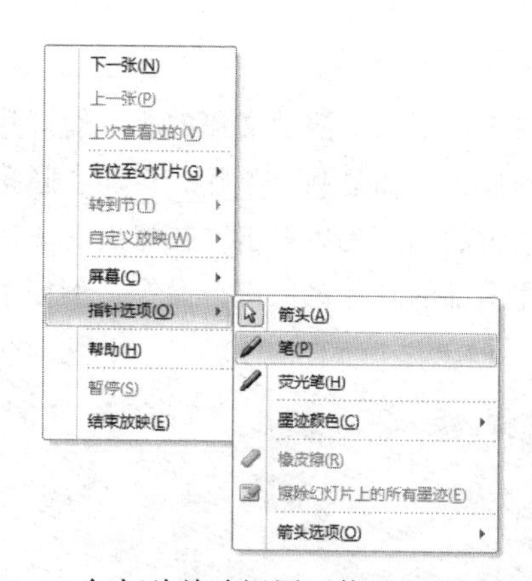

图 5-5　幻灯片放映视图下使用“绘画笔”

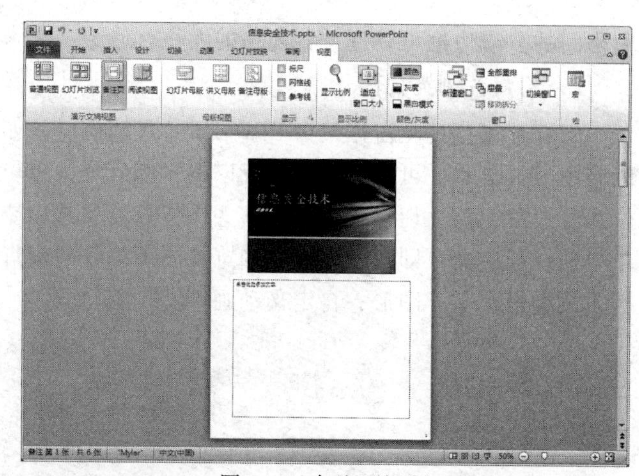

图 5-6　备注页视图

5.2　演示文稿制作

演示文稿的制作步骤：

① 建一个新的演示文稿：这是制作演示文稿的第一步；也可以打开已有的演示文稿，加以修改后另存为一个新的演示文稿。

② 添加新幻灯片：一个演示文稿往往由若干张幻灯片组成。

③ 编辑幻灯片内容：在幻灯片上输入必要的文本、插入相关图片、表格等媒体信息。

④ 美化、设计幻灯片：设置文本格式，调整幻灯片上各对象的位置，设计幻灯片的外观。

⑤ 放映演示文稿：设置放映时的动画效果、编排放映幻灯片的顺序、录制旁白，选择合适的放映方式，检验演示文稿的放映效果，如不满意则反复修改。

⑥ 保存演示文稿：没有“保存”则前功尽弃，为防止发生意外导致信息丢失，建议在制作过程中随时“保存”。

⑦ 将演示文稿打包：这一步并非必须，需要时再操作，本书 5.6 节有详细介绍。

5.2.1　演示文稿创建

单击“文件”选项卡，在打开的菜单中选择“新建”命令，在右侧出现的菜单中选择新建演示文稿的方式，如图 5-7 所示，创建方式主要有“空演示文稿”“使用设计模板”“按主题风格创建”“根据现有内容创建”，本书只介绍前两种。

1. 根据模板创建演示文稿

PowerPoint 2010 为用户提供了模板功能，根据已有模板来创建演示文稿能自动快速形成每张幻灯片的外观，而且风格统一、色彩搭配合理、美观大方，能大大提高制作效率。

【例 5-1】根据系统提供的模板创建演示文稿，取名为“都市印象”，保存在 D 盘根目录下。

根据模板创建演示文稿的步骤如下：

① 启动 Microsoft PowerPoint 2010，单击“文件”选项卡，在打开的菜单中选择“新建”命令，在图 5-7 所示的“新建”选项组中选择“样本模板”选项。

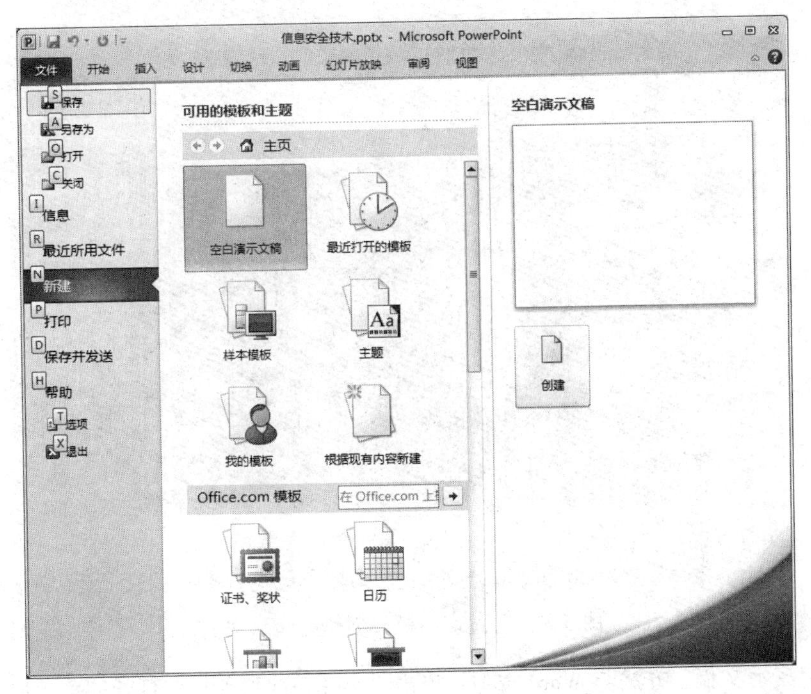

图 5-7　新建演示文稿

② 如图 5-8 所示，在弹出的样本模板列表框中双击要应用的模板按钮，比如“都市相册”，一个演示文稿就创建好了。PowerPoint 2010 内置的样本有都市相册、培训、项目状态报告、小测试报告等。

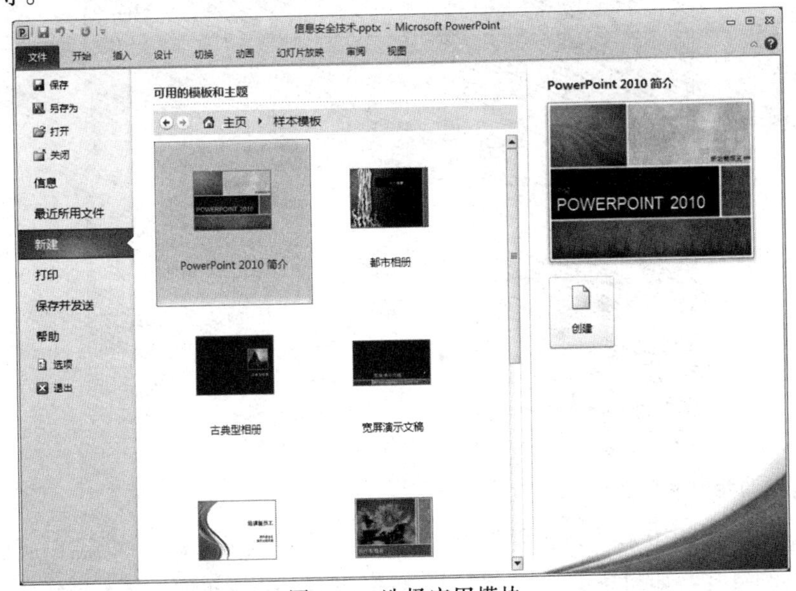

图 5-8　选择应用模块

③ 创建好的演示文稿如图 5-9 所示，可以看到系统已经自动生成了若干张幻灯片，用户可单击左侧的缩略图窗格中每张幻灯片对应的图标，从而在右侧编辑区的根据个人需要修改相关内容，幻灯片的编辑将在后文讲述。

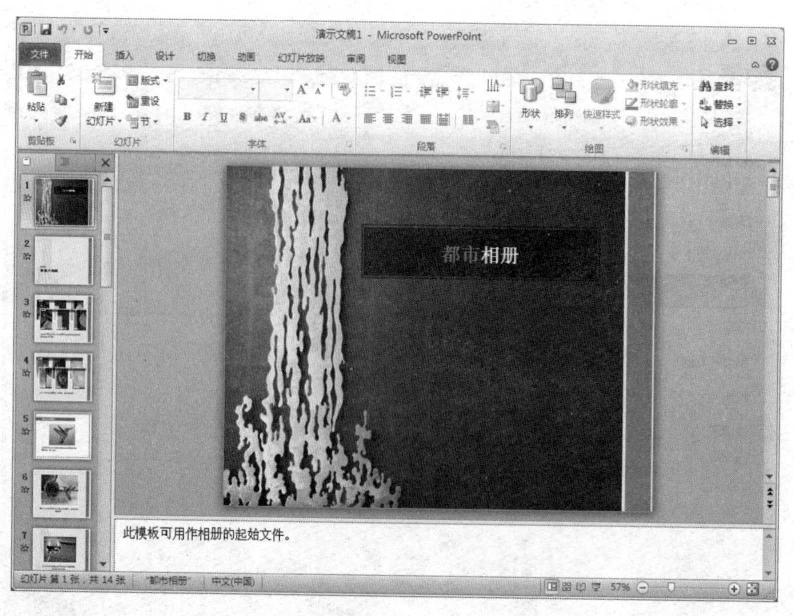

图 5-9　通过应用模板创建的演示文稿

④ 保存演示文稿，方法与 Word 类似，单击“文件”选项卡，在打开的菜单中选择“保存”命令，弹出“另存为”对话框，如图 5-10 所示。在“文件名”文本框填入文件名“都市印象”，再选择“保存类型”（这里不需要改动，因为保存类型默认为演示文稿（*.pptx）类型），选择正确的保存位置（本例为 D 盘根目录下），最后单击“保存”按钮。

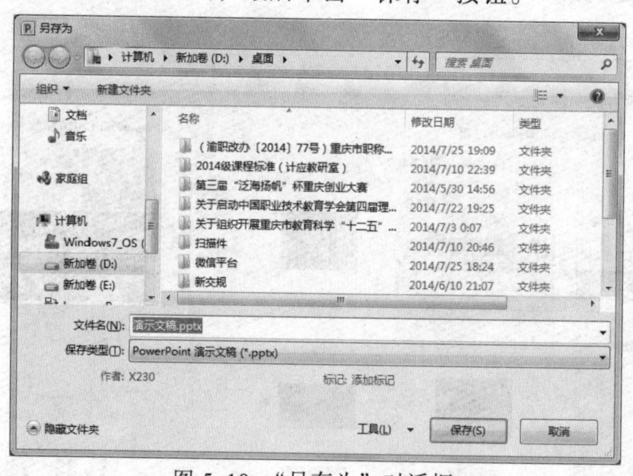

图 5-10　“另存为”对话框

2．新建空演示文稿

启动 PowerPoint 2010 后，系统会自动新建一个名为“演示文稿 1”的空白演示文稿，且默认有一张标题幻灯片，如图 5-1 所示。用户也可以用图 5-7 所示的方法来创建空演示文稿。

空演示文稿的幻灯片没有任何背景图片和内容，却给予用户最大的自由，用户可以根据个人喜好设计独具特色的幻灯片，可以更加精确地控制幻灯片的样式和内容，因此空演示文稿具有更大的灵活性。

5.2.2 文本的输入与编辑

新建演示文稿之后，就可以在幻灯片中加入文字。文本的输入与编辑通常在普通视图下的幻灯片编辑区进行。文字要简明扼要、条理清晰、重点突出。

1．输入文本

可以采取以下几种方法实现文本输入：

① 单击“占位符”，直接录入文字。占位符即图 5-11 中幻灯片上的虚线框，一般里面包含有提示语句如“单击此处添加标题”。占位符是幻灯片上信息的主要载体，可以容纳文本、表格、图表、图形、图片、影片、声音等。输入文字的效果如图 5-12 所示。

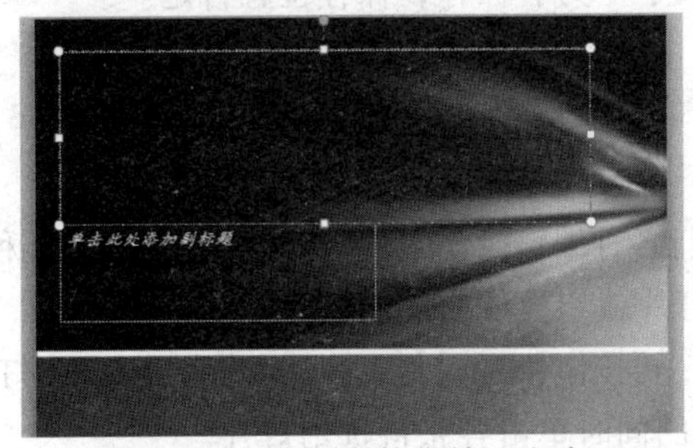

图 5-11 在占位符中输入文字

图 5-12 输入文字后的效果

② 在幻灯片上插入“文本框”，然后在文本框中输入文字。

③ 在幻灯片上添加“形状”图形，然后在其中添加文字。

2．编辑文本

设置文本格式的方法与 Word 中操作类似。设置方法可以在后面的例子中看到。

文本的位置可以改变，方法是：在文本区域内任意位置单击，呈现占位符边框，鼠标移到占位符的边框上，当指针尖端出现十字箭头时拖动占位符到目标位置。选中占位符时，边框上方出现绿色圈点，当鼠标指向它变成弧形的时候，可以拖动鼠标旋转占位符。

也可以设置“段落”格式，包括对齐方式、文字方向、项目符号和编号、行距等。单击“开始”选项卡，可以在“段落”功能组中找到相应命令按钮，如图 5-13 所示。

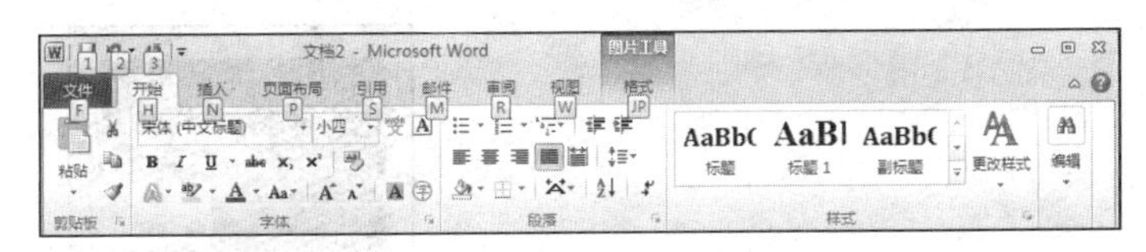

图 5-13 “字体”功能组和“段落”功能组

删除文本有以下两种途径：

① 单击选中占位符边框，按【Delete】键，删除占位符中所有文本。

② 单击选中占位符边框，按【Backspace】键，删除占位符及其中的所有文本。

与 Word 中操作类似，将光标定位于待删文本之后按【Backspace】键或光标定位于待删文本前按【Delete】键；也可以选中所有要删除的文本后按【Backspace】键或【Delete】键。

【例 5-2】以“空演示文稿”方式新建一个名为“大学”的演示文稿，输入必要的标题文字后保存，该演示文稿以讲述大学生活为主题。

操作步骤如下：

① 启动 PowerPoint 2010，系统自动创建一个空演示文稿，如图 5-1 所示。

② 输入文本：现在看到的幻灯片是演示文稿的首张幻灯片，称为“标题幻灯片”，单击上面的占位符，看到光标闪烁，如图 5-11 所示，输入演说的题目，比如“My college life”；单击下面的占位符，输入副标题文本“演讲者……张三疯”，如图 5-12 所示。

③ 编辑文本：单击标题占位符的边框或者用鼠标拖动法选中“My college life”文本，然后设置字体格式，在“开始”选项卡的“字体”功能组可以选择适合的字体、字号、颜色等，单击 S 标志“阴影”按钮，给文字添加阴影效果，使之更有立体感。

④ 用类似的方法设置副标题格式，然后以“大学”为名保存，保存位置自定。

5.2.3 幻灯片处理

1. 选择幻灯片

“选择”操作又称“选中”操作，是对幻灯片进行各种编辑操作的第一步。方法有如下几种：

① 选择一张幻灯片：单击某张幻灯片，该幻灯片就切换成当前幻灯片。

② 选择连续的多张幻灯片：先选中第一张幻灯片，再按住【Shift】键，然后单击最后一张幻灯片。

③ 选择不连续的多张幻灯片：按住【Ctrl】键的同时单击各张待选幻灯片。

2. 添加新幻灯片

例 5-2 制作的演示文稿只包含一张幻灯片，需要添加更多的幻灯片才能展现丰富的内容。

【例 5-3】 为例 5-2 制作的演示文稿添加两张幻灯片。

插入新幻灯片之前，应该先确定插入位置，插入后，新幻灯片成为当前幻灯片。设置插入位置，既可以选中已有的某张幻灯片（新幻灯片将出现在它后面），也可以单击两个幻灯片缩略图之间的灰白区域（新幻灯片将出现在两者之间）。

插入新幻灯片的方法有以下几种：

① 单击“开始”选项卡，在“幻灯片”功能组中单击“新建幻灯片”按钮，如图 5-14 所示。

② 按【Ctrl+M】组合键。

③ 右击缩略图窗格，在弹出的快捷菜单中选择“新建幻灯片”命令，如图 5-15 所示。

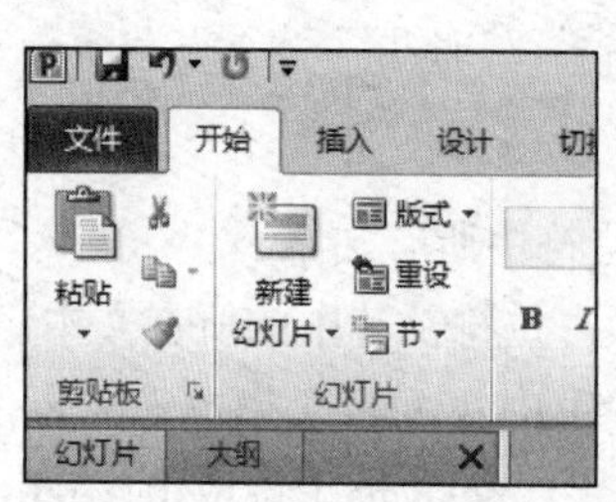

图 5-14 “幻灯片”功能组

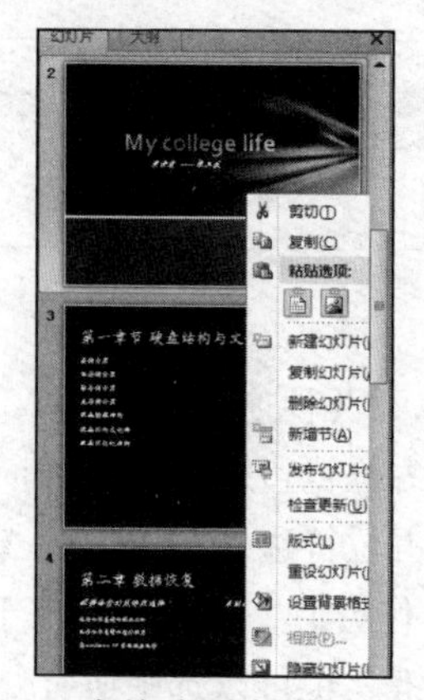

图 5-15 在缩略图窗格用快捷菜单

插入两张幻灯片后的效果如图 5-16 所示，插入完毕则保存演示文稿。

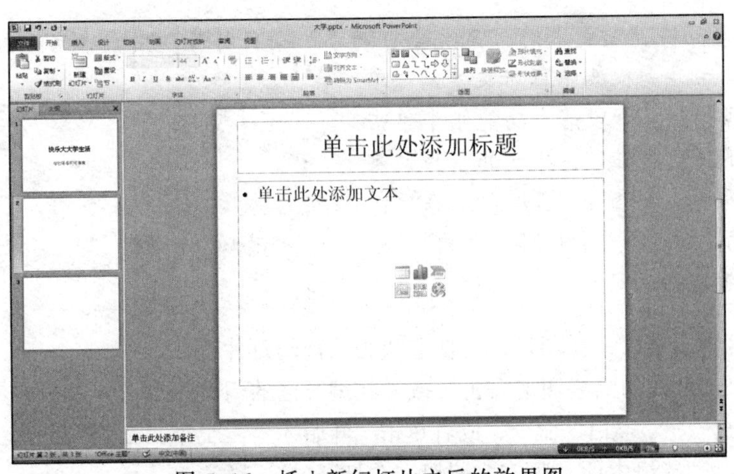

图 5-16　插入新幻灯片之后的效果图

④ 单击要新建幻灯片的位置即将光标定位在要新建幻灯片的位置，然后按【Enter】键即可，按一次【Enter】键就新增一张幻灯片。

3．选择幻灯片的版式

版式即排版方式，PowerPoint 提供了很多适用的版式，合理利用可以提高编排效率。

使用“开始”选项卡的“新建幻灯片”按钮插入新幻灯片时，就可以同时选择幻灯片的版式，单击“新建幻灯片”下三角按钮，在打开的下拉列表中可以选择需要的版式，如图 5-17 所示。

对于已有的幻灯片也可以更改版式。

【例 5-4】 打开例 5-3 制作的演示文稿，在第 2 张幻灯片中添加文字内容，将最后一张幻灯片的版式改为“空白”型。

打开演示文稿后，按以下步骤进行操作：

① 在左侧大纲窗格单击编号为 2 的幻灯片缩略图，使第 2 张幻灯片成为当前幻灯片。

② 在幻灯片编辑区单击占位符，输入适当文字，如图 5-18 所示，先在上方占位符输入标题，再单击下面的占位符输入正文文本，按【Enter】键分段，系统将自动给各段添加项目符号。

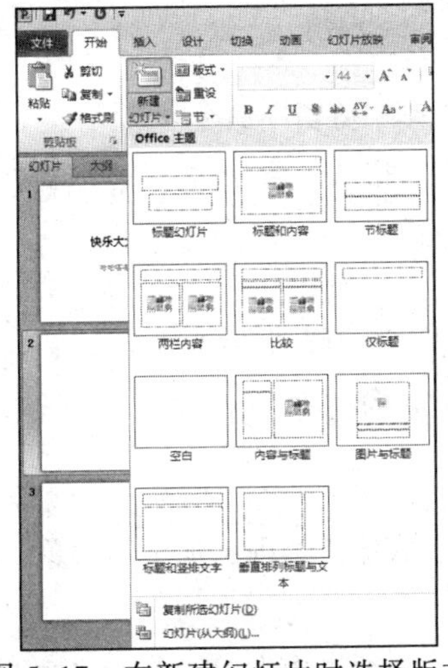

图 5-17　在新建幻灯片时选择版式

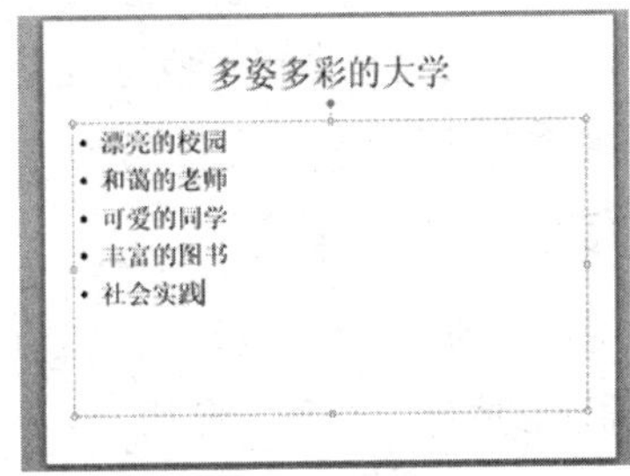

图 5-18　添加文本内容

提示：在占位符输入文本时，系统会自动添加项目符号；用户也可以按喜好更改、取消项目符号。方法是：选中目标文本后，单击“开始”选项卡，在“段落”功能组中单击“项目符号”下三角按钮，在打开的下拉列表中选择适当的符号，如图 5-19 所示。在“段落”功能组还有“编号”“降低列表级别”“增加列表级别”等按钮。

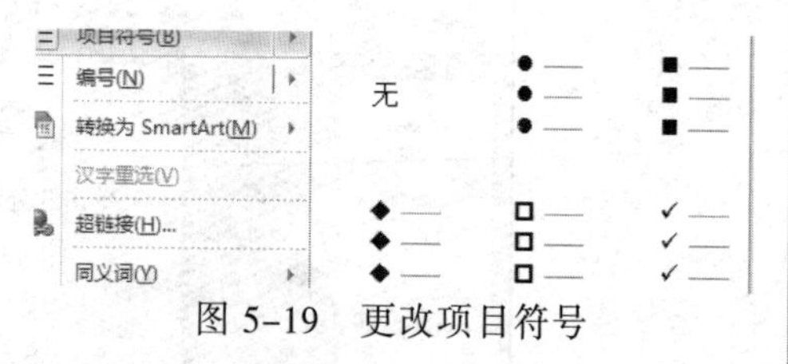

图 5-19 更改项目符号

③ 在大纲区单击最后一张幻灯片，使它成为当前幻灯片。

④ 在第 3 张幻灯片的缩略图上右击（或者在编辑区的幻灯片空白处右击），在弹出的快捷菜单中选择“版式”→“空白”命令，或者单击“开始”选项卡“幻灯片”功能组中的“版式”按钮，在打开的下拉列表中选择“空白”版式，如图 5-20 所示。

⑤ 单击“文件”选项卡，选择“保存”命令，保存演示文稿。

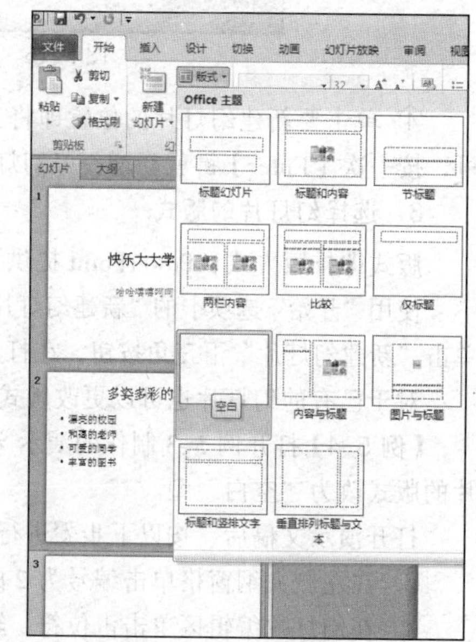

图 5-20 更改幻灯片版式

4. 删除幻灯片

删除幻灯片，首先在左侧缩略图窗格选中待删幻灯片，然后在选中对象上右击，在弹出的快捷菜单中选择“删除幻灯片”命令；也可以选中后直接按【Delete】键或【Backspace】键。

5. 移动/复制幻灯片

移动幻灯片，会改变幻灯片的位置，影响放映的先后顺序。移动幻灯片的方法有两种：

（1）鼠标单击法

① 选择要移动的幻灯片，可以是一张，也可以是多张（注意：选中的应该是大纲窗格或者幻灯片浏览视图下的幻灯片缩略图）。

② 在选中的对象上右击，在弹出的快捷菜单中选择“剪切”命令。

③ 到目标位置上右击，在弹出的快捷菜单中选择“粘贴”命令。

（2）直接拖动法

选中幻灯片后，直接拖动到目标位置。

复制幻灯片与移动操作类似，只需在使用菜单法时将“剪切”改为“复制”；使用鼠标拖动法时，按住【Ctrl】键。

5.2.4 多媒体信息插入

只有文本内容的幻灯片难免枯燥乏味，适当插入多媒体信息则更加生动形象。

1. 插入艺术字、图片、形状、文本框

插入艺术字、图片、形状、文本框的方法与在 Word 中操作类似，单击“插入”选项卡，在功能区可以找到相应按钮。

【例 5-5】打开例 5-4 制作的“大学”演示文稿，将标题改为艺术字；给第 2 张幻灯片插入一张适当的剪贴画；给第 3 张幻灯片添加一个文本框，输入文字内容“请与我保持联系”，再插入艺术字“谢谢大家”。

① 添加艺术字：选中第 1 张幻灯片中的标题文字“My college life”，单击“插入”选项卡，在“文本”功能组单击“艺术字”按钮，在弹出的对话框中选择一种样式，单击“确定”按钮，可以看见艺术字文字已经填好（若之前没有选中文字则此时需要输入文字），单击“确定”按钮。艺术字已经出现在幻灯片上，适当调整大小和位置（设置颜色、字体、大小的方法与设置普通文本的方法相同）。可以看见原来的文本标题仍然存在，删除即可（不删除也不会影响放映效果），最终效果如图 5-21 所示。

图 5-21　艺术字效果

② 插入剪贴画：在大纲窗格单击第 2 张幻灯片的缩略图，使其成为当前幻灯片。单击“插入”选项卡，在“图像”功能组选择“剪贴画”命令，程序窗口右侧出现“剪贴画”任务窗格，如图 5-22 所示，单击“搜索”按钮，系统提供的剪贴画以缩略图的形式呈现在列表框中，在合适的缩略图上单击，剪贴画就插入到当前幻灯片中。适当调整大小和位置，效果如图 5-23 所示。

图 5-22　“剪贴画”任务窗格

图 5-23　插入剪贴画的效果

③ 在大纲窗格单击第 3 张幻灯片，使其成为当前幻灯片。单击“插入”选项卡，在“文本”功能组单击“文本框”按钮，鼠标指针变为细十字形状，在幻灯片空白处单击或者拖动画出一个横文本框，如图 5-24（a）所示，可以看到有光标在文本框内闪烁，直接输入文字“请与我保持联系”（若没有出现闪烁的光标，则用鼠标在文本框上右击，在弹出的快捷菜单中选择“编辑文字”命令）。添加文字后在文字上方右击，在弹出的快捷菜单中选择“居中”命令，使文字居中对齐。调整文字格式与文本框的填充色，使之更具立体效果，如图 5-24（b）所示。

④ 参照本例第①步操作插入艺术字“谢谢大家”，效果如图 5-24（b）所示。

⑤ 单击“文件”选项卡，选择“保存”命令，保存演示文稿。

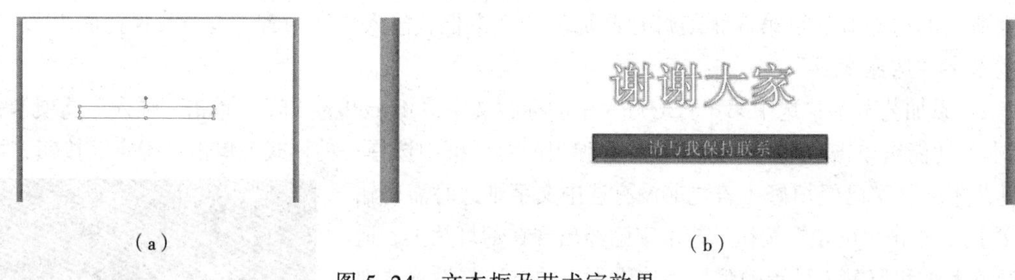

（a） （b）

图 5-24 文本框及艺术字效果

2. 插入表格

单击“插入”选项卡，在“插图”功能组单击“表格”按钮，在打开的下拉列表中可能选择不同的方式插入表格，方法同 Word 中操作一样。

3. 插入 SmartArt 图形

SmartArt 图形是信息和观点的视觉表示形式，它能将信息以“专业设计师”水准的插图形式展示出来，能更加快速、轻松、有效地传达信息。

插入 SmartArt 图形的步骤如下：

① 单击“插入”选项卡，在“插图”功能组单击 SmartArt 按钮，弹出“选择 SmartArt 图形”对话框，如图 5-25 所示。

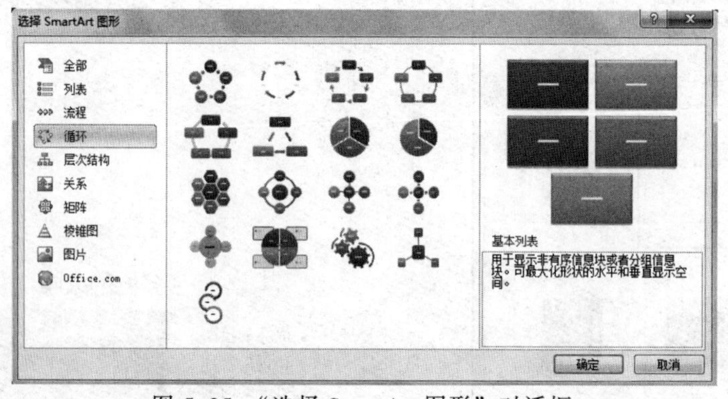

图 5-25 “选择 SmartArt 图形”对话框

② 根据要表达的信息内容，选择合适的布局，例如要表达一个循环的食物链，则可以选择“循环”选项卡中的“文本循环”样式，单击“确定”按钮，参考图 5-25。

③ 如图 5-26 所示，单击文本占位符，输入文字，最终效果参考图 5-27。

④ 当 SmartArt 图形处于编辑状态时，窗口上方会出现“SmartArt 工具”选项卡，包括“设计”和“格式”功能区，可以进一步编辑美化图形。

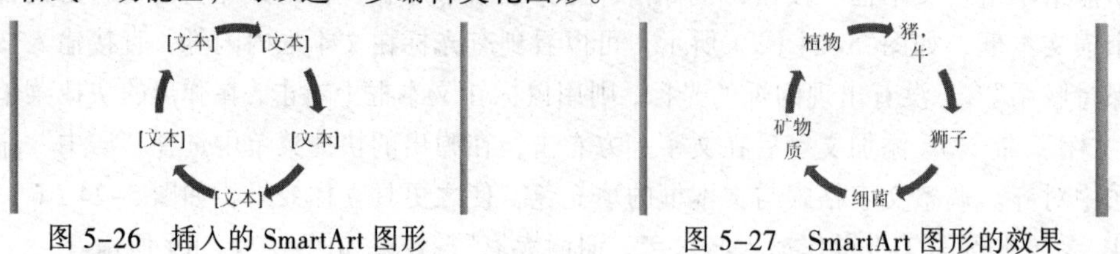

图 5-26 插入的 SmartArt 图形　　图 5-27 SmartArt 图形的效果

4. 插入声音和影片文件

PowerPoint 2010 支持插入.mp3、.wma、.midi、.wav 等多种格式的声音文件。以插入文件中的声音为例，步骤如下：

① 单击“插入”选项卡，在“媒体”功能组单击“音频”下三角按钮，选择音频的来源（如“文件中的音频”）。

② 在对话框中找到存放声音文件的位置，选中要插入的声音文件，单击“确定”按钮。

③ 在幻灯片上出现“小喇叭”图标（见图 5-28），单击“小喇叭”图标，下面出现插入控制条，可以单击播放按钮试听插入的音乐。

④ 进一步设置插放方式：“小喇叭”图标处于选中状态时，窗口上方会多出一个“音频工具”选项卡（见图 5-29），单击“格式”可以更改小喇叭的样貌，单击“播放”可以设置音乐的播放方式。

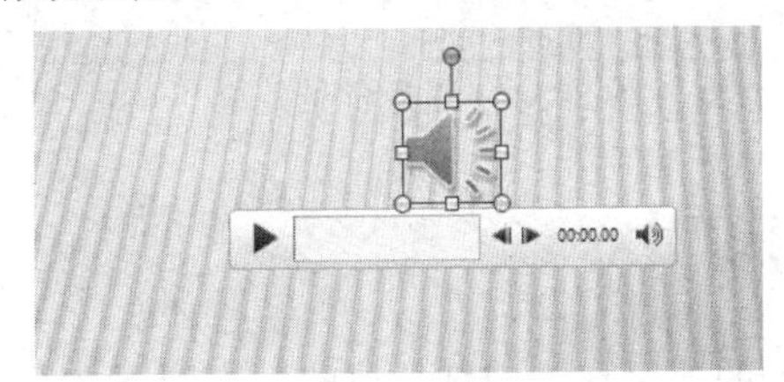

图 5-28 “小喇叭”图标

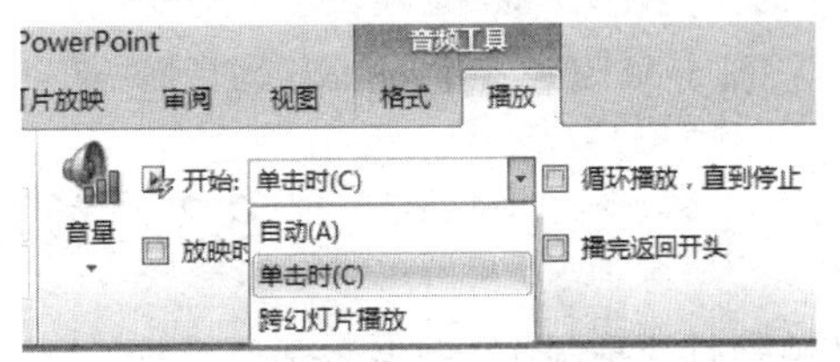

图 5-29 “音频工具”选项卡

插入影片的方法与插入声音的方法类似，这里不再赘述。

5.2.5 幻灯片的背景设置

以“空演示文稿”方式新建的演示文稿内所有幻灯片均没有背景，用户可以根据需要自行添加或更改。既可以设置同一演示文稿的所有幻灯片具备统一的背景，也可以让不同幻灯片拥有不同背景。

【例 5-6】 为例 5-5 制作的演示文稿的各张幻灯片分别配上不同的背景。

为幻灯片添加背景，首先将待添加背景的幻灯片切换为当前幻灯片，然后在幻灯片空白处右击，在弹出的快捷菜单中选择“设置背景格式”命令，弹出“设置背景格式”对话框，可以进行一系列设置，如图 5-30 所示。

① 以文件图片为第 1 张幻灯片的背景。

在图 5-30 所示的对话框中选中“填充”选项卡中的“图片和纹理填充”单选按钮，再单击“插入自”选项组中的“文件”按钮。在弹出的“插入”对话框中找到要当作背景的图片（建议用户事先准备好图片），单击“插入”按钮，回到图 5-30 所示对话框，单击“关闭”按钮（若是单击“全部应用”则演示文稿中所有幻灯片都以此图片为背景），效果如图 5-31 所示。

② 用“渐变色”为第 2 张幻灯片的背景。

渐变色又称渐近色，在图 5-30 所示的对话框中选中“渐变填充”单选按钮，然后在“预设颜色”下拉列表框中选择一种颜色，如“麦浪滚滚”，用户还可以在对话框中进一步设置“颜色”“亮度”“透明度”等。

③ 使用“纹理”为第 3 张幻灯片的背景。

在图 5-30 所示的对话框中选中“图片和纹理填充”单选按钮，然后在“纹理”下拉列表框中选择合适的纹理样式。

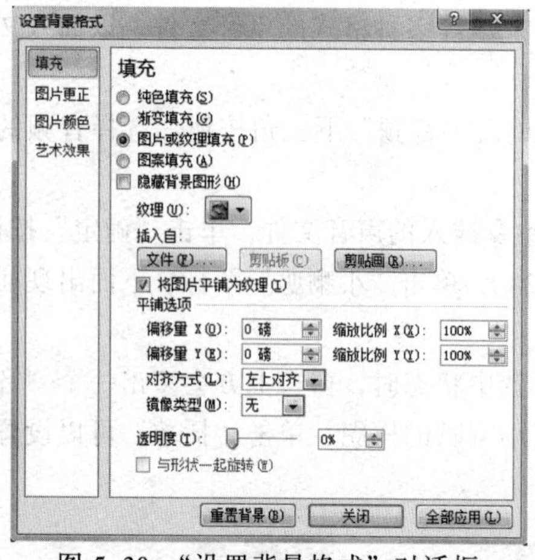

图 5-30 “设置背景格式”对话框

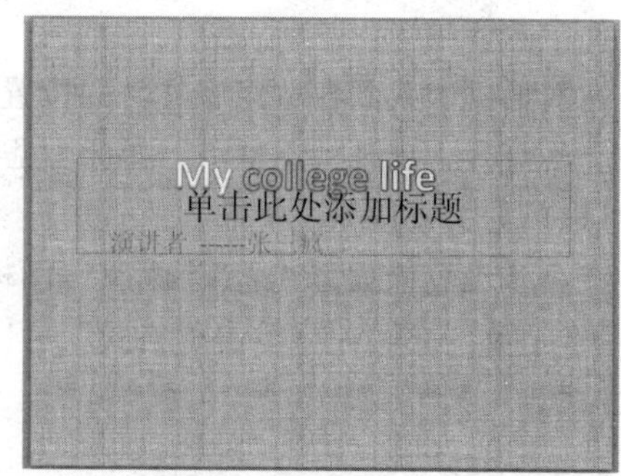

图 5-31 图片背景效果

5.3 放映幻灯片

放映幻灯片是制作幻灯片的最终目标，之前设置的效果在“幻灯片放映”视图下才会真正起作用。

5.3.1 幻灯片的放映

1. 启动放映与结束放映

放映幻灯片有以下几种方法：

① 单击“幻灯片放映”选项卡，单击“开始放映幻灯片”功能组中的“从头开始”按钮，从第 1 张幻灯片开始放映；或者单击“从当前幻灯片开始”按钮，从当前幻灯片开始放映。

② 单击窗口右下方的“幻灯片放映”按钮，从当前幻灯片开始放映。

③ 按【F5】键，从第 1 张幻灯片开始放映。

④ 按【Shift+F5】组合键，从当前幻灯片开始放映。

放映时幻灯片占满整个显示器屏幕，在屏幕上右击，在弹出的快捷菜单上有一系列命令实现幻灯片翻页、定位、结束放映等功能（参考图 5-5），单击屏幕左下方有 4 个透明按钮也能实现对应功能。为了不影响放映效果，建议使用以下常用功能的快捷键：

① 切换到上一张（回到上一步）：【↑】键、【←】键、【PageUp】键、【Backspace】键皆可，或者鼠标滚轮向前拨。

② 切换到下一张（触发下一对象）：单击鼠标，或者使用【↓】键、【→】键、【PageDown】键、【Enter】键、【Space】键之一，或者鼠标滚轮向后拨。

③ 鼠标功能转换：按【Ctrl+P】组合键转换成“绘画笔”，此时可按住鼠标左键在屏幕上勾画做标记；按【Ctrl+A】组合键还原成普通指针状态。

④ 结束放映：按【Esc】键。

在默认状态，放映演示文稿时，幻灯片将按序号顺序播放直到最后一张，然后显示器黑屏，退出放映状态。

2. 设置放映方式

用户可以根据不同需要设置演示文稿的放映方式，单击“幻灯片放映”选项卡的“设置放映方式”按钮，弹出“设置放映方式”对话框，如图 5-32 所示。在该对话框内可以设置放映类型、需要放映的幻灯片的范围等。其中“放映选项”功能组中的“循环放映”适合于无人控制的展台、广告等，能实现演示文稿反复循环播放，直到按【Esc】键终止。

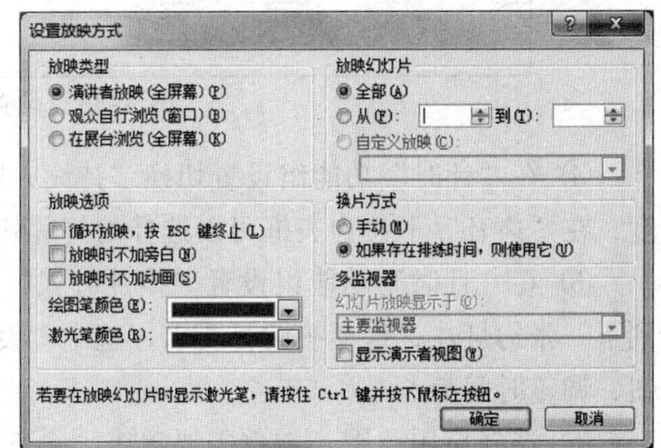

图 5-32 “设置放映方式”对话框

PowerPoint 2010 有 3 种放映类型可供选择。

（1）演讲者放映

“演讲者放映”是默认的放映类型，是一种灵活的放映方式，以全屏幕的形式显示。演说者可以控制整个放映过程，也可用“绘画笔”勾画，适用于演说者一边讲解一边放映，适用于会议、课堂、演讲等场合。

（2）观众自行浏览

以窗口的形式显示，观众可以利用菜单自行浏览、打印。适用于终端服务设备且同时被少数人使用的场合。

（3）在展台浏览

以全屏幕的形式显示。放映时键盘和鼠标的功能失效，只保留了鼠标指针最基本的指示功能，因而不能现场控制放映过程，需要预先将换片方式设为自动方式或者通过“幻灯片放映”选项卡的“排练计时”按钮设置时间和次序。适用于无人值守的展台。

3. 隐藏幻灯片

如果希望某些幻灯片在放映时不显示出来却又不想删除它，可以将它们“隐藏”起来。

隐藏幻灯片的方法：选中需要隐藏的幻灯片缩略图，右击并在弹出的快捷菜单中选择“隐藏幻灯片”命令；或者单击“幻灯片放映”选项卡中的“隐藏幻灯片”按钮。

若要取消幻灯片的隐藏属性，按照上述操作步骤再做一次即可。

5.3.2 幻灯片的切换效果

幻灯片的切换效果是指放映演示文稿时从上一张幻灯片切换到下一张幻灯片的过渡效果。为幻灯片间的切换加上动画效果会使放映更加生动自然。

【例 5-7】打开例 5-6 制作的演示文稿，为各幻灯片添加切换效果，各幻灯片每隔 5 s 自动切换。

幻灯片切换效果设置步骤如下所示：

① 选中要设置切换效果的幻灯片。

② 单击“切换”选项卡，功能区出现设置幻灯片切换效果的各项按钮，如图 5-33 所示。

③ 选择切换动画：例如需要“覆盖”效果，则在“切换到此幻灯片”功能组的列表内单击“覆盖”按钮，列表框右侧有向上、向下的三角按钮，单击它们可以看见更多的效果选项。这里设置的切换效果只针对当前幻灯片。

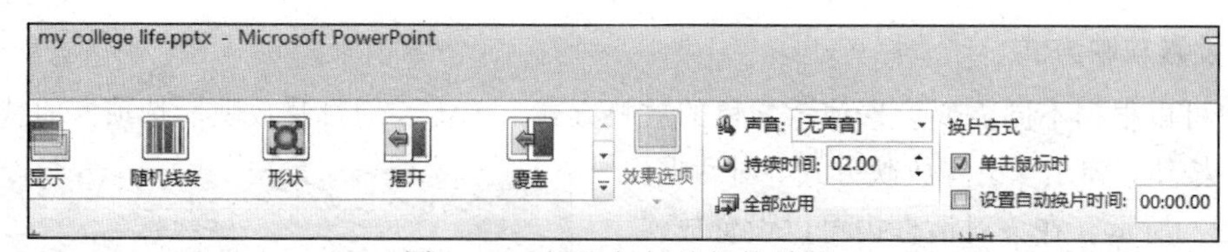

图 5-33　设置幻灯片切换效果

④ 在“计时”功能组设置切换“持续时间”“声音”等效果：持续时间影响动画播放的速度，在“声音”下拉列表框可以选择幻灯片切换时出现的声音。

⑤ 在“计时”功能组设置“换片方式”：默认为“单击鼠标时”，即单击鼠标时才会切换到下一张幻灯片，这里按题目要求，选中“设置自动换片时间”复选框，单击数字框的向上按钮，调整时间为 5 s。

⑥ 选择应用范围：本例需要单击“全部应用”按钮，使自动换片方式应用于演示文稿中的所有幻灯片；若不单击该按钮则仅应用于当前幻灯片。

设置完毕建议读者将演示文稿再放映一次，体会幻灯片的切换效果，然后保存文件。

若要取消幻灯片的切换效果，则选中该幻灯片，在“幻灯片切换方案”列表框中选择“无”选项。

5.3.3　幻灯片中各对象的动画效果

一张幻灯片上可以包含文本、图片等多个对象，可以为它们添加动画效果，包括进入动画、退出动画、强调动画，还可以设置动画的动作路径，编排各对象动画的顺序。

设置动画效果一般在“普通视图”下进行，动画效果只有在幻灯片放映视图或阅览视图下有效。

（1）添加动画效果

为对象设置动画效果应先选择对象，然后单击“动画”选项卡，在功能区进行各种设置。可以设置的动画效果有如下几类：

①“进入”效果：设置对象以怎样的动画效果出现在屏幕上。

②“强调”效果：对象将在屏幕上展示一次设置的动画效果。

③“退出”效果：对象将以设置的动画效果退出屏幕。

④“动作路径”：放映时对象将按设置好的路径运动，路径可以采用系统提供的，也可以自己绘制。

【例 5-8】 打开例 5-7 制作的演示文稿，为各张幻灯片上的对象添加动画效果，设置第 1 张幻灯片的动画单击鼠标开始播放，第 2 张幻灯片的动画延时 1 s 自动播放。

① 为第 1 张幻灯片上的两个对象设置动画效果。选中艺术字对象“My college life”，在“动画”选项卡的“动画”功能组单击“浮入”按钮，如图 5-34 所示。可即时预览该动画效果。用户可以单击右侧的“效果选项”按钮对动画的方向等做进一步设置。

图 5-34　“动画”功能组

② 选中副标题，为它设置“强调动画”，单击动画列表框右侧的下三角按钮（图 5-34 中有圈标记），可以展开更多动画效果选项，如图 5-35 所示，选择“强调”组的“跷跷板”选项。

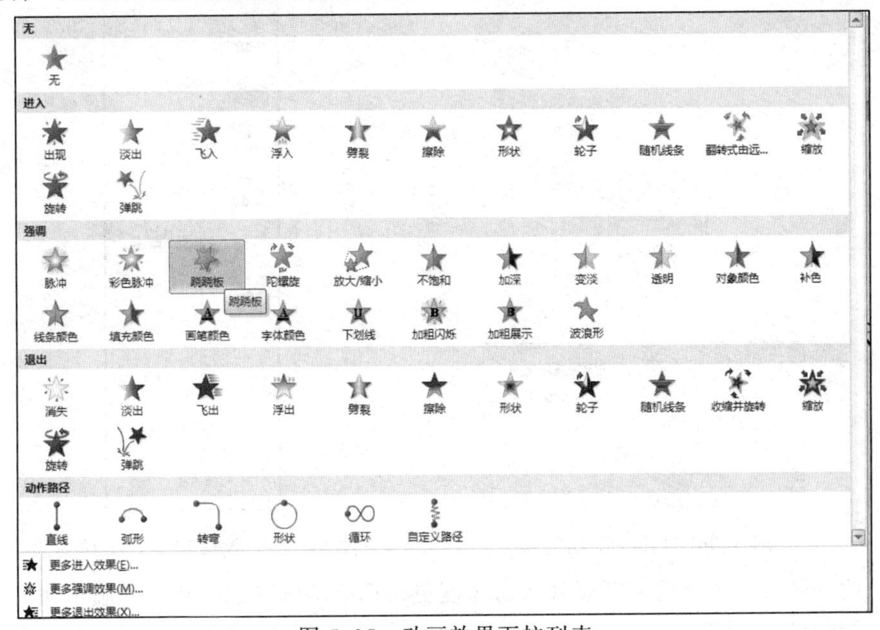

图 5-35　动画效果下拉列表

③ 切换第 2 张幻灯片为当前幻灯片，这里均设置进入动画，先选中标题，单击“动画效果”列表框中的“擦除”按钮；接下来再设置动画进入方式为延时 1 s 自动插播放，如图 5-36 所示，在“计时”功能组的“开始”下拉列表框中选择“上一动画之后”选项（如果不选择，默认为“单击时”，例如第 1 张幻灯片上的动画就是这样），然后在“延迟”数字列表框中设置时间为 1 s。

④ 选中幻灯片上的剪贴画，在“高级动画”功能组中单击“添加动画”按钮，弹出图 5-35 所示的下拉列表，选择下方的“更多进入效果”选项，弹出的对话框中有更丰富的效果选项，这里选择“华丽型”→“玩具风车”选项。仿照上步操作，将该剪贴画进入的动画也放置为延时 1 s 自动播放。

⑤ 设置第 2 张幻灯片上正文文本的动画效果，方法同前，特别的是，对于这种有多段文字的对象，可以单击“效果选项”按钮，在下拉列表中选择是以整个对象为单位还是以一个段落为单位来演绎动画，如图 5-37 所示。

本例动画设置完毕，按【F5】键放映演示文稿，体验动画效果。（第 3 张幻灯片没有设置对象的动画效果，注意感受它与前两张幻灯片放映时的区别。）

（2）编辑动画

对动画效果不满意，还可以重新编辑。

① 调整动画的播放顺序：设有动画效果的对象前面具有动画顺序标志，如 0、1、2、3 这样的数字，它表示该动画出现的顺序，选中某动画对象，单击“计时”功能组的“向前移动”或“向后移动”按钮，就可以改变它的动画播放顺序。另一个方法是单击“高级动画”功能组中的“动画窗格”按钮，窗口右侧出现任务窗格。

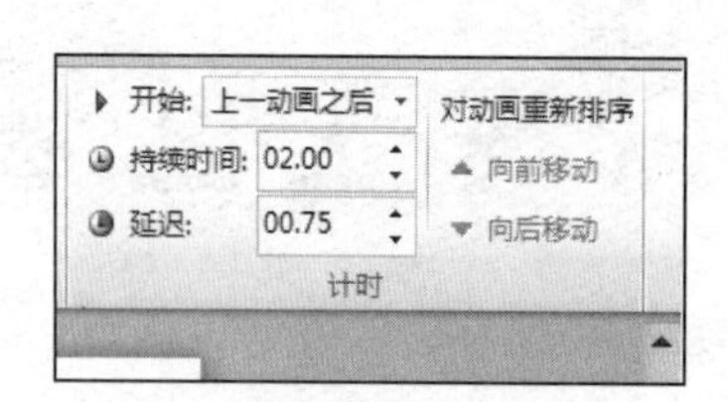

图 5-36 “计时”功能组

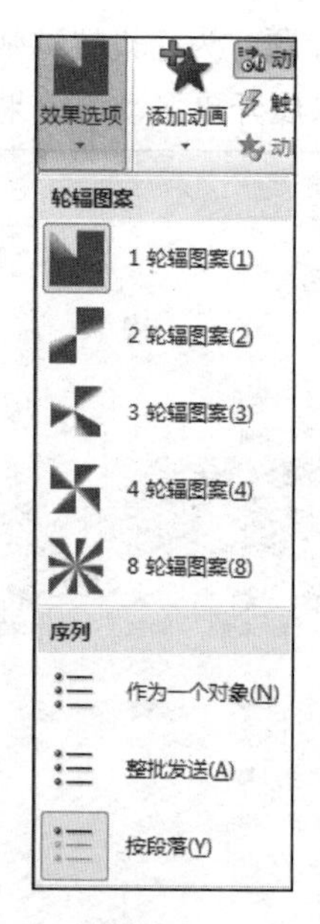

图 5-37 “效果选项”下拉列表

② 更改动画效果：对已有动画效果做出变更，选中动画对象，在“动画”功能组的列表框中另选一种动画效果即可（注意：不要选成了“高级动画”功能组的“添加动画”）

③ 删除动画效果：选中对象的动画顺序标志，在动画列表框选择“无”选项，或者按【Delete】键。

5.4 超链接的使用

应用超链接可以为两个位置不相邻的对象建立连接关系。超链接必须选定某一对象作为“链接点”，当该对象满足指定条件时触发超链接，从而引出作为“链接目标”的另一对象。触发条件一般为鼠标单击链接点或鼠标移过链接点。

适当采用超链接会使演示文稿的控制流程更具逻辑性、功能更加丰富。PowerPoint 可以选定幻灯片上的任意对象做链接点，链接目标可以是本文档中的某张幻灯片，也可以是其他文件，还可以是电子邮箱或者某个网页。

设置了超链接的文本会出现下画线标志，并且变成系统指定的颜色（可以通过一系列设置改变，方法在本章 5.5 介绍）。

可以采用两种方法创建超链接：使用超链接按钮和使用动作设置。

1. 使用超链接按钮

【例 5-9】打开例 5-8 制作的演示文稿“大学.pptx”，在第 3 张幻灯片上插入超链接，使得单击“请与我保持联系”文本，可以发送邮件至演说者张三的邮箱（zhangsan @163.com）。

① 选中链接点：本例是将文字“请与我联系”作为链接点，选中文字后单击“插入”选项卡，在“链接”功能组单击“超链接”按钮，如图 5-38 所示。

② 设置链接目标：在弹出的“插入超链接”对话框中设置链接目标，如图 5-39 所示。对话框左侧有“链接到”选项组。如果要链接到某个文件或网页则选择“原有文件或网页”选项，

然后导航至所需要的文件或者在“地址”文本框中直接输入 URL 地址；如果要链接到本文档中的某张幻灯片则选择“本文档中的位置”选项，然后在列表框中选择希望链接到的幻灯片；若要链接到某个新文件则选择“新建文档”选项；本例要求链接到邮箱，则选择左下角“电子邮件地址”选项。

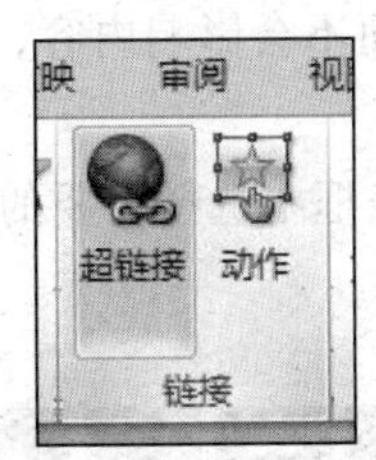

图 5-38 使用“超链接”按钮

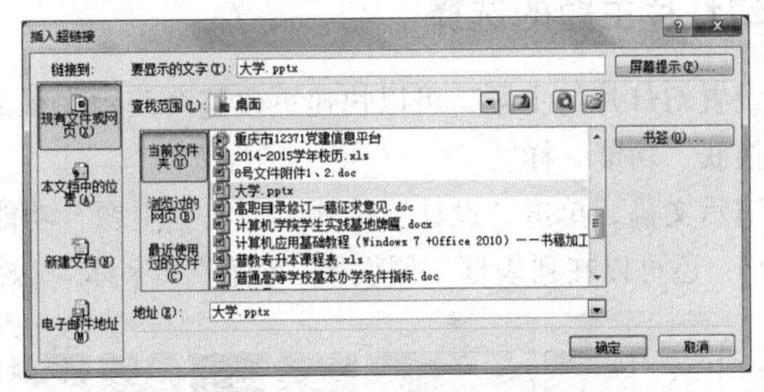

图 5-39 选择链接目标

③ 在图 5-40 所示的对话框中设置链接的细节：输入电子邮件地址 zhangsan@163.com（系统将自动在前添加“mailto:”，请勿删除）；输入邮件的主题，如“交个朋友吧!!!!”。还可以单击“屏幕提示”按钮，在对话框中输入提示文本（放映时，当鼠标移到链接点上将出现这些提示文本）。

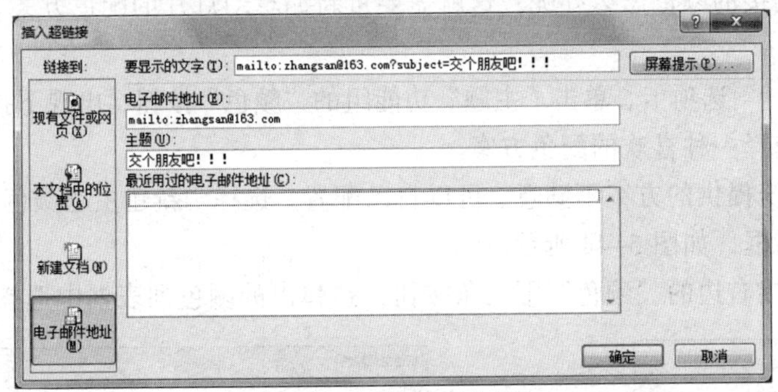

图 5-40 链接到邮箱

④ 设置完成后单击“确定”按钮。可以看到文本“请与我保持联系”下方出现下画线。

超链接在演示文稿放映时才会生效。按【Shift+F5】组合键放映当前幻灯片，可以看到鼠标移至链接点文本“请与我保持联系”时，指针形状变为“手”状，这是超链接的标志，单击它触发链接目标，系统自动启动收发邮件的软件 Microsoft Outlook。

2. 使用动作设置

【例 5-10】在例 5-9 的基础上为第 3 张幻灯片上的艺术字“谢谢大家”添加一个动作，使得鼠标移过它时，发出“掌声”。

① 选中艺术字“谢谢大家”，单击“插入”选项卡的“链接”功能组中的“动作”按钮（参考图 5-38）。

② 弹出“动作设置”对话框，如图 5-41 所示，选择“鼠标移过”选项卡，选中“播放声音”复选框，在其下拉列表框中选择“鼓掌”选项，单击“确定”按钮。可以发现，“谢谢大家”下出现了下画线，这是超链接的标志。

③ 放映幻灯片体验效果，然后保存演示文稿。

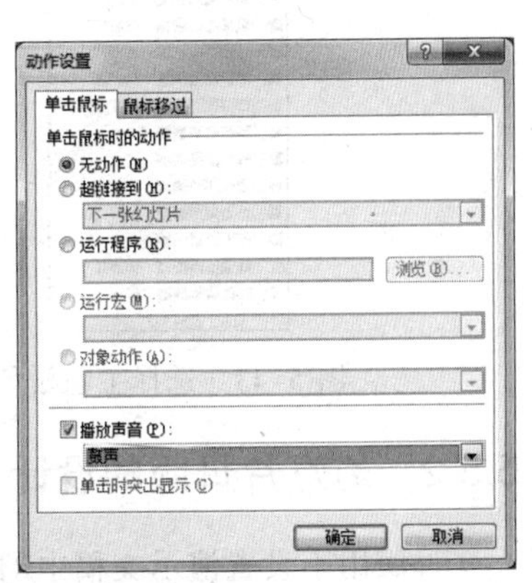

图 5-41 “动作设置”对话框

5.5 演示文稿的整体风格设计

使用 PowerPoint 2010 的主题、母版和模板功能可以使演示文稿内各幻灯片格调一致、独具特色。

5.5.1 幻灯片主题的选择

通过设置幻灯片的主题，可以快速更改整个演示文稿的外观，而不会影响内容，就像 QQ 空间的“换肤”功能一样。

打开演示文稿，单击“设计”选项卡，在“主题”功能组的列表框中选择需要的样式（参考图 5-42），还可以在列表框右侧设置“颜色”“字体”“效果”。

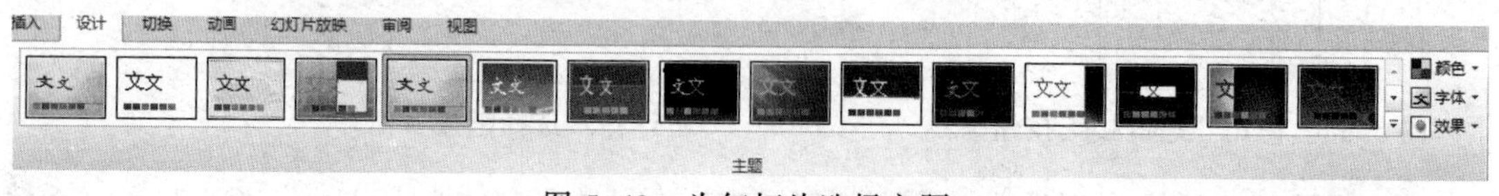

图 5-42 为幻灯片选择主题

在前面讲到幻灯片中设置了超链接的文本下方会出现下画线，并且颜色会变成指定颜色。如果想到更改超链接的颜色怎么办呢？这就需要重新编辑幻灯片的配色方案、更改主题颜色。方法如下：

① 单击“设计”选项卡，单击“主题”功能组的“颜色”按钮，出现下拉列表，如图 5-43 所示，在列表中选择一种喜欢的配色方案。

② 如果对系统提供的方案不满意，可以自己配置，选择“新建主题颜色”选项，弹出“新建主题颜色”对话框，如图 5-44 所示。

③ 单击超链接右边的“颜色”下三角按钮，在弹出的颜色列表框中选择需要的颜色。

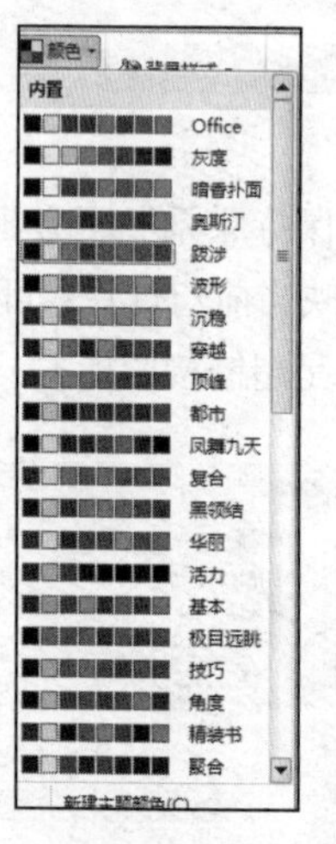

图 5-43 选择主题颜色

图 5-44 配置主题颜色

5.5.2 幻灯片母版的设计与使用

母版用于设置演示文稿中幻灯片的默认格式，包括每张幻灯片的标题、正文的字体格式和位置、项目符号的样式、背景设计等。母版有“幻灯片母版”“讲义母版”“备注母版”，本书只介绍常用的“幻灯片母版”。单击“视图”选项卡，单击“母版版式”功能组的“幻灯片母版”按钮，就可以进入幻灯片母版编辑环境，如图 5-45 所示，母版视图不会显示幻灯片的具体内容，只显示版式及占位符。

通常使用幻灯片母版的以下功能：

① 预设各级项目符号和字体：按照母版上的提示文本单击标题或正文各级项目所在位置，配置字体格式和项目符号。设置的格式将成为本演示文稿每张幻灯片上文本的默认格式（注意：占位符标题和文本只用于设置样式，内容则需要在普通视图下另行输入）。

② 调整或插入占位符：选中占位符边框，鼠标指针移到边框线上变成十字形状时拖动可以改变占位符的位置；单击“母版版式”功能组的“插入占位符”按钮，如图 5-46 所示。在其下拉列表中选择需要的占位符样式（此时鼠标变成细十字形），然后拖动鼠标在母版幻灯片上绘制占位符。

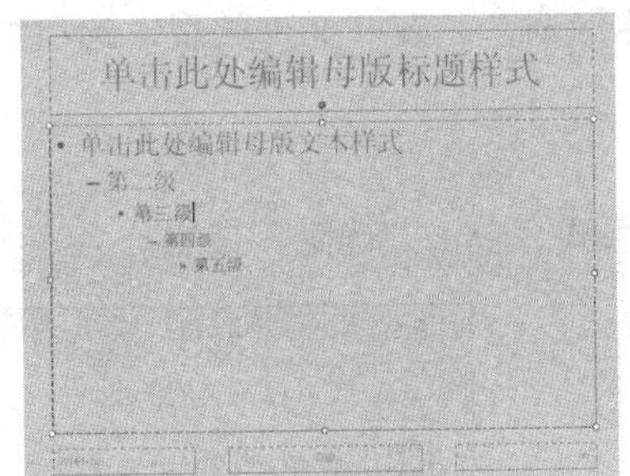

图 5-45　幻灯片母版

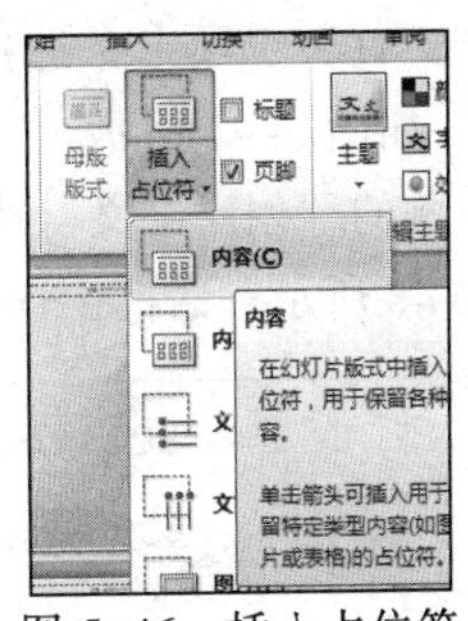

图 5-46　插入占位符

③ 插入标志性图案或文字（例如，插入某公司的 logo）：在母版上插入的对象（如图片、文本框）将会在每张幻灯片上相同位置显示出来。在普通视图下，这些插入的对象不能删除、移动、修改。

④ 设置背景：设置的母版背景会在每张幻灯片上生效。设置的方法和普通视图下设置幻灯片背景的方法相同。

⑤ 设置页脚、日期、幻灯片编号：幻灯片母版下面有 3 个区域，分别是“日期区”“页脚区”“数字区”，单击它们可以设置对应项的格式，也可以拖动它们改变位置。

要退出母版编辑状态可以单击“关闭母版视图”按钮。

5.5.3　模板的创建

前面已经介绍过如何利用模板创建演示文稿，除了应用系统提供的模板，用户还可以自己创建模板文件。

创建模板最快捷的方法是：将已有模板按实际需要改动后，单击“文件”选项卡，选择“另存为”命令，将文件以“PowerPoint 模板”类型保存。PowerPoint 模板文件的扩展名是.potx，模板的默认保存位置是工作文件夹下的 Templates 文件夹。

需要使用自己的模块时，单击“文件”选项卡，选择“新建”命令，在面板中选择“我的模板”选项，在弹出的对话框中选择需要的模板文件即可。

目前网络上有很多免费提供的精美的 PowerPoint 模板资源，用户也可以下载后存于计算机，方便以后创建演示文稿时使用。

5.6 PowerPoint 的其他操作

5.6.1 幻灯片演示录制

幻灯片演示录制可以记录幻灯片的放映效果，包括用户使用鼠标、绘画笔、麦克风的痕迹。录好的幻灯片完全可以脱离演讲者来放映。

单击“幻灯片放映”选项卡，在“设置”功能组中单击“录制幻灯片演示”按钮，在弹出的对话框中做好相应设置就可以开始录制。

5.6.2 将演示文稿创建为讲义

演示文稿可以被创建为讲义，保存为 Word 文档格式。创建方法如下：

① 单击“文件”选项卡，选择“保存并发送”命令，在“文件类型”选项组中选择“创建讲义”选项，如图 5-47 所示。

② 单击右侧的“创建讲义”按钮。

③ 在图 5-48 所示对话框中选择创建讲义的版式，单击“确定”按钮。

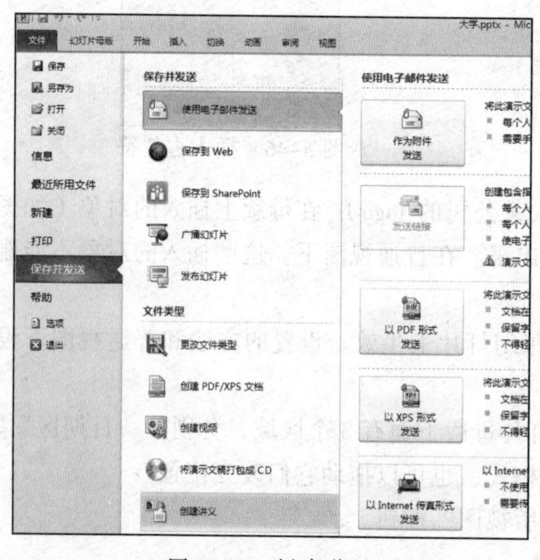

图 5-47 创建讲义

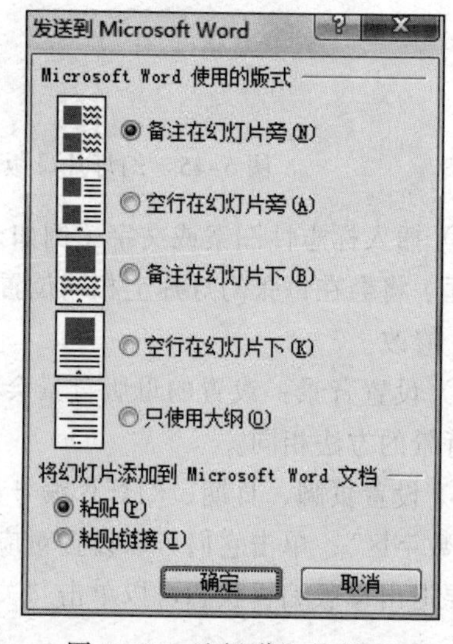

图 5-48 选择讲义的版式

④ 系统自动打开 Word 程序，并将演示文稿内容转换至其中，用户可以直接保存该 Word 文档，或者再做适当编辑。

从图 5-47 所示页面可以看出 PowerPoint 2010 还提供了多种共享演示文稿的方式，如“广播幻灯片”“创建 PDF/XPS 文档”等。

5.6.3 演示文稿打印

将演示文稿打印出来不仅方便演说者，也可以发给听众以供交流。

单击“文件”选项卡，选择“打印”命令，如图 5-49 所示，设置好打印信息，例如打印份数、打印机、要打印的幻灯片范围、每页纸打印的幻灯片张数等。

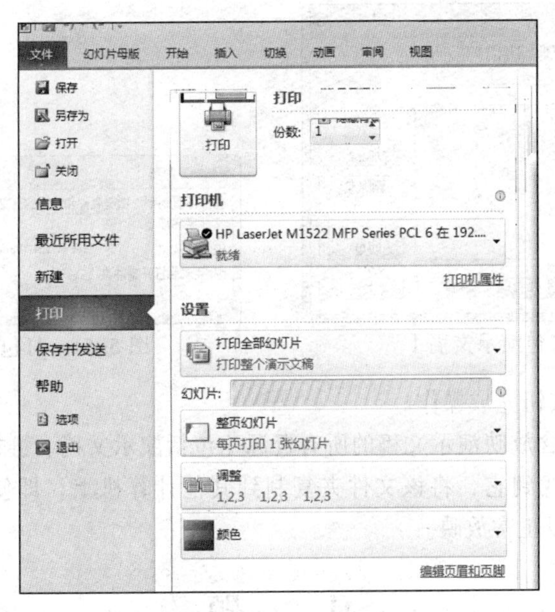

图 5-49　打印演示文稿

5.6.4　演示文稿打包

用户制作完成的演示文稿如果要在其他计算机上放映有 3 种途径：

（1）PPTX 形式

通常演示文稿是以.pptx 类型保存的，将它复制到其他计算机上，双击打开后，人工控制进入放映视图。这种方式的好处是可以随时修改演示文稿。

（2）PPSX 形式

将演示文稿另存为 PowerPoint 放映类型（扩展名.ppsx），再将该 PPSX 文件复制到其他计算机，双击该文件则立即放映演示文稿。

（3）打包成 CD 或文件夹

前两种形式要求放映演示文稿的计算机安装 Microsoft Office PowerPoint 软件，如果演示文稿中包含指向其他文件（如声音、影片、图片）的链接，还应该将这些资源文件同时复制到计算机对应目录下，操作起来比较麻烦。在这种情况下建议将演示文稿“打包成 CD”。

“打包成 CD”功能，能更有效地发布演示文稿，可以直接将放映演示文稿所需要的全部资源打包，刻录成 CD 或者打包到文件夹。

【例 5-11】将例 5-10 制作完成的名为“大学”的演示文稿打包到文件夹。

① 打开演示文稿后，单击“文件”选项卡，选择“保存并发送”命令，如图 5-47 所示。

② 选择“将演示文稿打包成 CD”选项，再单击右侧的“打包成 CD”按钮。

③ 弹出图 5-50 所示对话框，可以更改 CD 的名字，如果还要将其他演示文稿包含进来，则单击“添加”按钮，本例不用这一步。

④ 单击“复制到文件夹”按钮，弹出图 5-51 所示的对话框（如果需要将演示文稿打包到 CD，则单击“复制到 CD”按钮）。

⑤ 单击“浏览”按钮，选择文件夹的保存位置。

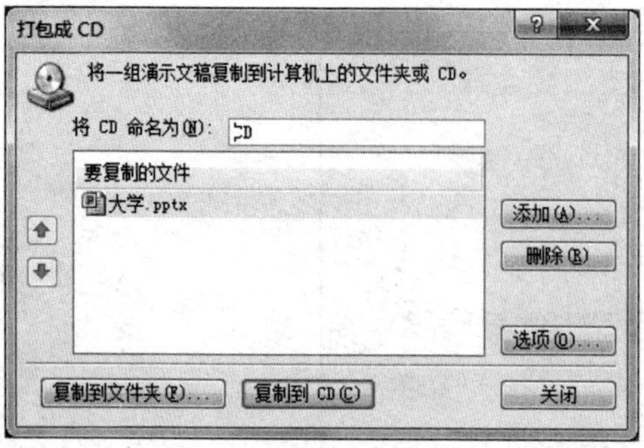

图 5-50　打包演示文稿 I

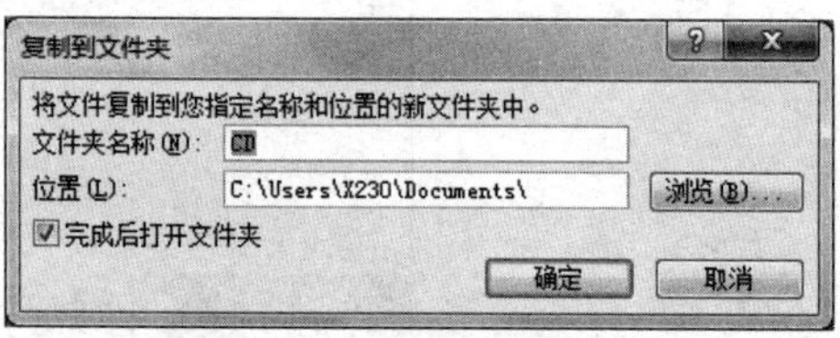

图 5-51　打包演示文稿 Ⅱ

⑥ 单击“确定”按钮完成操作。

打包的文件夹中包含放映演示文稿的所有资源（包括演示文稿、链接文件和 PowerPoint 播放器等），在保存位置找到它，将该文件夹复制到其他计算机上，即使其他计算机没有安装 PowerPoint 软件仍然可以正常放映。

习　题

一、单项选择题

1. 下列（　　）可以同时看到“大纲窗格”“工作区”和“备注窗格”。

   A. 普通视图　　B. 幻灯片浏览视图　　C. 放映视图　　D. 备注页视图

2. 下列关于演示文稿和幻灯片的说法不正确的是（　　）。

   A. 一个演示文稿由若干张幻灯片组成

   B. 一个演示文稿就是一张幻灯片

   C. 可以增加或删除演示文稿里的幻灯片

   D. 演示文稿内的幻灯片的顺序可以更改

3. 不是 PowerPoint 2010 视图方式的是（　　）。

   A. 页面视图　　B. 普通视图　　C. 幻灯片浏览视图　　D. 幻灯片放映视图

4. 关于幻灯片放映，下列叙述不正确的是（　　）。

   A. 单击“幻灯片放映”选项卡，单击“开始放映幻灯片”功能组中的“从头开始”按钮

   B. 单击“视图”选项卡中的“幻灯片放映”按钮

   C. 按【F5】键，放映幻灯片

   D. 单击窗口右下方的“幻灯片放映”按钮，从第一张幻灯片开始放映

5. 放映幻灯片时，以下（　　）操作不能实现翻页（切换到下一张幻灯片）。

   A. 按【Enter】键　B. 按【↓】键　　C. 按【Space】键　　D. 按【↑】键

6. 在幻灯片浏览视图下不能进行的操作是（　　）。

   A. 插入新幻灯片　B. 移动幻灯片　　C. 输入文本　　D. 设置幻灯片背景

7. PowerPoint 2010 演示文稿的默认扩展名是（　　）。

   A. .docx　　B. .potx　　C. .ppsx　　D. .pptx

8. 启动 PowerPoint 2010 不正确的方法是（　　）。

A. 通过“开始”菜单的“所有程序”启动

B. 双击桌面快捷图标

C. 双击某 PowerPoint 文件，启动 PowerPoint 2010

D. 单击桌面快捷图标

9. 要给演示文稿的每张幻灯片添加上某公司的标志性图案，使用（　　）最为方便。

A. 母版　　B. 配色方案　　C. 超链接　　D. 打包成 CD

10. PowerPoint 2010 的主要功能是（　　）。

A. 浏览网页　　B. 编辑文本

C. 制作多媒体演示文稿　　D. 文件管理

二、判断题

1. 幻灯片中不能插入表格。（　　）

2. 可以为演示文稿录制旁白，在放映时播放。（　　）

3. 选中连续的多张幻灯片，可以选中第一张后按住【Ctrl】键，再单击最后一张。（　　）

4. 放映幻灯片时，一定是从第一张开始放映。（　　）

5. 以“演讲者放映”方式放映幻灯片时，可以使用“绘画笔”在屏幕上勾画。（　　）

6. 为幻灯片设置切换效果可以单击“幻灯片放映”选项卡，单击“幻灯片切换”按钮。（　　）

7. 将幻灯片隐藏之后，在普通视图下就看不见了。（　　）

8. 幻灯片上的占位符不能删除。（　　）

9. 插入新幻灯片可以单击“插入”选项卡中的“新幻灯片”按钮。（　　）

10. 幻灯片中的文本不能设置段前距、段后距。（　　）

计算机网络是将地理位置不同的具有独立功能的多台计算机及其外围设备，通过通信线路连接起来，在网络操作系统、网络管理软件及网络通信协议的管理和协调下，实现资源共享和信息传递的计算机系统。计算机网络诞生于20世纪60年代末期，是计算机技术与通信技术融合发展的产物，也是当今世界对人们的生产和生活产生影响最大、意义最为深远的技术之一。因为有了计算机网络，人们的交流从古老的飞鸽传书，到了现在的天涯咫尺。

通过本章的学习应理解计算机网络的基本概念；了解计算机网络的分类、功能和特点；了解计算机网络的构成和基本结构；理解ISO/OSI参考模型；掌握IP地址与域名的概念和特点；掌握Internet的使用；掌握电子邮件的使用及管理；掌握计算机日常维护方法；掌握计算机病毒防治方法。

6.1 计算机网络的基础知识

6.1.1 计算机网络概述

当今世界，计算机网络已经成为了人们生活中不可或缺的一部分。什么是计算机网络呢？

1. 计算机网络的定义

计算机网络是指人们利用网络通信设备（如网络适配器、调制解调器、中继器、网桥、路由器、网关等）和通信线路，将地理位置分散且相互独立的计算机连接起来，在相应网络软件的支持下，实现相互通信和资源共享的系统，如图6-1所示。

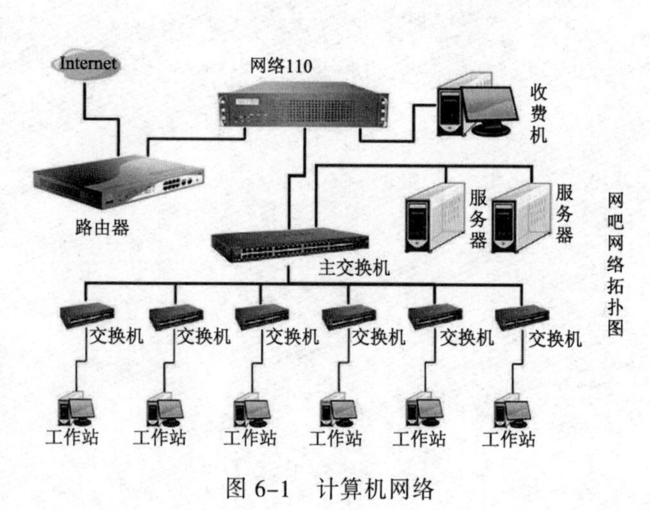

图6-1 计算机网络

从计算机网络的组成上看，计算机网络包含了网络硬件和网络软件两部分；从用户使用的角度看，计算机网络是一个透明的资源传输系统，用户不必考虑具体的传输细节，也不必考虑资源所处的实际地理位置。

2．计算机网络的产生和发展

1946 年，世界上第一台电子计算机问世，其后的十多年里，由于价格昂贵，计算机的数量极少，但人类对计算机的需求却与日俱增，为了缓解这一矛盾，计算机网络应运而生。计算机网络的最初形式是将一台计算机通过通信线路与若干台终端直接连接。从另一个角度讲，也可以把这种形式看作是最简单的局域网雏形。

3．计算机网络的功能

计算机网络已经广泛应用于人们生产生活。人们通过计算机网络了解全球资讯；通过计算机网络实现实时管理和监控；通过计算机网络实现远程视频会议；通过计算机网络实现远程购物等。计算机网络的基本功能可简单概括为数据通信、资源共享、实现分布式处理。

从网络应用的角度来看，计算机网络功能还有很多。随着计算机网络技术的不断发展，其功能也将不断丰富，各种网络应用也将会不断出现。计算机网络已经逐渐深入到社会的各个领域及人们的日常生活中，并慢慢在改变着人们的工作、学习、生活乃至思维方式。在以上功能中，计算机网络的最主要功能是资源共享和数据通信。

4．计算机网络的组成

（1）计算机网络的逻辑组成

从计算机网络各组成部件的功能来看，各部件主要完成两种功能，即网络通信和资源共享。把计算机网络中实现网络通信功能的设备及其软件的集合称为网络的通信子网，而把网络中实现资源共享功能的设备及其软件的集合称为资源子网。

① 通信子网。通信子网是指网络中实现网络通信功能的设备及其软件的集合。通信设备、网络通信协议、通信控制软件等属于通信子网，是网络的内层，负责信息的传输。主要为用户提供数据的传输、转接、加工和变换等。

② 资源子网。在局域网中，资源子网主要由网络的服务器、工作站、共享的打印机和其他设备及相关软件所组成。资源子网的主体为网络资源设备，包括：用户计算机（又称工作站）、网络存储系统、网络打印机、独立运行的网络数据设备、网络终端、服务器、网络上运行的各种软件资源和数据资源等。

（2）计算机网络的物理组成

① 计算机。计算机由计算机硬件和软件两部分组成。硬件包括中央处理器、存储器和外围设备等；软件是指计算机的运行程序及相应的文档的总称。计算机具有接收和存储信息、按程序快速计算和判断并输出处理结果等功能。构成计算机网络的核心软件是网络操作系统。网络操作系统不仅要具有普通操作系统的功能，还要具备 6 个特征：网络通信、共享资源管理、提供网络服务、网络管理、互操作和提供网络接口。

② 数据通信系统。计算机网络中，数据通信系统的任务是把数据源计算机所产生的数据迅速、可靠、准确地传输到数据宿（目的）计算机或专用外设。从计算机网络技术的组成部分来看，一个完整的数据通信系统，一般由数据终端设备、通信控制器、通信信道、信号变换器组成。

③ 网络协议。计算机网络通信协议的主要作用是用以支持计算机与相应的局域网相连；支持网络结点间正确有序地进行通信。

- 协议：为了确保网络中数据有序通信而建立的一组规则、标准或约定就称为网络通信协议（protocol）。
- 通信接口：为了使网络中两个结点之间能够进行对话，必须在它们之间设立通信工具（即接口），使彼此之间能进行信息交换。硬件装置的功能是实现结点之间的信息传送。软件装置的功能是规定与实现双方进行通信的约定协议。协议通常由 3 部分组成：语义部分、语法部分和变换规则。
- 协议的层次结构及其分层原则：层次方式是指在制定协议时，把复杂成分分解成一些简单成分，然后再将它们复合起来的复合技术。分层原则：信宿机第 n 层接收到的对象应当与信源机第 n 层发出的对象完全一致。层次结构有如下特征：结构中的每一层都规定有明确的任务及接口标准；把用户的应用程序作为最高层；除最高层外，中间的每一层都向上一层提供服务，又是下一层的用户；把物理通信线路作为最低层。它使用从高层传送来的参数，是提供服务的基础。
- OSI/RM 模型：为使不同计算机厂家生产的计算机能相互通信，以便在更大范围内建立计算机网络，国际标准化组织（ISO）在 1978 年提出"开放系统互连参考模型"，即 OSI/RM（open system interconnection/reference model）。所谓"开放"，是强调对 OSI 标准的遵从。一个系统是开放的，是指它可与世界上任何地方的遵守相同标准的其他任何系统进行通信。OSI/RM 网络结构模型将计算机网络体系结构的通信协议规定为物理层、数据链路层、网络层、传输层、会话层、表示层、应用层等共 7 层。对于每一层，OSI 至少制定两个标准：服务定义和协议规范。开放系统互连参考模型如图 6-2 所示。

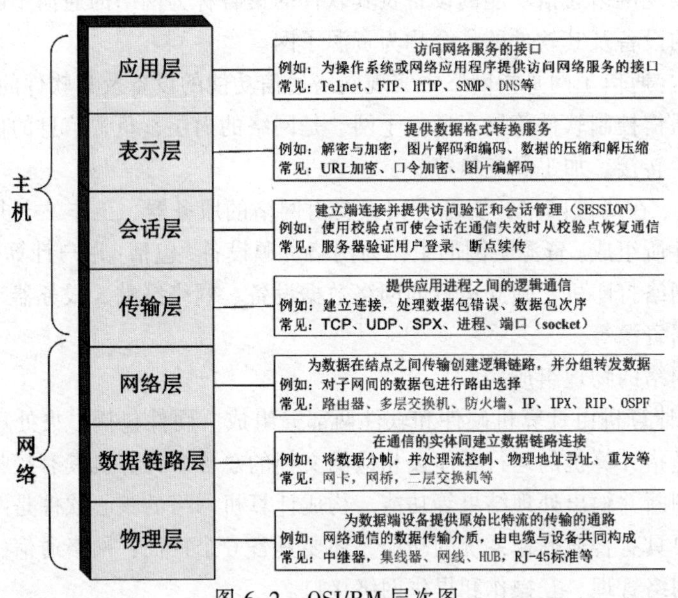

图 6-2　OSI/RM 层次图

- TCP/IP 协议。TCP/IP 是一种网际互联通信协议，其目的在于通过它实现网际间各种异构网络和异种计算机的互联通信。TCP/IP 协议的核心思想是：对于 ISO 7 层协议，把千差万别的两底层协议（物理层和数据链路层）的有关部分称为物理网络，而在传输层和网络层之间建立一个统一的虚拟逻辑网络，以这样的方法来屏蔽或隔离所有物理网络的硬件差异，包括异构型的物理网络和异种计算机在互联网上的差异，从而实现普遍的连通性。

TCP/IP 实际上是一组协议，它包括上百个各种功能的协议。

- TCP/IP 模型：TCP/IP 协议模型把整个协议分成 4 个层次，它与 OSI 参考模型的对比如图 6-3 所示。

应用层：是 TCP/IP 协议的最高层，与 OSI 模型的最高三层的功能类似。因特网在该层的协议主要有文件传输协议 FTP、远程终端访问协议（Telnet）、简单邮件传输协议（SMTP）和域名服务协议（DNS）等。

传输层：传输层提供一个应用程序到另一个应用程序之间端到端的通信。因特网在该层的协议主要有传输控制协议（TCP）、用户数据报协议（UDP）等。

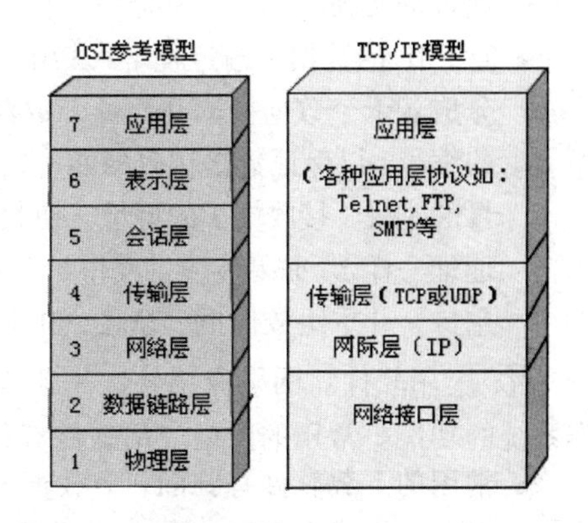

图 6-3 TCP/IP 模型与 OSI 参考模型对比

网际层：网际层解决了计算机到计算机之间的通信问题。因特网在该层的协议主要有网络互联协议（IP）、网间控制报文协议（ICMP）、地址解析协议（ARP）等。

网络接口层：负责接收 IP 数据报，并把该数据报发送到相应的网络上。从理论上讲，该层不是 TCP/IP 协议的组成部分，但它是 TCP/IP 协议的基础，是各种网络与 TCP/IP 协议的接口。

常用 TCP/IP 协议族如表 6-1 所示。

表 6-1 TCP/IP 协议族

TCP/IP 层次	TCP/IP 协议集					
应用层	HTTP	SMTP	DNS	SNMP	RPC	NMTP……
传输层	TCP	UDP				
网际层	IP	ICMP	ARP	RARP		
网络接口层	ETHERNET	TOKEN RING	FDDI	OTHERS		

- 网络互连协议 IP（internet protocol）：IP 是一个无连接的协议，经它处理的数据在传输时是没有保障的，是不可靠的。
- 传输控制协议 TCP（transmission control protocol）：TCP 定义了两台计算机之间进行可靠传输时交换的数据和确认信息的格式，以及计算机为了确保数据的正确到达而采取的措施。该协议是面向连接的，可提供可靠的、按序传送数据的服务。TCP 采用的最基本的可靠性技术包括 3 个方面：确认与超时重传、流量控制和拥塞控制。
- 用户数据报协议 UDP（user datagram protocol）：UDP 也是建立在 IP 之上。同 IP 一样提供无连接的数据报传输。UDP 本身并不提供可靠性服务。相对于 IP 而言，它唯一增加的功能是提供协议端口以保证进程通信。虽然 UDP 不可靠，但 UDP 效率很高。
- 远程终端访问 Telnet（telecommunication network）：Telnet 提供一种非常广泛的、双向的、8 字节的通信功能。该协议提供的最常用的功能是远程登录。
- 文件传输协议 FTP（file transfer protocol）：FTP 用于控制两个主机之间的文件交换。
- 简单邮件传送协议 SMTP（simple mail transfer protocol）SMTP 是一个简单的面向文本的协议，用来有效地、可靠地传送邮件。

- 域名服务 DNS（Domain Name Service）：DNS 是一个域名服务的协议，它提供了域名到 IP 地址的转换。
- TCP/IP 的数据传输过程。TCP/IP 的基本传输单位是数据报（Datagram）。TCP 负责把数据分成若干个数据报，并给每个数据报加上报头（就像给一封信加上信封），报头上有相应的编号，以保证数据接收端能将数据还原为原来的格式。IP 协议在每个报头上再加上接收目的主机（接收端）的地址，使数据能找到自己要去的地方（就像在信封上要写明收信人地址一样）。如果传输过程中出现数据丢失、数据失真等情况，TCP 协议会自动要求数据重传，并重组数据报。总之，IP 协议保证数据的传输，TCP 协议保证数据传输的质量。

④ 应用软件。网络应用软件是建构在局域网操作系统之上的应用程序，它扩展了网络操作系统的功能。常用的网络应用软件有很多种：

- 常用的下载软件有：FTP 下载模式的有网络蚂蚁、网际快车、迅雷、QQ 的超级旋风等。点对点模式有电驴、BT、迅雷等。还有 FTP 模式的就不多说了，用得不多。
- 看图软件有：ACDSee、picasa 等。
- 视频软件有：暴风、KMP、RealPlay 等。
- 聊天软件有：QQ、MSN、google 的聊天工具等。
- 浏览器软件有：Internet Explorer、Myie、火狐等。

6.1.2 数据通信

计算机网络是计算机技术和通信技术融合发展的产物，在计算机网络中进行数据传输的核心就是数据通信。

在讨论计算机网络的数据通信问题时，往往会涉及很多通信领域的术语，如带宽、信道等，在此简单了解几个在计算机网络中涉及的数据通信方面的概念。

1. 传输媒体

传输媒体（transmission medium）指的是数据传输系统中在发送器和接收器之间的物理通路。通常的传输媒体包括两类：有线的传输媒体和无线的传输媒体。有线的传输媒体通常包括双绞线、同轴电缆和光缆 3 种；无线的传输媒体通常包括红外线、卫星、短波等。

（1）双绞线电缆（twisted wire pair）

双绞线是一种使用铜线作为传输介质，用 4 对线路相互绞缠，外覆绝缘材料的传输媒介。

双绞线可分为屏蔽式双绞线（shielded twisted pair，STP）及非屏蔽式双绞线（unshielded twisted pair，UTP），如图 6-4 所示。

每条双绞线两头通过安装 RJ-45 连接器（RJ-45 接头、俗称水晶头，如图 6-4 所示）与网卡和集线器（或交换机）相连。RJ-45 接头是一种只能沿固定方向插入并自动防止脱落的塑料接头（RJ-45 是一种网络接口规范，类似的还有 RJ-11 接口，就是人们平常所用的“电话接口”，用来连接电话线）。之所以把它称为“水晶头”，是因为它的外表晶莹透亮的原因。双绞线的两端必须都安装这种 RJ-45 接头，以便插在网卡（NIC）、集线器（Hub）或交换机（Switch）的 RJ-45 接口上，进行网络通信。

（2）同轴电缆（coaxial cable）

同轴电缆的最高传输速率为 10 Mbit/s，是仅次于双绞线的第二普及传输介质，其可传输的频率范围较大，如图 6-5 所示。通常情况下，大部分有线电视信号的传输就采用同轴电缆，其有效传输距离为 200～500 m。

（3）光纤（optical fiber）

光纤是一条玻璃或塑胶纤维。光纤的中心是光传播的玻璃芯，芯外面包围着一层折射率比芯低的玻璃封套，以使光纤保持在芯内，再外面的是一层薄的塑料外套，用来保护封套。

由于光纤细如发丝，为了架设的需要，一般将数十条光纤包裹在一起，就称为光缆，如图 6-6 所示。

图 6-4　双绞线和 RJ-45 接头

图 6-5　同轴电缆

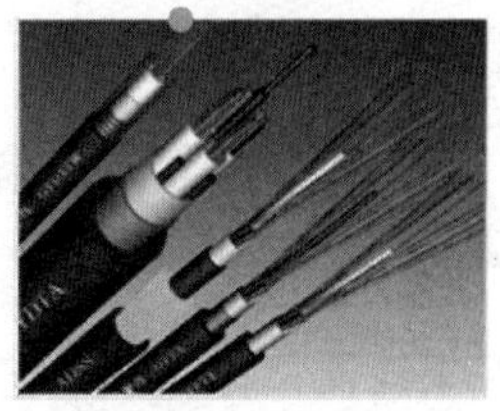

图 6-6　光纤

（4）无线传输

常用的无线传输有卫星通信、红外线、激光和微波等形式。

① 微波（micro wave）。微波是频率为 300 MHz～300 GHz 之间的电磁波，以直线前进方式进行传播。因受到视线距离的限制，传送距离过长信号会衰减，因此每隔约 30～50 km 便需架设一个中继站（relay station），并且该中继站需架设在至高点或架设高塔进行信号传送。微波具有传输速度快（传输速率为 45 Mbit/s）、成本低的优点，所以常被用来提供长途通信服务如手机通信。

② 卫星（satellite）。通信卫星（communications satellite）传输信号的基本装置是地面通信站。地面通信站主要用于传送和接收信号，而通信卫星部分则作为收发站（space station）。通信卫星从地面通信站接收信号（uplink），加强信号，改变信号频率，然后再将信号传送到另一个地面通信站。

通信卫星一般发射于离地面 35 600 km 的太空轨道上，当卫星绕行地球一圈的时间与地球自转速度相同时，称之为同步通信卫星（synchronous satellite）。同步通信卫星覆盖的通信范围非常广，只要有 3 颗同步通信卫星就可以覆盖整个地球，形成全球通信网络。

2．网络连接设备

除了传输介质外，还需要各种网络连接设备才能将独立工作的计算机连接起来，构成计算机网络。在计算机网络中，常用的网络连接设备有网卡、集线器、交换机等。

（1）网卡

网卡又称网络接口卡或网络适配器，是计算机网络中最重要的连接设备之一，其外形如图 6-7 所示。网卡安装在计算机内部并直接与计算机相连，计算机只有通过网卡才能接入局域网。网卡的作用是双重的，一方面它负责接收网络上传过来的数据，并将数据直接通过总线传送给计算机；另一方面它也将计算机上的数据封装成数据帧，再转换成比特流后送入网络。

图 6-7　网卡

（2）调制解调器

调制解调器又称“猫”（modem），其实是调制器（modulator）与解调器（demodulator）的简称，分为内置调制解调器（见图 6-8）和外置调制解调器（见图 6-9）。所谓调制，就是把数字信号转换成电话线上传输的模拟信号；解调，即把模拟信号转换成数字信号。

图 6-8　内置调制解调器

图 6-9　外置调制解调器

（3）集线器

集线器又称 hub，它是连接计算机的最简单的网络设备，主要作用是把计算机或其他网络设备汇聚到一个结点上，外形如图 6-10 所示。hub 只是一个多端口的信号放大设备。在工作中，当一个端口接收到数据信号时，由于信号在从源端口到 hub 的传输过程中已经有了衰减，所以 hub 便将该信号进行整形放大，使被衰减的信号恢复到发送时的状态，然后再转发到 hub 其他端口所连接的设备上。

图 6-10　集线器

（4）交换机

交换机又称交换式 hub（switch hub），如图 6-11 所示，虽然其功能及组网方式与 hub 差不多，但它的工作原理却与 hub 有着本质上的区别。对于用户来说，选择交换机最关心的是交换机的端口速率、端口数，以及端口类型等。其次还要考虑背板带宽、吞吐率交换方式、堆叠能力和网管能力等指标。

（5）路由器

路由器是一种连接多个网络或网段的网络设备，如图 6-12 所示。它能将不同网络或网段之间的数据信息进行“翻译”，以便它们之间能够互相“读”懂对方的数据，从而构成一个更大的网络。路由器一般用于把局域网连入到 Internet 等广域网，或者用于不同结构子网之间的互连。这些子网本身可能就是局域网，但它们之间的距离很远，需要通过租用专线并通过路由器进行互连。路由器最基本的功能包括路由选择和数据转发两种。

图 6-11　交换机

图 6-12　路由器

6.1.3　计算机网络的分类

计算机网络有多种分类方法，常见的有以下几种方式：

1．按地理范围分

按地理范围计算机网络可分为局域网、城域网、广域网和因特网。这种分类也是最常见的分类方式。

（1）局域网（local area network，LAN）

局域网是指将某一相对狭小区域内的计算机，按照某种方式相互连接起来后形成的计算机网络。在局域网中，相互连接的计算机相对集中，其地理范围一般在几十米到几千米之间，例如，一个房间、一幢楼或一个企业这样的范围。一般情况下，局域网内的计算机属于同一个部门或同一个单位管辖，以便能对局域进行统一管理。

（2）城域网（metropolitan area network，MAN）

城域网是一种介于局域网和广域网之间的计算机网络，其覆盖范围在几千米至几万米之间，大致是一个城市的范围。城域网相当于是一个大型的局域网，但对网络设备、传输介质的要求比局域网要高。

（3）广域网（wide area network，WAN）

广域网是一个在相对广阔的地理区域内进行数据、语音、图像信息传输的通信网络。广域网可以覆盖若干城市、整个国家，甚至全球。

广域网具有以下特点：

① 覆盖的地理区域大，网络可覆盖市、省、地区、国家甚至全球。

② 广域网一般借用公用通信网络进行连接。

③ 与局域网相比，广域网的传输速率比较低，普通用户的接入速率一般在 64 kbit/s～2 Mbit/s。但如果通过专线接入，速率也可以达到 100 Mbit/s 以上。

2. 按网络的拓扑结构分类

网络拓扑结构是指用传输媒体互连各种设备的物理布局，就是用什么方式把网络中的计算机等设备连接起来。网络拓扑图给出网络服务器、工作站的网络配置和相互间的连接。网络的拓扑结构主要有星形结构、环形结构、总线形结构、分布式结构、树形结构、网状结构、蜂窝状结构等。其中最常见的基本拓扑结构是星形结构、环形结构和总线形结构 3 种。

（1）星形结构

在星形结构中，网络中的各结点通过点到点的方式连接到一个中央结点（又称中央转接站，一般是集线器或交换机）上，由该中央结点向目的结点传送信息，如图 6-13 所示。因此，中央结点的功能主要有 3 项：当要求通信的站点发出通信请求后，控制器要检查中央转接站是否有空闲的通路，被叫设备是否空闲，从而决定是否能建立双方的物理连接；在两台设备通信过程中要维持这一通路；当通信完成或者不成功要求拆线时，中央转接站应能拆除上述通道。

（2）环形结构

环形结构在 LAN 中使用得比较多。该结构中的传输媒体从一个端用户连接到另一个端用户，直到将所有的端用户连成环形，如图 6-14 所示。数据在环路中沿着一个方向在各结点间传输，信息从一个结点传到另一个结点。环形结构的特点是：每个端用户都与两个相邻的端用户相连，因而存在着点到点的链接，但环路是封闭的，不便于扩充；可靠性低，一个结点故障，将会造成全网瘫痪；维护难，对分支结点故障定位较难。

（3）总线形结构

总线形结构是使用同一媒体或电缆连接所有端用户的一种方式。也就是说，连接端用户的物理媒体由所有设备共享，各工作站地位平等，无中央结点控制，公用总线上的信息多以基带形式串行传递，其传递方向总是从发送信息的结点开始向两端扩散，如同广播电台发射的信息一样，因此又称广播式计算机网络，如图 6-15 所示。这种结构具有费用低、数据端用户入网灵活、站点或某个端用户失效不影响其他站点或端用户通信的优点。缺点是一次仅能一个端用户发送数据，其他端用户必须等待到获得发送权；媒体访问获取机制较复杂；维护难，分支结点故障查找难。

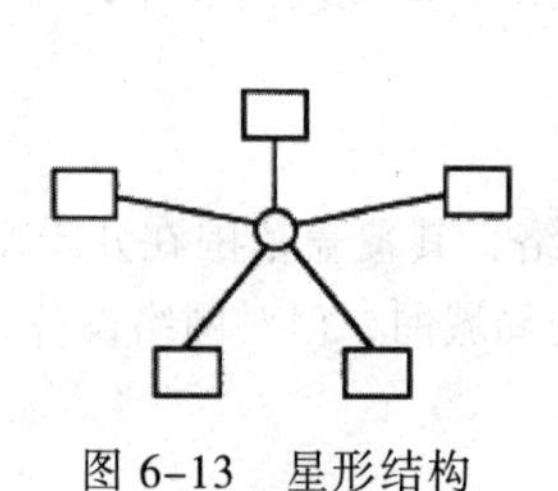

图 6-13　星形结构

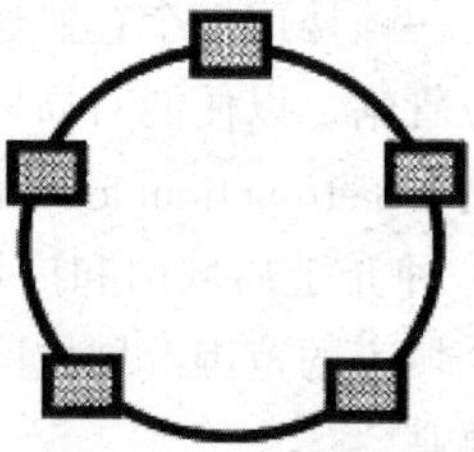

图 6-14　环形结构

（4）树形结构

树形结构是一种类似于总线拓扑的网络拓扑结构，如图 6-16 所示。树形拓扑结构是网络结点呈树状排列，整体看来就像一棵根朝上的树而得名。它具有较强的可折叠性，非常适用于构建网络主干，还能够有效地保护布线投资。这种拓扑结构的网络一般采用光纤作为网络主干，用于军事单位、政府单位等上、下界限相当严格和层次分明的部门。与星形拓扑相比，它们有许多相似的优点，只是比星形拓扑的扩展性更高而已。

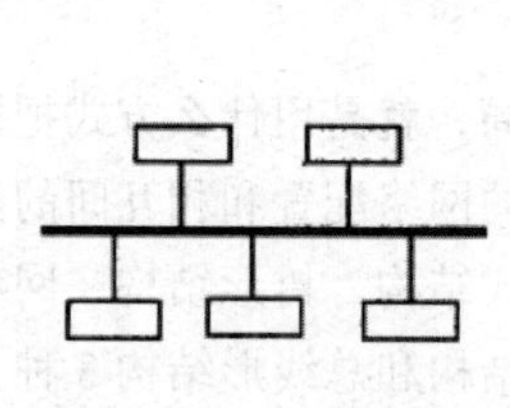

图 6-15　总线形结构

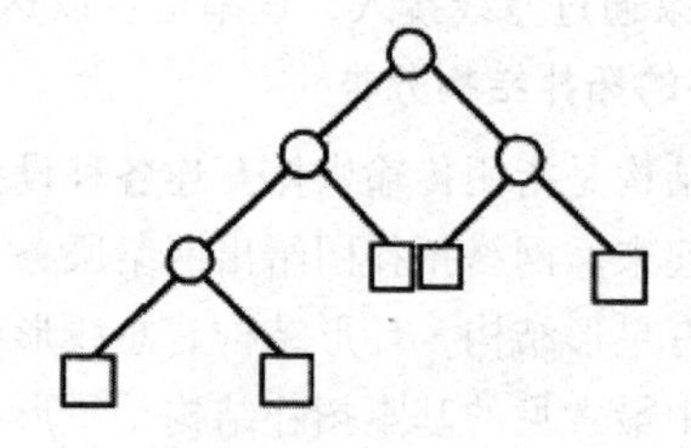

图 6-16　树形结构

（5）网状结构

这种拓扑结构主要指各结点通过传输线互连连接起来，并且每一个结点至少与其他两个结点相连。网状拓扑结构具有较高的可靠性，但其结构复杂，实现起来费用较高，不易管理和维护，不常用于局域网。

6.2　Internet 概述

6.2.1　Internet 基础知识

1. Internet 的起源与发展

最早诞生的计算机网络是 1969 年诞生于美国的 ARPAnet。从某种意义上说，Internet 是美苏冷战的产物。这个庞大的系统，它的由来可以追溯到 20 世纪 60 年代初。当时，美国国防部为了保证美国本土防卫力量和海外防御武装在受到前苏联第一次核打击以后仍然具有一定的生存和反击能力，认为有必要设计出一种分散的指挥系统。它由一个个分散的指挥点组成，当部分指挥点被摧毁后，其他点仍能正常工作，并且在这些点之间能够绕过那些已被摧毁的指挥点而继续保持联系。为了对这一构思进行验证，1969 年，美国国防部高级研究计划署（DOD/DARPA）资助建立了一个名为 ARPAnet（阿帕网）的网络，这就是 Internet 最早的雏形。

现代计算机网络的许多概念和方法，如分组交换技术都来自 ARPAnet。ARPAnet 不仅进行了租用线互联的分组交换技术研究，而且做了无线、卫星网的分组交换技术研究，其结果导致了 TCP/IP 问世。

1983 年，ARPA 和美国国防部通信局研制成功了用户异构网络的 TCP/IP 协议，美国加利福尼亚大学伯克利（Berkeley）分校把该协议作为其 BSD UNIX 的一部分，使得该协议得以在社会上流行起来，从而诞生了真正的 Internet。

1986 年，美国国家科学基金会（NSF）利用 TCP/IP 通信协议，在 5 个科研教育服务超级计算机中心的基础上建立了 NSFnet 广域网，以便全美国实现资源共享。由于美国国家科学基金会的鼓励和资助，很多大学、政府资助的研究机构甚至私营的研究机构纷纷把自己的局域网并入 NSFnet 中。如今，NSFnet 以成为 Internet 的重要骨干网之一。

1989 年，由 CERN 开发成功的 WWW（world wide web，万维网），为 Internet 实现广域超媒体信息截取/检索奠定了基础。从此，Internet 开始进入迅速发展时期。

2．中国 Internet 的发展

我国第一次与国外通过计算机和网络进行通信始于 1983 年，从此拉开了中国 Internet 的帷幕。1983 年，中国高能物理研究所（IHEP）通过商用电话线，与美国 CERN 建立了电子通信连接，实现了两个结点间电子邮件的传输。

1986 年，北京计算机应用技术研究所开始了与国际联网，建立中国学术网络（China academic network，CANET）的项目，但直到 1987 年 9 月，才正式建成了我国第一个 Internet 电子邮件结点。它通过 X.25 拨号线路，与德国 Karlsruhe 大学连接，开通了与 Internet 电子邮件的往来，成为我国第一个 Internet 电子邮件的接口，这是我国计算机网络领域的一个里程碑。此后，CANET 陆续向国内教育科研和学术界提供 Internet 电子邮件服务。1990 年 10 月，CANET 向 InterNic 申请注册了我国的最高域名 CN，从此，我国发出的电子邮件终于有了自己的域名。

1990 年，电子部十五所、上海复旦大学等单位和德国 GMD 合作，建成了中国科研网络（China research network，CRN），通过 X.25 接通了 Internet 电子邮件。

1994 年 4 月与 Internet 的 64 kbit/s 的专线连接正式开通。

1994 年，由邮电部投资建设的中国公用计算机互联网 CHINANET 开始启动，目的是为公众用户提供各种 Internet 服务，推进信息化产业的发展。该工程由中讯－亚信公司承包，自 1995 年 11 月 5 日工程合同签字后，即展开了紧张的工作。它将覆盖 30 个省、市和自治区，共 31 个结点。1996 年 4 月 12 日，该网经过联调测试后模拟开通，现已正式投入运行。CHINANET 主要提供商业服务，其用户多为使用电话拨号入网的个人用户及计算机行业相关公司，但随着国内各行业的各种信息源开始在 Internet 上提供服务，CHINANET 的前景非常光明。

与国家信息高速公路的发展相适应，电子部推出了“金桥工程”“金关工程”和“金卡工程”的“三金工程”项目。而“金桥工程”乃“三金工程”的基础和前奏，其目的是建立一个国家公用经济信息通信网（即金桥网 GBNET），由吉通公司负责，为国家宏观经济调控和决策服务，为经济和社会信息的共享服务。金桥网是天地一体化的计算机网络，即天上卫星网和地面微波网实现互联互通，互为补充。

3. Internet 提供的服务

Internet 提供的服务主要有：WWW、电子邮件（E-mail）、文件传输（FTP）、远程登录（Telnet）、网络新闻组、电子公告系统、实时新闻、网络电视、电影以及网络视频电话、文档查询（Archie Server）、Gopher（搜寻）、WAIS（广议信息服务）、全球数字图书馆、远程网上大学、网上医疗、电子刊物、电子购物、邮件服务器服务和金融服务等。

（1）WWW

WWW是 Internet、超文本和超媒体技术相结合的产物。在浏览器主界面上输入所需要的 WWW 主页地址，就可以进行浏览。还可以通过单击“Back”“Forward”菜单来游览上一个主页或下一个主页。WWW 主页地址的形式为： http://WWW.主机域名。可以利用浏览器浏览 Internet 上一切感兴趣的信息资源，从天气预报、电子刊物到大学的数据库、图书馆、教育科研信息等。

（2）电子邮件

电子邮件（E-mail，或 Electronic mail）是指 Internet 上或常规计算机网络上的各个用户之间，通过电子信件的形式进行通信的一种现代邮政通信方式。电子邮件是 Internet 中应用最广泛的服务功能。通过它可以给世界上任何一个电子邮箱发送电子邮件。无论对方位于地球的哪个角落，也不论其居住地址有何变化，只要知道其电子邮件地址，就可以很快与其取得联系。电子邮件地址每个用户都有一个电子邮件地址，典型的地址一般由用户名、主机名和域名组成，如 Xiyinliu@publicl.tpt.tj.cn，其中，@前面是用户名，@后面依次是主机名、机构名、机构性质代码和国家或地区代码。显然，每个用户的电子邮件地址应该在全球范围内独一无二。E-mail 具有发送速度快、信息多样化、收发方便、成本低廉等优点。

（3）文件传输

尽管电子邮件可以传送文件，但大多数数据文件是通过文件传输协议传送的。Internet 使用的文件传输协议 FIP 是由 TCP/IP 支持的。不管两台计算机在地址上相距多远，只要它们已联入 Internet 并都支持 FIP，用户都可以将一台计算机上的文件传送到另一台计算机上，且文件的大小和类型不限，可以是文本文件，也可以是二进制文件，包括计算机程序、声音数据、图像数据、表格、带控制字符的字处理文件、压缩文件等。

（4）远程登录

远程登录（Telnet）可实现跨越时空的数据操作。通过远程登录，本地计算机便能与网络上另一远程计算机取得“联系”，并进行交互。在 Internet 上连接着众多的计算机系统，这些联网的计算机之间不仅可以进行通信、传递电子邮件，还可以通过自己的计算机键盘使用对方的计算机系统。

（5）网络新闻组

网络新闻组（User’s network，Usenet）是一种利用网络进行专题研讨的国际论坛，同时又是一个动态新闻宝库，相当多的新闻信息选择 Usenet 作为其传播方式，例如由 Usenet 读取个报社新闻、各地天气预报、即时期货成交价等。

（6）电子公告系统

电子公告系统又称数字媒体控制系统（digicontrol），也称信息发布系统。它独有分布式区域管理技术，真正实现了同一系统中不同终端区分受众的传播模式。通过该系统，用户可以轻松地构建一个集中化、网络化、专业化、智能化、分众化的多媒体信息发布系统，该系统提供功能强大的信息编辑、传输、发布和管理等专业服务。人们通过这个系统讨论问题，发表自己的观点；同时也了解参加讨论的其他人的观点。

（7）实时新闻、网络电视、电影以及网络视频电话服务

这几类的信息服务对计算机网络的带宽和数据传输速率要求较高。实现这类服务功能需要有比较高的网络带宽和速度外，还需要相应的应用软件来实现。

6.2.2 IP 地址与域名系统

1. IP 地址

因特网采用一种全局通用的地址格式，为全网的每一网络和每一台主机都分配一个唯一的地址，该地址称为 IP 地址。

（1）IP 地址的结构

IP 地址由两部分组成：一部分是物理网络上所有主机通用的网络地址（网络 ID）；另一部分是网络上主机专有的主机（结点）地址（主机 ID）。

（2）IP 地址的分类

IP 地址分成 5 类，即 A 类、B 类、C 类、D 类和 E 类，其中 A 类、B 类、C 类地址经常使用，称为 IP 主类地址；D 类和 E 类地址被称为 IP 次类地址，IP 地址的范围如表 6–2 所示。

表 6–2　IP 地址的范围

类　　型	范　　围
A 类	0.0.0.0 ~ 127.255.255.255
B 类	128.0.0.0 ~ 191.255.255.255
C 类	192.0.0.0 ~ 223.255.255.255
D 类	224.0.0.0 ~ 239.255.255.255
E 类	240.0.0.0 ~ 247.255.255.255

各类地址的使用范围如图 6–17 所示。

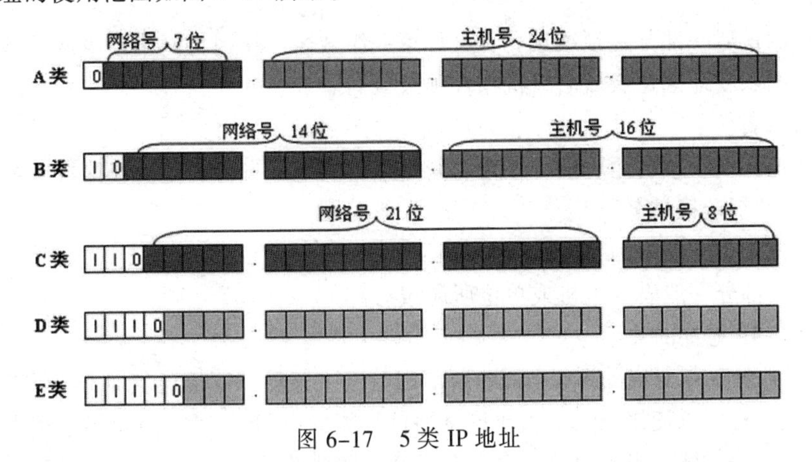

图 6–17　5 类 IP 地址

① A 类地址分配给规模特别大的网络使用。具体规定：32 位地址域中第一个 8 位为网络标识（其中首位为 0），其余 24 位均作为接入网络主机的标识。

由于A类地址太少，并且事实上也没有这样大的网络，因此在实际应用中，IP地址还可以分层：将一个网络分为多个子网，如可将一个A类网络分成256个B类子网络，同样，B类地址、C类地址也可以分层。同一网络中的不同子网用子网屏蔽码来划分，子网屏蔽码是网际地址中对应网络标识编码的各位为1，对应主机标识编码的各位为0的一个4字节整数，如果两台主机的IP地址和子网屏蔽码的“与”的结果相同，则这两台主机是在同一个子网中。比如说，某大学校园网是一个B类网络，但它分成了几十个子网，如计算中心子网由4个C类地址构成，IP地址范围为166.111.4.1～166.111.7.254，其子网屏蔽码为255.255.252.0。如主机地址为166.111.4.5，它和主机166.111.5.1处于同一子网，而和166.111.80.16则不在同一子网中。

② B类地址分配给一般的大型网络使用。具体规定：32位地址域中前两个8位为网络标识（其中前两位为10），其余16位均作为接入网络主机的标识。

③ C类地址分配给小型网络使用。具体规定：32位地址域中前三个8位为网络标识（其中前三位为110），其余8位均作为接入网络主机的标识。

④ D类地址是组广播地址。

⑤ E类地址保留今后使用，它是一个实验性网络地址。

（3）IP地址的表示

① 采用32位二进制位即4个字节表示 IP地址。

② 可以用4组十进制数字来表示IP地址，每组数字取值范围为0～255，组与组之间用圆点“.”作为分隔符。

2. 域名系统

为了解决用户记忆IP地址困难的问题，因特网提供了一种域名系统（domain name system，DNS）。域名（domain name）指因特网采用层次树形结构的命名方法，给每一个连接在因特网上的主机或路由器一个唯一的层次结构的名字。

域名由若干部分组成，各部分之间用圆点“.”作为分隔符。它的层次从左到右，逐级升高，其一般格式是：计算机名.组织机构名.二级域名.顶级域名。

（1）顶级域名

域名地址的最后一部分是顶级域名，又称第一级域名，在因特网中顶级域名是标准化的，有两种类型：国家或地区顶级域名、机构性顶级域名。

（2）二级域名

在国家或地区顶级域名注册的二级域名均由该国或地区自行确定。我国将二级域名划分为“类别域名”和“行政区域名”。

（3）组织机构名

域名的第三部分一般表示主机或单位所属域。

（4）域名与IP地址的关系

域名和IP地址存在对应关系，当用户要与因特网中某台计算机通信时，既可以使用这台计算机的IP地址，也可以使用域名。由于网络通信只能标识IP地址，所以当使用主机域名时，域名服务器通过DNS域名服务协议，会自动将登记注册的域名转换为对应的IP地址，从而找到这台计算机。前面提到，域名中各段从左到右范围变大，因此，当我们理解一个域名时，通常从右到左来阅读它。域名中最右的部分称为顶级域，其数量是有限的，它们一般分为两类：

代表机构的机构性顶级域和代表国家和地区的地理性顶级域。因为 Internet 发源于美国，因此最开始的顶级域名只有机构域，如前面提到的 com 表示商业机构，edu 表示教育机构，另外还有 gov 表示政府，int 表示国际机构，mil 表示军队，net 表示网络机构，org 表示非营利性结构。用上述顶级域名的主机一般属于美国各种机构，或美国某些机构的驻外机构。随着 Internet 在全球的发展，顶级域增加了地理域，如前面提到的 cn 表示中国。表 6-3 给出了几个常见地理性顶级域的域名。

表 6-3　地理性顶级域

域	含　义	域	含　义	域	含　义	域	含　义
at	奥地利	fr	法国	cn	中国	nz	新西兰
au	澳大利亚	gr	希腊	de	德国	kr	韩国
ca	加拿大	ie	爱尔兰共和国	dk	丹麦	uk	英国
ch	瑞士	jp	日本	es	西班牙	us	美国

6.2.3　Internet 的接入

1. Internet 的接入方式

在接入网中，目前可供选择的接入方式主要有 PSTN、ISDN、DDN、LAN、ADSL、VDSL、Cable-Modem、PON 和 LMDS 共 9 种，它们各有各的优缺点。

（1）PSTN

公共电话网 PSTN 是最容易实施的方法，费用低廉。只要一条可以连接 ISP 的电话线和一个账号就可以。但缺点是传输速度低，线路可靠性差。适合对可靠性要求不高的办公室以及小型企业。如果用户多，可以多条电话线共同工作，提高访问速度。

（2）ISDN

目前在国内迅速普及，价格大幅度下降，有的地方甚至是免初装费用。两个信道 128 kbit/s 的速率，快速的连接以及比较可靠的线路，可以满足中小型企业浏览以及收发电子邮件的需求。

而且还可以通过 ISDN 和 Internet 组建企业 VPN。这种方法的性能价格比很高，在国内大多数的城市都有 ISDN 接入服务。

（3）DDN 专线

DDN 专线适合对带宽要求比较高的应用，如企业网站。它的特点也是速率比较高，范围为 64 kbit/s ~ 2 Mbit/s。但是，由于整个链路被企业独占，所以费用很高，因此中小企业较少选择。

这种线路优点很多：有固定的 IP 地址，可靠的线路运行，永久的连接，等等。但是性能价格比太低，除非用户资金充足，否则不推荐使用这种方法。

（4）LAN

局域网（local area network，LAN）是在一个局部的地理范围内（如一个学校、工厂和机关内），一般是方圆几千米以内，将各种计算机、外围设备和数据库等互相连接起来组成的计算机通信网。它可以通过数据通信网或专用数据电路，与远方的局域网、数据库或处理中心相连接，构成一个较大范围的信息处理系统。局域网可以实现文件管理、应用软件共享、打印机共享、扫描仪共享、工作组内的日程安排、电子邮件和传真通信服务等功能。局域网严格意义上是封闭型的。它可以由办公室内几台甚至上千上万台计算机组成。决定局域网的主要技术要素为网络拓扑、传输介质与介质访问控制方法。

（5）ADSL

非对称数字用户环路，可以在普通的电话铜缆上提供1.5～8 Mbit/s的下行和10～64 kbit/s的上行传输，可进行视频会议和影视节目传输，非常适合中小企业。可是有一个致命的弱点：用户距离电信的交换机房的线路距离不能超过6 km，限制了它的应用范围。

（6）VDSL

VDSL是利用现有电话线上安装VDSL，只需在用户侧安装一台VDSL modem。最重要的是，无须为宽带上网而重新布设或变动线路。

VDSL（very-high-bit-rate digital subscriber loop）是高速数字用户环路，简单地说，VDSL就是ADSL的快速版本。使用VDSL，短距离内的最大下行速率可达55 Mbit/s，上传速率可达19.2 Mbit/s，甚至更高（不同厂家的芯片组，支持的速度不同。同一厂家的芯片组，使用的频段不同，提供的速度也不同）。不同厂家的VDSL不能实现互通，导致了VDSL不能大规模商业应用，新一代的VDSL2实现了互通，为VDSL大规模商业应用提供了条件。

（7）Cable-Modem接入

电缆调制解调器又名线缆调制解调器，英文名称Cable-Modem，它是近几年随着网络应用的扩大而发展起来的，主要用于有线电视网进行数据传输。目前，Cable Modem接入技术在全球尤其是北美的发展势头很猛，每年用户数以超过100%的速度增长，在中国，已有广东、深圳、南京等省市开通了Cable Modem接入。它是电信公司xDSL技术最大的竞争对手。在未来，电信公司阵营鼎力发展的基于传统电话网络的xDSL接入技术与广电系统有线电视厂商极力推广的Cable Modem技术将在接入网市场（特别是高速Internet接入市场）展开激烈的竞争。在中国，广电部门在有线电视（CATV）网上开发的宽带接入技术已经成熟并进入市场。CATV网的覆盖范围广，入网户数多；网络频谱范围宽，起点高，大多数新建的CATV网都采用光纤同轴混合网络（HFC网），使用550 MHz以上频宽的邻频传输系统，极适合提供宽带功能业务。Cable Modem技术就是基于CATV（HFC）网的网络接入技术。

（8）PON

PON（passive optical network）是无源光纤网络，即光配线网中不含有任何电子器件及电子电源。PON系统结构主要由中心局的光线路终端（optical line terminal，OLT）、包含无源光器件的光分配网（optical distribution network，ODN）、用户端的光网络单元/光网络终端（optical network unit / optical network terminal，ONU/ONT）组成，其区别为ONT直接位于用户端，而ONU与用户之间还有其他网络（如以太网）以及网元管理系统（EMS）组成，通常采用点到多点的树形拓扑结构。PON网络的突出优点是消除了户外的有源设备，所有的信号处理功能均在交换机和用户宅内设备完成。而且这种接入方式的前期投资小，大部分资金要推迟到用户真正接入时才投入。它的传输距离比有源光纤接入系统的短，覆盖的范围较小，但它造价低，无须另设机房，维护容易。因此这种结构可以经济地为居家用户服务。

（9）LMDS

LMDS是local multipoint distribution services的缩写，中文译作区域多点传输服务。LMDS采用一种类似蜂窝的服务区结构，将一个需要提供业务的地区划分为若干服务区，每个服务区内设基站，基站设备经点到多点无线链路与服务区内的用户端通信。每个服务区覆盖范围为几千米至十几千米，并可相互重叠。LMDS 的宽带特性，决定它几乎可以承载任何种类的业务，包括话音、数据和图像等。除了上述宽带特性，LMDS 还具有无线系统所固有的优点，如建设成本低，项目启动快，建设周期短，维护费用低等。

（10）卫星接入

目前，国内一些 Internet 服务提供商开展了卫星接入 Internet 的业务。适合偏远地方又需要较高带宽的用户。卫星用户一般需要安装一个甚小口径终端（VSAT），包括天线和其他接收设备，下行数据的传输速率一般为 1 Mbit/s，上行通过 PSTN 或者 ISDN 接入 ISP。终端设备和通信费用都比较低。

（11）光纤接入

在一些城市开始兴建高速城域网，主干网速率可达几十 Gbit/s，并且推广宽带接入。光纤可以铺设到用户的路边或者大楼，可以以 100 Mbit/s 以上的速率接入。适合大型企业。

（12）无线接入

由于铺设光纤的费用很高，对于需要宽带接入的用户，一些城市提供无线接入。用户通过高频天线和 ISP 连接，距离在 10 km 左右，带宽为 2 ~ 11 Mbit/s，费用低廉，但是受地形和距离的限制，适合城市里距离 ISP 不远的用户。性能价格比很高。

2. 网络配置

Windows 7 环境下网络连接设置方法：

① 选择“开始”→“网络”命令，打开“网络”窗口，单击“网络和共享中心”按钮，打开“网络和共享中心”窗口。

② 单击“本地连接”按钮，弹出“本地连接 状态”对话框，如图 6-18 所示。

③ 单击“属性”按钮，弹出“本地连接 属性”对话框，如图 6-19 所示。

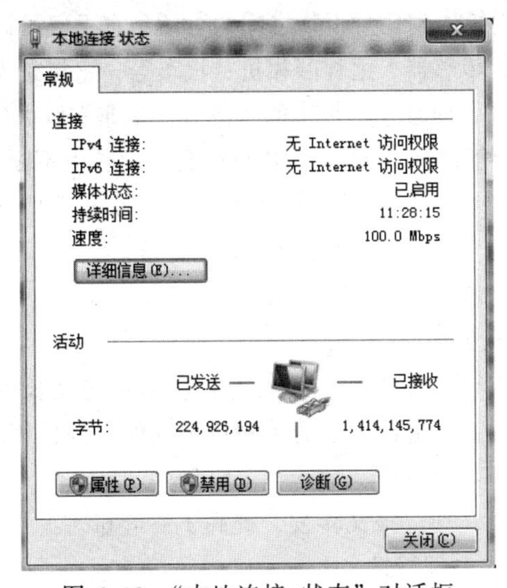

图 6-18 “本地连接 状态”对话框

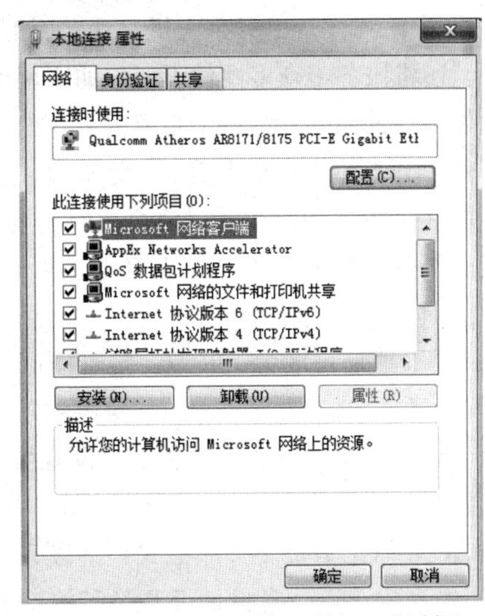

图 6-19 “本地连接 属性”对话框

④ 双击“Internet 协议版本 4（TCP/IPv4）”选项，弹出“Internet 协议版本 4（TCP/IPv4）属性”对话框，如图 6-20 所示。

⑤ 对于有固定 IP 地址的计算机，依次添加 IP 地址、子网掩码、默认网关和 DNS。单击“高级”按钮，弹出“高级 TCP/TP 设置”对话框，如图 6-21 所示。可以进一步设置。

⑥ 对于自动获取 IP 地址的计算机，请选择“自动获得 IP 地址”单选按钮，如图 6-20 所示。

⑦ 单击“确定”按钮，保存设置。

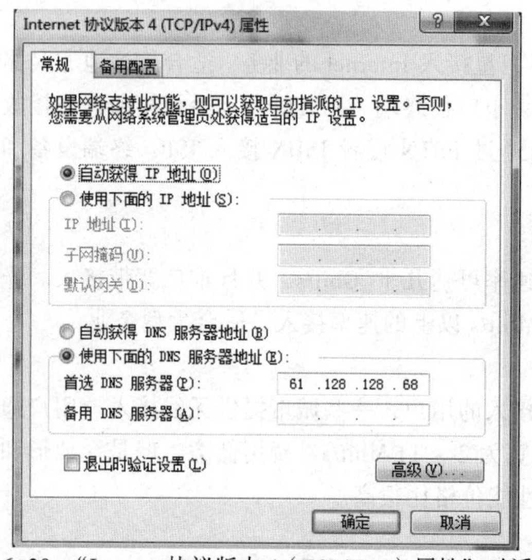

图 6-20 “Internet 协议版本 4（TCP/IPv4）属性”对话框

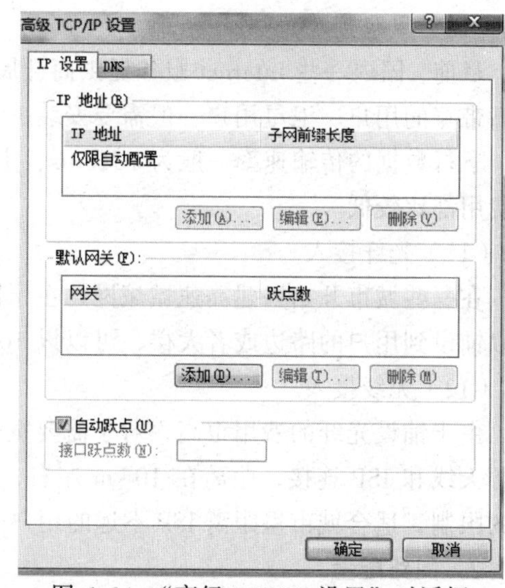

图 6-21 “高级 TCP/TP 设置”对话框

3. IPv6

IPv6 是 internet protocol version 6 的缩写，它是 IETF（internet engineering task force，互联网工程任务组）设计的用于替代现行版本 IP 协议 IPv4 的下一代 IP 协议，由 128 位二进制数码表示。

如果说 IPv4 实现的只是人机对话，而 IPv6 则扩展到任意事物之间的对话，它不仅可以为人类服务，还将服务于众多硬件设备，如家用电器、传感器、远程照相机、汽车等，它将是无时不在、无处不在的深入社会每个角落的真正的宽带网，而且它所带来的经济效益是非常巨大的。

当然，IPv6 并非十全十美、一劳永逸，不可能解决所有问题。IPv6 只能在发展中不断完善，也不可能在一夜之间发生，过渡需要时间和成本，但从长远看，IPv6 有利于互联网的持续和长久发展。国际互联网组织已经决定成立两个专门工作组，制定相应的国际标准。

IPv6 具有以下特点：

① IPv6 地址长度为 128 位，地址空间增大了 2^{96} 倍。

② 灵活的 IP 报文头部格式。使用一系列固定格式的扩展头部取代了 IPv4 中可变长度的选项字段。IPv6 中选项部分的出现方式也有所变化，使路由器可以简单路过选项而不做任何处理，加快了报文处理速度。

③ IPv6 简化了报文头部格式，字段只有 8 个，加快报文转发，提高了吞吐量。

④ 提高安全性，身份认证和隐私权是 IPv6 的关键特性。

⑤ 支持更多的服务类型。

⑥ 允许协议继续演变，增加新的功能，使之适应未来技术的发展。

与 IPv4 相比，IPv6 具有以下几个优势：

（1）IPv6 具有更大的地址空间

IPv4 中规定 IP 地址长度为 32，最大地址个数为 2^{32}；而 IPv6 中 IP 地址的长度为 128，即最大地址个数为 2^{128}。与 32 位地址空间相比，其地址空间增加了 $2^{128}-2^{32}$ 个。

现在，IPv4 采用 32 位地址长度，约有 43 亿地址，而 IPv6 采用 128 位地址长度可以忽略不计无限制的地址，有足够的地址资源。地址的丰富将完全删除在 IPv4 互联网应用上有很多的限制，如 IP 地址，每一个电话，每一个带电的东西可以有一个 IP 地址，以真正形成一个数字家庭。IPv6 的技术优势，目前在一定程度上解决了 IPv4 互联网存在的问题，这使得 IPv4 向 IPv6 演进的重要动力之一。

（2）IPv6 使用更小的路由表

IPv6 的地址分配一开始就遵循聚类（aggregation）的原则，这使得路由器能在路由表中用一条记录（entry）表示一片子网，大大减小了路由器中路由表的长度，提高了路由器转发数据包的速度。

（3）IPv6 增加了增强的组播（multicast）支持以及对流的控制（flow control），这使得网络上的多媒体应用有了长足发展的机会，为服务质量（quality of service，QoS）控制提供了良好的网络平台。

（4）IPv6 加入了对自动配置（auto-configuration）的支持

这是对 DHCP 协议的改进和扩展，使得网络（尤其是局域网）的管理更加方便和快捷。

（5）IPv6 具有更高的安全性

在使用 IPv6 网络中用户可以对网络层的数据进行加密并对 IP 报文进行校验，在 IPv6 中的加密与鉴别选项提供了分组的保密性与完整性，极大地增强了网络的安全性。

（6）允许扩充

如果新的技术或应用需要时，IPv6 允许协议进行扩充。

（7）更好的头部格式

IPv6 使用新的头部格式，其选项与基本头部分开，如果需要，可将选项插入到基本头部与上层数据之间。这就简化和加速了路由选择过程，因为大多数的选项不需要由路由选择。

（8）新的选项

IPv6 有一些新的选项来实现附加的功能。

6.3 Internet 的使用

浏览器实际上是一个软件程序，用于与 WWW 建立连接并与之进行通信。它可以在 WWW 系统中根据链接确定信息资源的位置，并将用户感兴趣的信息资源取回来，对 HTML 文件进行解释，然后将文字图像或者将多媒体信息还原出来。通常说的浏览器一般是指网页浏览器，除了网页浏览器之外，还有一些专用浏览器用于阅读特定格式的文件。IE 浏览器是常用的网页浏览器之一。IE 浏览器是 Internet Explorer 的简称，即互联网浏览器。它是 Windows 系统自带的浏览器。

6.3.1 IE 浏览器概述

IE 浏览器的相关概念：

① 主页：即启动 Internet Explorer 时显示的 Web 页。

② 链接：将鼠标指针移过 Web 页上的项目，可以识别出该项目是否为链接。如果指针变成手形，表明它是链接。

③ 选定网址：地址栏是选择不同网站、协议的入口，通过改变地址的内容，可得到不同的内容。IE 默认使用 WWW 服务（HTTP 和 FTP），要转到某个 Web 页，在地址栏中输入 Internet 地址；要从地址栏中运行程序，输入程序名，然后单击“转到”按钮；若要通过地址栏浏览文件夹，可在地址栏中输入驱动器和文件夹名，然后单击“转到”按钮，例如：C:\，操作结果为打开 C 盘根目录。

④ 停止：指终止浏览器对某一连接的访问。如果试图查看的 Web 页打开速度太慢，想终止该 Web 页，单击“停止”按钮即可。

⑤ 刷新：指重新取回当前页的内容。如果收到 Web 页无法显示的信息，或者用户想获得最新版本的 Web 页，单击“刷新”按钮即可。

⑥ 后退：单击“后退”按钮返回上次查看过的 Web 页。

⑦ 前进：单击“前进”按钮可查看在单击“后退”按钮前查看的 Web 页。要查看刚才访问的 Web 页列表，可单击“后退”或“前进”按钮旁边的向下小箭头。

⑧ 用不同的语言文字显示 Web 页：如果在浏览 Web 时进入了由其他语言编写的站点，Internet Explorer 一般会用能正确查看这些站点所需的字符集更新网页；此时如果出现了乱码，就需要手动设置一下计算机的编码：选择“查看”→“编码”命令，再根据情况选相应的编码即可。

6.3.2 IE 的基本操作

通常需要上网时，只需双击桌面上的 IE 图标，即可打开浏览器浏览网页。

下面来熟悉一下上网浏览网页的一般步骤：

① 打开浏览器，在地址栏中输入想要访问网站的地址，比如想访问 google 网站，那么就在地址栏中输入“http://www.google.com.hk”，然后按【Enter】键或者单击地址栏后面的“转到”按钮就可以进入 google 网站的页面，如图 6-22 所示。

图 6-22　打开 google 页面

② 在页面上，若把鼠标指针指向某一文字（通常都带有下画线）或者某一图片，并且鼠

标指针变成手形时，表明此处是一个超链接。此时在该文字或图片上单击，浏览器将显示出该超链接指向的网页。

浏览网页的快捷键如表 6-4 所示。

表 6-4　浏览网页的快捷键一览表

快　捷　键	功　　能
Ctrl + A	选择全部网页
Ctrl + B 或 Ctrl + I	快速打开收藏夹，整理收藏夹
Ctrl + C	复制当前网页内容
Ctrl + D	将当前页添加到收藏夹
Ctrl + E 或 Ctrl + F3	搜索有输入内容的网页
Ctrl + F	在当前页中查找
Ctrl + H	查看历史记录
Ctrl + L	输入网址进入网页
Ctrl + N	以当前页打开，它可以快速打开新的网页窗口
Ctrl + P	打印所选的文字
Ctrl + R 或 F5	刷新当前页
Ctrl + S	保存当前页
Ctrl + W	快速关闭当前窗口
ALT + ←/→	前返/后退一页
F4	打开地址栏
F11	切换到全屏幕或常规窗口

③ 也可以根据用户自己的需要对 IE 浏览器进行设置。方法：打开任一网页后，选择“工具”→“Internet 选项”命令，在弹出的对话框中设置主页、安全、连接方式、程序等（如将 www.baidu.com 设为主页），如图 6-23 所示。

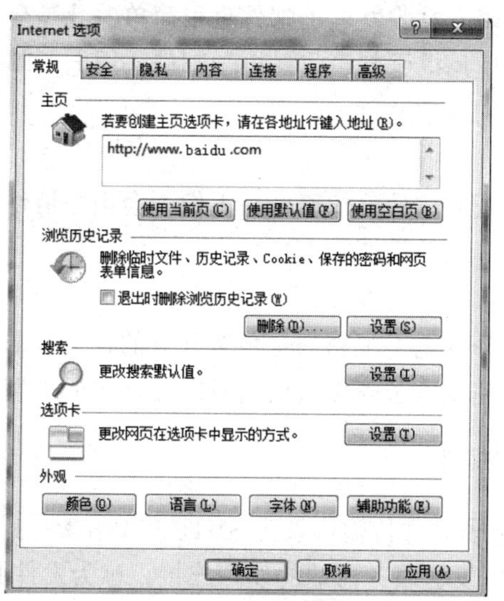

图 6-23　“Internet 选项”对话框

6.4 电子邮件的使用

随着计算机的普及，全世界越来越多的人通过网络进行实时交流，电子邮件作为一种最具代表性的网络交流方式早已取代了传统的纸质信件。本节我们将具体探讨电子邮件的一些特点和使用方法。

6.4.1 电子邮件概述

电子邮件(electronic mail, E-mail)是一种用电子手段提供信息交换的通信方式，是 Internet 应用最广的服务。通过网络的电子邮件系统，用户可以用非常低廉的价格（不管发送到哪里，都只需负担网费即可），以非常快速的方式（几秒之内可以发送到世界上任何指定的目的地），与世界上任何一个角落的网络用户联系。用户需要使用电子邮件时，只需在相应的网站申请一免费的电子邮箱，然后根据自己设置的用户名和邮箱密码，登录进入到邮箱后，即可收发电子邮件。电子邮件不仅可以传输文字，还可传输图片、音乐、动画等多媒体文件。

电子地址的通用格式为：用户名@主机域名。

用户名：用户名代表收件人在邮件服务器上的账号。用户名由用户自行设置，用户可根据自己的喜好和习惯设置各种适合自己并区别于其他人的用户名。通常用户名要求：6～18个字符，包括字母、数字和下画线等。用户名通常以字母开头，字母和数字结尾，并且不区分大小写。

主机域名：主机域名是指提供电子邮件服务网站的域名。

6.4.2 电子邮件的特点

如今电子邮件早已在很多程度上取代了传统的纸质信件，它有着传统信件所不具备的很多优点，具体可简单概括如下：

（1）操作简单，快捷

电子邮箱的申请比较简单，且收发电子邮件也很简单，凡是会上网浏览网页，并且会进行计算机操作的人，都可熟练使用电子邮箱收发电子邮件。用电子邮件进行信息传输在瞬间即可完成，大大提高了信息传输的时效性。

（2）相对安全

电子邮件相对于传统的纸质信件更加安全，人们不会担心信件的物理损坏，其通信也不会受到来自外界如气候、交通等的破坏。

（3）价格便宜

在现阶段，几乎绝大部分的电子邮箱都是免费开放的，只有部分少数有特别要求的企业级的电子邮箱是付费的。人们使用电子邮件通信，只需付一定的上网费即可。

6.4.3 电子邮件的传输协议

Internet 上广泛使用的电子邮件传输协议为 SMTP 和 POP3。

SMTP 协议用于客户端到发送服务器端的发送连接，称为发件服务器。

POP3 协议用于客户端到收件服务器端的接收连接，称为收件服务器。

用户使用电子邮件软件设置发送和接收服务器地址时，应根据 ISP 提供的 SMTP 和 POP3 邮件主机域名或 IP 地址设置。

6.4.4 免费电子邮箱申请

【例 6-1】在 www.163.com 网站上申请一邮箱地址为 18883931459@163.com 的电子邮箱。

具体操作步骤为：

① 登录到 www.163.com 网站，如图 6-24 所示。

图 6-24 “网易”网站首页

② 找到网站首页上“注册免费邮箱”的链接，如图 6-25 所示。

图 6-25 “注册免费邮箱”的链接

③ 单击该链接，并打开电子邮箱的注册界面，如图 6-26 所示。

图 6-26 注册电子邮箱的欢迎界面

④ 根据界面要求，完成注册界面的填写。

⑤ 激活邮箱，并可同时登录邮箱，如图 6-27 所示。

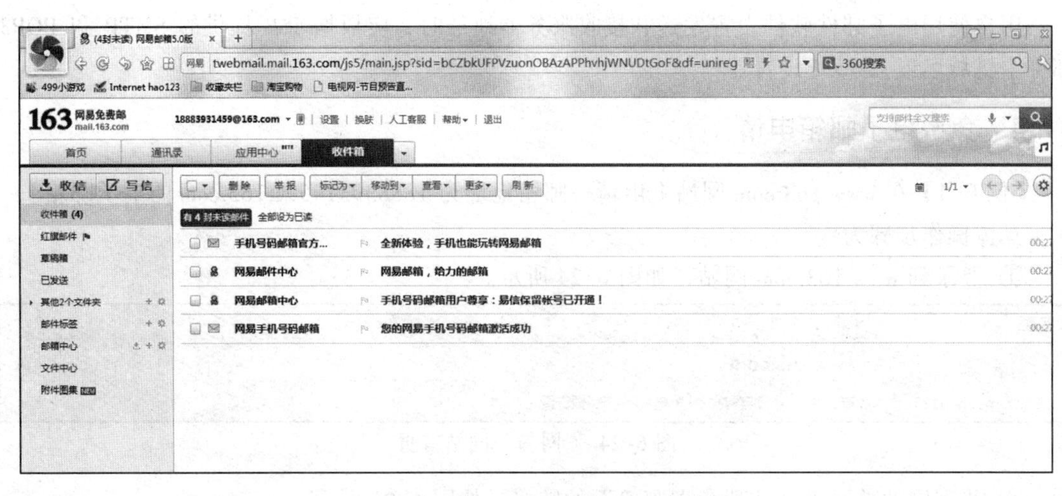

图 6-27　进入到邮箱界面

6.4.5　电子邮件收发

【例 6-2】请通过例 6-1 申请的 18883931459@163.com 给用户 1373557715@qq.com 发一封电子邮件，邮件内容为：天天向上！

具体操作步骤为：

① 打开 www.163.com 网站的主页，如图 6-24 所示。

② 找到主页中的“免费邮箱”链接，并打开该链接，如图 6-28 所示。

图 6-28　“免费邮箱”链接

③ 进入到 163 免费邮箱的登录界面，如图 6-29（a）所示。

④ 按照之前的设置，输入邮箱的用户名和密码，并单击“登录”按钮，如图 6-29（b）所示。

（a）163 邮箱的登录界面　　（b）输入用户名和密码

图 6-29　登录电子邮箱

⑤ 将出现图 6-30 所示对话框，为了避免使用该计算机的其他用户会登录到刚申请到的邮箱，通常按照系统的默认选项，单击“否”按钮，即可进入到 18883931459@163.com 邮箱。

⑥ 进入到邮箱后，单击邮箱中的“写信”按钮。

⑦ 进入写信界面后，可直接编写邮件，如图 6-31 所示。

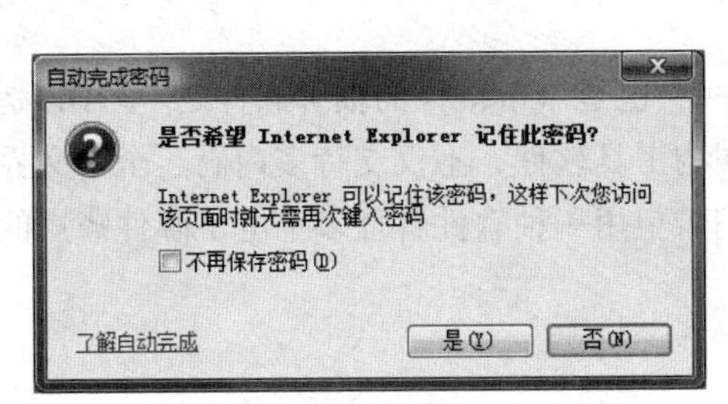

图 6-30 “自动完成密码”对话框

图 6-31 编写邮件

⑧ 邮件编写完成后，单击发件人上方的“发送”按钮，出现如图 6-32 所示的发送成功界面。

【例 6-3】在 18883931459@163.com 邮箱中接收并查看电子邮件。

具体操作步骤：

① 首先成功登录并进入 18883931459@163.com 邮箱。

② 在邮箱中单击“收信”按钮，如图 6-33 所示。

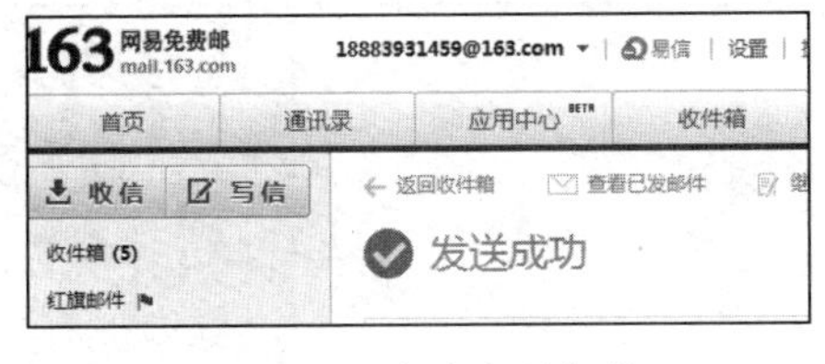

图 6-32 成功发送邮件

图 6-33 接收电子邮件

③ 进入“收件箱”后，如图 6-34 所示，单击想要查看的邮件，即可查看相应的邮件。

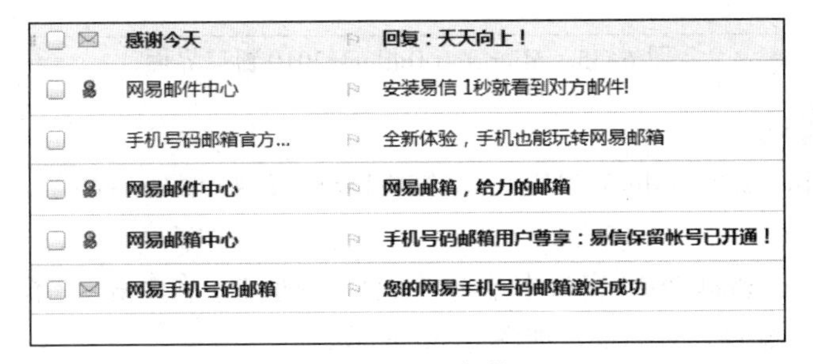

图 6-34 收件箱

6.4.6 Microsoft Outlook 2010 使用

用户通过计算机网络收发电子邮件，目前有两种方式。一种是通过 POP3 协议，使用专用电子邮件客户端应用程序将邮件接收到本地计算机上查看，发送时则先在本机上写好邮件，再通过 SMTP 协议将邮件直接发送到邮件服务器上。目前，该类电子邮件客户端应用程序种类很多，如 Windows 系统自带的 Microsoft Outlook 2010 软件、Foxmail 软件等；另一种方式是使用浏览器访问提供电子邮件服务的网站，在其网页上直接收发电子邮件，如网易、腾讯等网站。两种方式各有优缺点。

本节将具体介绍如何使用 Microsoft Outlook 2010 管理电子邮件。

1. Microsoft Outlook 2010 简介

Microsoft Outlook 2010 是微软 IE 的核心组件之一，也是 Windows 的捆绑软件之一。OE 是一种专业用于电子邮件的收发、发布和阅读网络新闻的工具软件，不仅支持多内码、全中文界面，而且支持多账户，从而在一定程度上满足了人们希望用一种软件管理多个电子邮件账户的需要。

2. Microsoft Outlook 2010 的使用

（1）启动 Microsoft Outlook 2010

启动 Microsoft Outlook 2010 的方法有多种：

① 双击桌面的 Microsoft Outlook 图标。

② 选择"开始"→"所有程序"→Microsoft Office →Microsoft Outlook 2010 命令。

启动 Microsoft Outlook 2010 后，即打开图 6-35 所示的 Microsoft Outlook 2010 窗口。

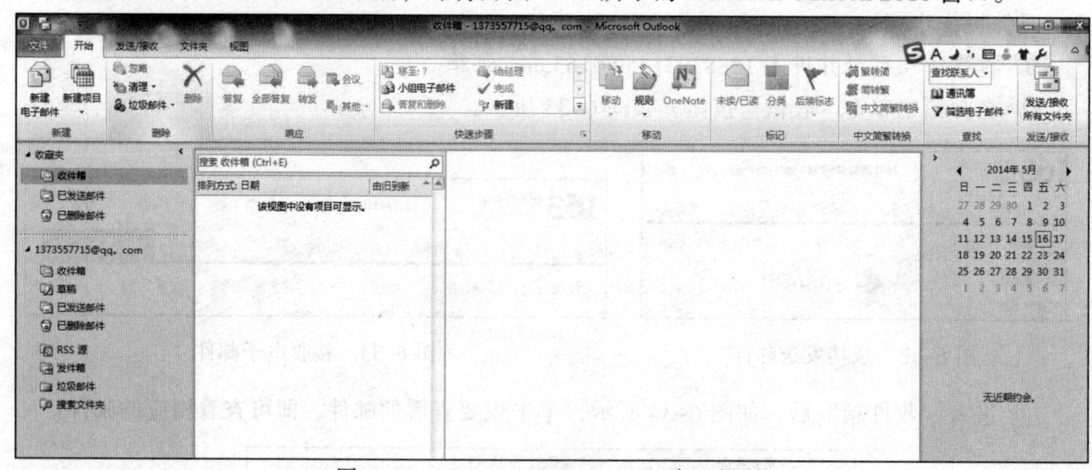

图 6-35　Microsoft Outlook 2010 窗口界面

（2）管理邮件账号

【例 6-4】在 Microsoft Outlook 2010 中，添加 18883931459@163.com。

具体操作步骤：

① 在 Microsoft Outlook 2010 窗口中单击"文件"选项卡，在"信息"窗口单击"添加账户"按钮，弹出"添加新账户"对话框，如图 6-36 所示。

② 选中"手动配置服务器设置或其他服务器类型"单选按钮，单击"下一步"按钮，如图 6-37 所示。

③ 在弹出的选择服务的对话框中选中"Internet 电子邮件"单选按钮，单击"下一步"按钮，如图 6-38 所示。

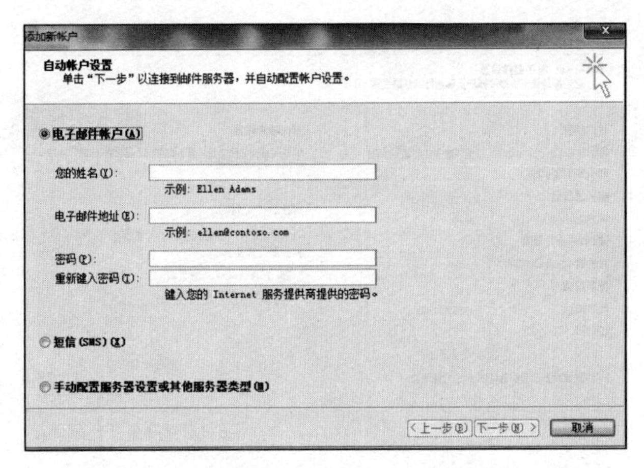

图 6-36 “添加新账户”对话框

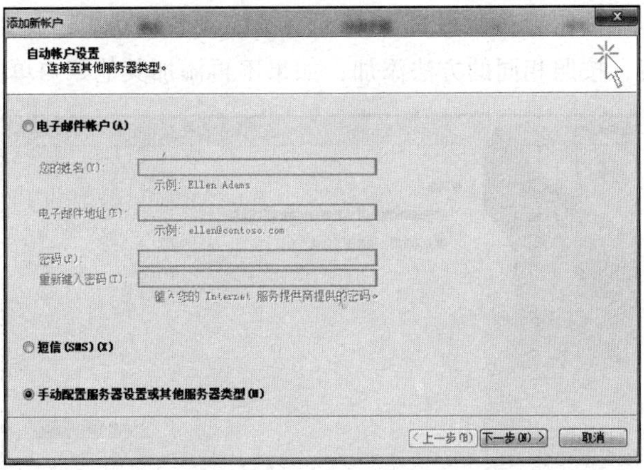

图 6-37 选择手动设置

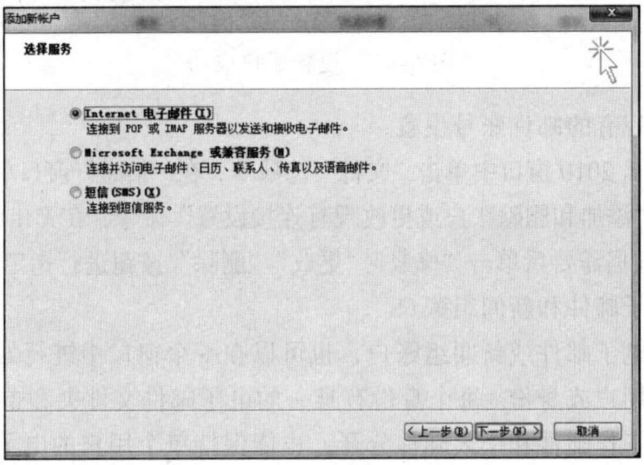

图 6-38 选择服务

④ 在弹出的 Internet 电子邮件设置对话框中输入姓名和电子邮件地址。通常情况下，“接收邮件服务器”是 POP3，“发送邮件服务器”是 SMTP，取消选中“单击下一步按钮测试账户设置”复选框，如图 6-39 所示。

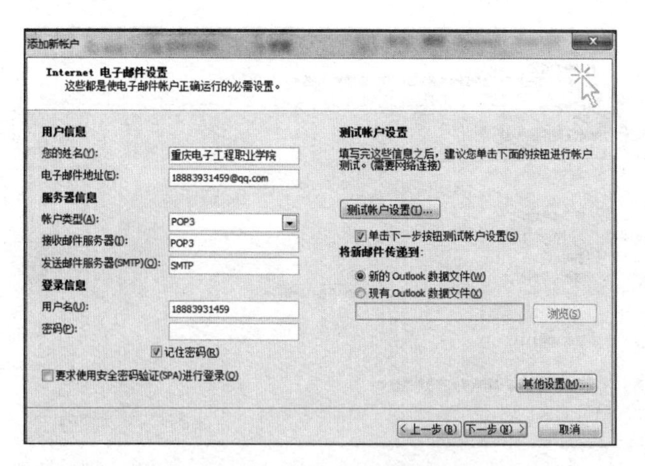

图 6-39　输入姓名和电子邮件地址

⑤ 单击“下一步”按钮后，如图 6-40 所示，显示设置成功。还有其他账户，可继续单击“添加其他账户”按钮，按照相同的方法添加；如果不再添加其他账户单击“完成”按钮。

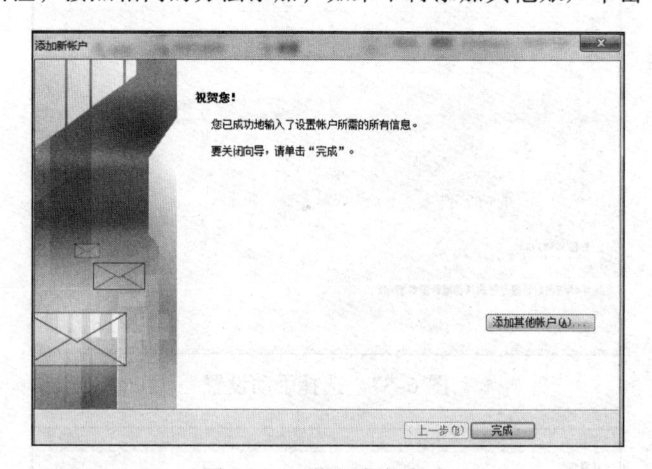

图 6-40　设置账户成功

（3）更改 / 删除现有的邮件账号设置

在 Microsoft Outlook 2010 窗口中单击“文件”选项卡，在“信息”窗口单击“账户设置”按钮，在弹出的列表中选择“添加和删除账户或更改现有连接设置”命令，在弹出的“账户设置”对话框中选择现有账号，可根据需要后单击“修复”“更改”“删除”按钮进行指定邮件账号设置。

（4）管理多个电子邮件和新闻组账户

如果用户有几个电子邮件或新闻组账户，也可以在一个窗口中进行处理。用户还可以为同一个计算机创建多个用户或身份。每个身份有唯一的电子邮件文件夹和单独的“通信簿”。多个身份使用户轻松地将工作邮件和个人邮件分开，也能保持单个用户的电子邮件是独立的。

（5）轻松快捷地浏览邮件

邮件列表和预览窗格允许用户在查看邮件列表的同时阅读单个邮件。文件夹列表包括电子邮件文件夹、新闻服务器和新闻组，而且可以很方便地相互切换；还可以创建新文件夹以组织和排序邮件，然后可以设置邮件规则，这样接收到的邮件中符合规则要求的邮件会自动放在指定的文件夹里。用户还可以创建自己的视图以自定义邮件的浏览方式。

（6）在服务器上保存邮件以便从多台计算机上查看

如果 Internet 服务提供商（ISP）提供的邮件服务器使用 Internet 邮件访问协议（IMAP）来接收邮件，就不必把邮件下载到计算机中，在服务器的文件夹中就可以阅读、存储和组织邮件。这样，就可以从任何一台能连接邮件服务器的计算机上查看邮件。

（7）使用通信簿存储和检索电子邮件地址

用户通过简单地回复邮件就可以自动地将姓名和地址保存到“通信簿”中，也可以从其他程序导入“通信簿”，或是在“通信簿”中输入姓名和地址，从接收的电子邮件中将姓名和地址添加到“通信簿”中，或是从流行的 Internet 目录服务（白页）搜索中添加姓名和地址。“通信簿”支持轻量级目录访问协议（LDAP）以便浏览 Internet 目录服务。

（8）在邮件中添加个人签名或信纸

用户可以将重要的信息作为个人签名的一部分插入到发送的邮件中，而且可以创建多个签名以用于不同的目的；也可以设置包括有更多详细信息的名片。为了使邮件更加精美，可以添加信纸图案和背景，还可以更改文字的颜色和样式。

（9）发送和接收安全邮件

用户可使用数字标识对邮件进行数字签名和加密。数字签名邮件可以保证收件人收到的邮件确实是该用户发出的。加密能保证只有预期的收件人才能阅读该邮件。

6.5　计算机的日常维护与病毒防治

计算机及其外围设备的核心部件主要是集成电路，由于工艺和其他原因，集成电路对电源、静电、温度、湿度以及抗干扰都有一定的要求。正确地安装、操作和维护不但能延长设备的使用寿命，更重要的是可以保障系统正常运转，提高工作效率。

随着计算机应用的普及，几乎所有的计算机用户都已知道“计算机病毒”这一名词，而且计算机应用范围越广泛，计算机病毒的危害也就越大。

因此，鉴于上述原因，本节着重介绍计算机的日常维护与病毒防治。

6.5.1　计算机的日常维护

就像花草和果树需要修枝一样，计算机也需要维护，如果计算机维护欠缺，那么计算机的使用寿命就会缩短，本小节着重讲解计算机的日常维护。

1. 计算机的使用环境

微型计算机对使用环境虽然没有特殊的要求，但是必须保证基本要求。在通常的办公条件下就可以使用，办公条件是指下面几项。

（1）环境温度与湿度

环境温度应在 15 ℃～35 ℃，相对湿度应保持在 20%～80%之间。若湿度相对过高会出现结露，使元器件受潮变质，甚至出现漏电、短路、触点生锈、导线发霉等，从而损坏机器。若相对湿度过低，会因过于干燥而产生静电干扰，引起机器的误动作。若温度过低则早期的软盘驱动器对软盘的读写容易出错；若温度过高，则微型计算机散热不好，会影响机内的电子元件正常工作。

（2）洁净要求

房间应时常保持洁净，避免灰尘、油烟和有害气体。如果机房中灰尘过多，附着在磁盘或磁头上，不仅容易造成磁盘读/写错误，而且会缩短微型计算机寿命。所以，机房内应备有除尘设备。

（3）电源要求

计算机对电源的要求是电压稳定，工作时不能间断供电。因此，如果供电达不到稳定要求，必须配备一台 UPS 电源。因为电压不稳，不仅会造成磁盘驱动器运行不稳定而引起读/写数据错误，而且对显示器和打印机也有严重影响。为使微型计算机系统能正常工作，虽然机器内部一般都有各自的稳压电路，但严重的电压不稳对机器内部的稳压电路也有损伤。所以，在电压不稳的情况下，为获得稳定的电压，最好根据机房所用微型机的总功率，配接功率合适的交流稳压电源，以保证稳压供电。

（4）防止干扰

在计算机附近应避免磁场干扰和强电设备的开关动作。因此，机房内应避免使用电炉、电视、手机以及其他产生强电场或强磁场的设备。

另外还要注意，在使用计算机时，尽量避免频繁开关机器，并且要经常使用，不要长期闲置不用。

2．硬件的正常使用与维护

（1）开机与关机

微型机开机（开启电源）的正确顺序是：先开外围设备电源（包括显示器、打印机等外围设备），后开主机电源（若主机和显示器使用主机上的同一个电源，其顺序是打印机、主机）；关机时正好相反。关机后到下一次的开机时间间隔至少要 1 min。这是为了使系统中的电源装置能够做好加电前的准备，使系统中的硬盘驱动器消除惯性，准备下次启动。若停机后立即加电，会使电源装置产生突变的大冲击电流，造成电源装置中的器件损坏或使硬盘驱动器突然加速，造成内部盘片被磁头划伤等事故。机器应经常处于运行状态，避免长期闲置不用。在开机时，除 USB 设备外，禁止带电插拔外围设备。

（2）硬盘

硬盘容量大，存取速度快，关机后数据不会丢失，很多大型文件的存取可以直接通过硬盘进行，但是不应把硬盘当做永久的数据存储器。尽管硬盘的故障率极低，还是有出现故障的可能，所以硬盘中的重要文件一定要在别的盘中做好备份。要避免硬盘的震动，计算机工作时不要搬动主机，保持环境清洁。

（3）显示器

显示器不应该将亮度调得过高；显示器与操作者之间要保持适当的距离；工作时不要用湿布擦拭；避免过分的震动；不要让强磁场接近显示器，不要让化学试剂沾染显示器；要保持显示器通风口的畅通。

（4）打印机

保持环境的清洁，定期对打印机的部件进行检修和维护。

3．软件的维护

① 保证操作系统及其他系统软件的正常工作。

② 经常使用防病毒软件，防止病毒侵入计算机。

③ 管理好磁盘，及时清除磁盘上的无用数据，充分有效地利用磁盘空间。

6.5.2 计算机的病毒防治

计算机病毒是一种人为的特制小程序，具有自我复制能力，通过非授权入侵而隐藏在可执行程序和数据文件中，影响和破坏正常程序的执行和数据安全，具有相当大的破坏性。

1. 计算机病毒及其特征

(1) 什么是计算机病毒

计算机领域引入“病毒”的概念，只是对生物学病毒的一种借用，用以形象地刻画这些“特殊程序”的特征。

1994年2月28日出台的《中华人民共和国计算机安全保护条例》中，对“病毒”的定义如下：“计算机病毒，是指编制或者在计算机程序中插入的破坏计算机功能或者毁坏数据，影响计算机使用，并能自我复制的一组计算机指令或者程序代码。”也就是说，计算机病毒是一种特殊的危害计算机系统的程序，它能在计算机系统中驻留、繁殖和传播，它具有与生物学中病毒某些类似的特征。

(2) 计算机病毒的特征

计算机病毒是一种特殊的程序，与其他程序一样可以存储和执行，但它具有其他程序所没有的特征，这些特征如下：

① 传染性：计算机病毒的传染性，是指计算机病毒具有把自身复制到其他程序中的特性。病毒可以附着在程序上，通过磁盘、光盘、闪存盘、计算机网络等载体进行传染，被传染的计算机又成为病毒生存的环境及新传染源。

② 潜伏性：计算机病毒的潜伏性，是指计算机病毒具有依附其他媒体而寄生的能力。计算机病毒可能会长时间潜伏在计算机中，病毒的发作是由触发条件来确定的，在触发条件不满足时，系统没有异常症状。

③ 破坏性：计算机系统被计算机病毒感染后，一旦条件满足病毒发作时，就在计算机上表现一定的症状。其破坏性包括占用CPU时间，占用内存空间，破坏数据和文件，干扰系统的正常运行。病毒破坏的严重程度取决于病毒制造者的目的和技术水平。

④ 变种性：某些病毒可以在传播的过程中自动改变自己的形态，从而衍生出另一种不同于原版病毒的新病毒，这种新病毒称为病毒变种。有变形能力的病毒能更好地在传播过程中隐蔽自己，使之不易被反病毒程序发现及清除。有的病毒能产生几十种变种病毒。

⑤ 发作性：病毒在潜伏期一般是隐蔽的复制，当病毒的触发机制或条件满足时，就会以各自不同的方式对系统发起攻击。病毒触发机制和条件可以是五花八门，如指定日期或时间、文件类型或指定文件名、一个文件的使用次数等。例如，“黑色星期五”病毒就是每逢13日又是星期五时就发作，CIH病毒发作日期为每年的4月26日。

2. 计算机病毒的结构、分类和危害

(1) 计算机病毒的结构

由于计算机病毒是一种特殊程序，因此，病毒程序的结构决定了病毒的传染能力和破坏能力。计算机病毒程序主要包括三大部分：一是传染部分（传染模块），是病毒程序的一个重要组成部分，它负责病毒的传染和扩散；二是表现和破坏部分（表现模块或破坏模块），是病毒程序中最关键的部分，它负责病毒的破坏工作；三是触发部分（触发模块），病毒触发条件是预先由

病毒编制者设置的，触发程序判断触发条件是否满足，并根据判断结果来控制病毒的传染和破坏动作。触发条件一般由日期、时间、某个特定程序、传染次数等多种形式组成。如上所述，“黑色星期五”病毒是一种文件型病毒，它的触发条件之一是：如果计算机系统日期是13日，并且又是星期五，则病毒发作，删除任何一个计算机上运行的COM文件或EXE文件。

（2）计算机病毒的分类

目前，计算机病毒的种类繁多，其破坏性的表现方式也很多。据资料介绍，全世界目前已发现的计算机病毒已超过15 000种，它的种类不一，分类的方法也很多，一般可以有3种分类的方法。

① 按感染方式可分为引导性病毒、一般应用程序型和系统程序型病毒。

- 引导性病毒：在系统启动、引导或运行的过程中，病毒利用系统扇区及相关功能的疏漏，直接或间接地修改扇区，实现直接或间接地传染、侵害或驻留等功能。
- 一般应用程序型病毒：这种病毒感染应用程序，使用户无法正常使用该程序。
- 系统程序型病毒：这种病毒直接破坏系统和数据，与应用程序型病毒相比，危害更大。

② 按寄生方式可分为操作系统型病毒、外壳型病毒、入侵型病毒、源码型病毒。

- 操作系统型病毒：这是最常见、危害最大的病毒。这类病毒把自身贴附到一个或多个操作系统模块或系统设备驱动程序或一些高级的编译程序中，保持主动监视系统的运行。用户一旦调用这些系统软件时，即实施感染和破坏。
- 外壳型病毒：此病毒把自己隐藏在主程序的周围，一般情况下不对原程序进行修改。微型计算机中许多病毒采取这种外围方式传播。
- 入侵型病毒：将自身插入到感染的目标程序中，使病毒程序和目标程序成为一体。这类病毒的数量不多，但破坏力极大，而且很难检测，有时即使查出病毒并将其删除，但被感染的程序已被破坏，无法使用。
- 源码型病毒：该病毒在源程序被编译之前，就隐藏在用高级语言编写的源程序中，随源程序一起被编译成目标代码。

③ 按破坏情况可分为良性病毒、恶性病毒。

- 良性病毒：该病毒的发作方式往往是显示信息、奏乐、发出声响。对计算机系统的影响不大，破坏性较小，但干扰计算机正常工作。
- 恶性病毒：此类病毒干扰计算机运行，使系统变慢、死机、无法打印等。恶性病毒会导致系统崩溃、无法启动，其采用的手段通常是删除系统文件、破坏系统配置等。这类病毒属于毁灭性病毒，对于用户来说是最可怕的，它通过破坏硬盘分区表、FAT区、引导记录、删除数据文件等行为，使用户的数据受损，如果没有做好备份则将造成损失。

（3）计算机病毒的危害

在使用计算机时，有时会碰到一些莫名其妙的现象，如计算机无缘无故地重新启动、运行某个应用程序时突然出现死机、屏幕显示异常、硬盘中的文件或数据丢失等。这些现象有可能是因硬件故障或软件配置不当引起，但多数情况下是计算机病毒引起的。计算机病毒的危害是多方面的，归纳起来，大致可以分成如下几方面：

① 破坏硬盘的主引导扇区，使计算机无法启动。

② 破坏文件中的数据，删除文件。

③ 对磁盘或磁盘特定扇区进行格式化，使磁盘中的数据丢失。

④ 产生垃圾文件，占据磁盘空间，使磁盘空间逐个减少。

⑤ 占用 CPU 运行时间，使运行效率降低。

⑥ 破坏屏幕正常显示，破坏键盘输入程序，干扰用户操作。

⑦ 破坏计算机网络中的资源，使网络系统瘫痪。

⑧ 破坏系统设置或对系统信息加密，使用户系统紊乱。

3. 计算机病毒的防治

计算机病毒及反病毒是两种以软件编程技术为基础的技术，它们的发展是交替进行的，所以，对计算机病毒以预防为主，防止病毒的入侵要比病毒入侵后再去发现和清除要好得多。

（1）计算机病毒的预防

计算机病毒防治的关键是做好预防工作，制定切实可行的预防病毒的管理措施，并严格贯彻执行，这些预防病毒的管理措施包括：

① 尊重知识产权，使用正版软件，不随意复制、使用来历不明及未经安全检测的软件。

② 建立健全各种切实可行的预防管理规章、制度及紧急情况处理的预案措施。

③ 对服务器及重要的网络设备做到专机、专人、专用、严格管理和使用系统管理员的账号，限定其使用范围。

④ 对于系统中的重要数据要定期与不定期地进行备份。

⑤ 严格管理和限制用户的访问期限，特别加强对远程访问、特殊用户的权限管理。

⑥ 随时观察计算机系统及网络系统的各种异常现象，并经常用杀毒软件进行检测。

（2）计算机病毒的检测

检测一台计算机是否感染病毒并不容易，但通常还是会具有一些异常现象的，下面是一些常见的症状：

① 屏幕显示异常或出现异常提示。

② 计算机执行速度越来越慢，这是病毒在不断传播、复制、占用、消耗系统资源所致。

③ 原来可以执行的一些程序无故不能执行了，这是病毒的破坏导致这些程序无法正常运行。

④ 计算机系统出现异常死机，这是病毒感染系统的一些重要文件，导致死机情况。

⑤ 文件夹中无故多了一些重复或奇怪的文件。例如，Nimda 病毒通过网络传播，在感染的计算机中会出现大量扩展名为.eml 的文件。

⑥ 硬盘指示灯无故闪亮，或突然出现坏块和坏道，或不能开机。

⑦ 存储空间异常减少导致空间不足，病毒在自我繁殖过程中，产生出大量垃圾文件占据磁盘空间。

⑧ 网络速度变慢或者出现一些莫名其妙的网络连接，这说明系统已经感染了病毒或木马程序，它们正通过网络向外传播。

⑨ 电子邮箱中有不明来路的信件，这是电子邮件病毒的症状。

以上列举的只是较常见的症状，实际上，计算机感染病毒后的症状远远不止这些，而且病毒制造者制造病毒的技术水平越来越高，使得病毒具有更高的欺骗性、隐蔽性，需要进行细心的观察和分析才能发现。

（3）计算机病毒的清除

在检测出系统感染了病毒或确定了病毒种类之后，就要设法清除病毒。清除病毒可采用人工清除和自动清除两种方法。

① 人工清除病毒法是借助工具软件对病毒进行手工清除。操作时使用工具软件打开被病毒感染的文件，从中找到并清除病毒代码，使之复原。

人工清除病毒法操作复杂，要求操作者具有熟练的操作技能和丰富的病毒知识。这种方法是专业防病毒研究人员清除新病毒时所采用的方法，一般计算机用户很难掌握。

② 自动清除病毒方法是使用杀毒软件来清除病毒。用杀毒软件进行杀毒，操作简便，用户只要按照菜单提示和联机帮助去操作就可以了。自动清除病毒法具有效率高、风险小的特点，是一般计算机用户都可以接受并广泛使用的杀毒方法。

目前，国内常用的杀毒软件有瑞星、360 杀毒、软件金山毒霸等。

习　题

一、单项选择题

1. 某学校实验室所有计算机连成一个网络，该网络属于（　　）。

A. 局域网　　B. 广域网　　C. 城域网　　D. Internet

2. DNS 的作用是（　　）。

A. 将 IP 地址转换成域名　　B. 将域名转换成 IP 地址

C. 传输文件　　D. 收发电子邮件

3. 从域名 www.cq.gov.cn 来看，该网址属于（　　）。

A. 教育机构　　B. 公司　　C. 非营利性组织　　D. 政府部门

4. 不属于常用计算机网络传输介质的是（　　）。

A. 同轴电缆　　B. 双绞线　　C. 空气　　D. 光纤

5. 不属于计算机网络的拓扑结构有（　　）。

A. 环形　　B. 星形　　C. 总线形　　D. 总分形

6. 下列选项中，不属于计算机病毒特征的是（　　）。

A. 传染性　　B. 潜伏性　　C. 破坏性

D. 变种性　　E. 免疫性

7. 以太总线网采用的网络拓扑结构是（　　）。

A. 总线形结构　　B. 星形结构　　C. 环形结构　　D. 树形结构

8. ISO/OS1 参考模型从逻辑上把网络通信功能分为 7 层，最底层是（　　）层。

A. 网际层　　B. 物理层　　C. 数据链路层　　D. 应用层

9. 在 Internet 中，用来进行文件传输的协议是（　　）。

A. IP　　B. TCP　　C. FTP　　D. HTTP

10. 在 Internet 中，一个 IP 地址是由（　　）位二进制组成的。

A. 8　　B. 16　　C. 32　　D. 64

11. Internet 的域名结构中，顶级域名为 edu 表示（　　）。

A. 商业机构　　B. 教育机构

C. 政府部门　　D. 军事部门

12. http://www.swsm.edu.cn 中，http 代表（　　）。

A. 主机　　B. 地址　　C. 协议　　D. TCP/IP

13. 接入 Internet 的两台计算机之间要相互通信，它们之间必须要同时安装有（　　）协议。

A. TCP/IP　　B. IPX　　C. NETBEUI　　D. SMTP

二、判断题

1. WWW 是目前使用 Internet 最方便、最直观的形式。（　　）
2. 客户机/服务器模式是 Internet 的一种工作方式。（　　）
3. Internet 上的每台主机都有一个唯一的 IP 地址。（　　）
4. 当个人计算机以拨号方式接入 Internet 时，必须使用的设备是调制解调器。（　　）
5. 在计算机网络中，广域网的英文缩写是 LAN。（　　）
6. 从使用的角度来看，静态 IP 和动态 IP 没有本质的区别。（　　）
7. 调制解调器的主要作用是实现数字信号和模拟信号的转换。（　　）
8. 使用收费的电子邮箱，付费方是发件方，而收件方不需要付费。（　　）
9. TCP/IP 协议既可用于 WAN 又可用于 LAN。（　　）
10. 一个具体的 URL 通常表示 Internet 中的信息资源。（　　）

三、填空题

1. 双绞线分为__________和__________两种。
2. 我国的域名注册由__________管理，英文缩写为__________。
3. HTTP 的中文全称是__________。
4. 通过 IE 进行网页访问时，这种访问方式采用的是__________模式。
5. 在计算机网络中，为网络提供共享资源的基本设备是__________。
6. ISP 的中文全称是__________。
7. “宽带”一般是以目前拨号上网速率的上限__________ kbit/s 为分界。
8. IP 地址由__________和__________两部分组成。
9. 一个典型的计算机网络系统，由__________和__________两部分组成。
10. ISO/OSI 参考模型的 7 层结构，从下到上，依次是__________、__________、__________、__________、__________、__________、__________。
11. 计算机病毒是一种人为编制的特殊的__________。

四、简答题

1. 简述 Internet 提供的几种主要服务。
2. 简述 Internet 用户连接的几种方式。
3. 简述计算机网络几种最主要的拓扑结构及其特点。
4. 什么是计算机病毒？计算机感染病毒后有哪些症状？如何防治计算机病毒？
5. 简述计算机网络发展的几个阶段。
6. 简述计算机网络的主要功能。
7. 简述计算机网络的分类。

附录　ASCII 码表

ASCII 值	控制字符	ASCII 值	控制字符	ASCII 值	控制字符	ASCII 值	控制字符
0	NUT	32	(space)	64	@	96	`
1	SOH	33	!	65	A	97	a
2	STX	34	”	66	B	98	b
3	ETX	35	#	67	C	99	c
4	EOT	36	$	68	D	100	d
5	ENQ	37	%	69	E	101	e
6	ACK	38	&	70	F	102	f
7	BEL	39	,	71	G	103	g
8	BS	40	(	72	H	104	h
9	HT	41	)	73	I	105	i
10	LF	42	*	74	J	106	j
11	VT	43	+	75	K	107	k
12	FF	44	,	76	L	108	l
13	CR	45	–	77	M	109	m
14	SO	46	.	78	N	110	n
15	SI	47	/	79	O	111	o
16	DLE	48	0	80	P	112	p
17	DCI	49	1	81	Q	113	q
18	DC2	50	2	82	R	114	r
19	DC3	51	3	83	X	115	s
20	DC4	52	4	84	T	116	t
21	NAK	53	5	85	U	117	u
22	SYN	54	6	86	V	118	v
23	TB	55	7	87	W	119	w
24	CAN	56	8	88	X	120	x
25	EM	57	9	89	Y	121	y
26	SUB	58	:	90	Z	122	z
27	ESC	59	;	91	[	123	{
28	FS	60	<	92	/	124	|
29	GS	61	=	93	]	125	}
30	RS	62	>	94	ˆ	126	~
31	US	63	?	95	—	127	DEL

参 考 文 献

[1] 隋红建，张青春．计算机导论[M]．北京：北京大学出版社，1996.

[2] 杨振山，龚沛曾．大学计算机基础简明教程[M]．北京：高等教育出版社，2006.

[3] 谭世语．计算机应用基础[M]．重庆：重庆大学出版社，2006.

[4] 褚宁琳．大学计算机应用基础[M]．北京 中国铁道出版社，2010.

[5] 杨振山，龚沛曾．大学计算机基础[M]． 4版．北京：高等教育出版社，2004.

[6] 王移芝，罗四维．大学计算机基础教程[M]．北京：高等教育出版社，2004.

[7] 李秀．计算机文化基础[M]． 5版．北京：清华大学出版社，2005.

[8] 乔桂芳．计算机文化基础[M]．北京：清华大学出版社，2005.

[9] 白煜．Dreamweaver 4.0 网页设计[M]．北京：清华大学出版社，2001.

[10] 曾宪文．大学计算机应用基础[M]．北京：研究出版社，2008.

[11] 王文博．最新计算机应用基础培训教程[M]．北京：清华大学出版社，2006.

[12] 梁其文．大学计算机应用基础[M]．北京：中国水利水电出版社，2010.

[13] 洪汝渝．大学计算机应用基础[M]．重庆：重庆大学出版社，2008.

[14] 邹水龙．大学计算机应用基础[M]．北京：研究出版社，2011.

[15] 张开成．大学计算机基础[M]．北京：中国铁道出版社，2013.